全国电力行业"十四五"规划教材

职业教育电力技术类专业系列

电气运行

主　编　鲁珊珊　张兴然　张　彬

副主编　范哲超　杨　晨　李振甲

编　写　赛恒吉雅　李立峰　赵建利

　　　　张桂荣　赵彦层

主　审　张红旗

中国电力出版社
CHINA ELECTRIC POWER PRESS

内 容 提 要

本书为全国电力行业"十四五"规划教材。

"电气运行"是一门与发电厂、变电站实际工作紧密结合的专业课程，也是电气值班员职业资格取证培训课程。

本教材以实际案例和真实情境为基础，从"教、学、做、练"一体化的需求出发，内容包括变电站运行和发电厂运行两个模块。变电站运行模块包括变电站运行监控、电气设备巡视及维护、倒闸操作、异常及事故处理四个项目；发电厂运行模块包括发电厂运行监控、电气设备巡视及维护、倒闸操作、异常及事故处理四个项目。本教材配有数字化教学资源。

通过本教材，学生不仅能够掌握电气运行的特点和任务，而且能够正确完成电气设备巡视和维护。

本教材既可作为高职院校电力系统自动化技术、供用电技术等专业的教材，也可作为电气运行值班员的学习资料和培训教材。

图书在版编目（CIP）数据

电气运行/鲁珊珊，张兴然，张彬主编 . --北京：中国电力出版社，2024.12. -- ISBN 978 - 7 - 5198 - 8852 - 7

Ⅰ．TM732

中国国家版本馆 CIP 数据核字第 2024D0Y963 号

出版发行：中国电力出版社
地　　址：北京市东城区北京站西街 19 号（邮政编码 100005）
网　　址：http://www.cepp.sgcc.com.cn
责任编辑：牛梦洁
责任校对：黄　蓓　马　宁
装帧设计：赵姗姗
责任印制：吴　迪

印　　刷：固安县铭成印刷有限公司
版　　次：2024 年 12 月第一版
印　　次：2024 年 12 月北京第一次印刷
开　　本：787 毫米×1092 毫米　16 开本
印　　张：16.75
字　　数：374 千字
定　　价：55.00 元

前言

本书是国家职业教育电力系统自动化技术专业教学资源库"电气运行"的配套教材，依据高职高专院校对发电厂、变电站电气运行的教学要求，结合现阶段高职教育培养目标，本着"工学结合、任务驱动、教学做一体化"的原则编写而成。并且，本书依据培训教材的要求和特点，结合电气运行岗位对人才培养的要求，经过和企业工程技术人员、培训人员深入、广泛探讨编写而成，具有以下特点：

（1）注重加强理论知识和实践应用的联系，内容力求涵盖电气运行的全部重点内容。

（2）以培养应用型人才为目标，精选内容，突出实用性，体现培训特色，结合技能训练，培养学生的综合及创新能力。

（3）结合行业实际，增加实践性较强的技术内容，以便读者了解电气运行当前的主流技术和未来的发展趋势。

（4）校企合作编写，体现产教融合特色。本书由内蒙古机电职业技术学院、保定电力职业技术学院、武汉电力职业技术学院、内蒙古电力勘测设计院有限责任公司等企业联合编写。

本书包括变电站运行和发电厂运行两个模块。变电站运行模块主要包括变电站运行监控、电气设备巡视及维护、倒闸操作、异常及事故处理四个项目；发电厂运行模块主要包括发电厂运行监控、电气设备巡视及维护、倒闸操作、异常及事故处理四个项目。

为了让读者更好地掌握本门课程的内容，本课程依托国家职业教育电力系统自动化技术专业教学资源库"微知库"课程平台（http：//nmzyk.36ve.com/）将更加优质、高效的数字化教学资源呈现给读者，为每位学习者提供完善的一站式学习服务，包括PPT教学课件、微课、虚拟仿真、动画、视频、教学设计、电子教案等。

本书由鲁珊珊、张兴然、张彬担任主编，由鲁珊珊负责统筹和统稿。其中，张兴然老师编写项目1和项目2，鲁珊珊编写项目3和项目6，张彬编写项目4，范哲超编写项目5，杨晨编写项目7，李振甲编写项目8。赛恒吉雅和李立峰（企业）参与编写项目2任务2.3及项目3任务3.3、赵建利（企业）和张桂荣参与编写项目3任务3.4和项目4任务4.1、赵彦层参与编写项目5任务5.2。

本书由张红旗教授担任主审。张红旗教授在书稿的编写过程中给予了极大的帮助，并提出了宝贵意见和建议，在此表示衷心的感谢！

编者
2021年8月

本书的编写过程中，借鉴了部分相关教材及技术文献内容，在此向其作者一并表示衷心感谢。

希望广大读者在使用本书的过程中，积极提出修改意见，以使其不断提高和完善。

编　者

2024 年 6 月

目 录

模块1　变电站运行

变电站是电力系统的中间环节，起着变换电压和分配电能的作用。为了把发电厂发出来的电能输送到较远的地方，必须把电压升高，到用户附近再按需要把电压降低，这种升降电压的工作需要变电站来完成。变电站主要由进出线和母线、隔离开关（俗称刀闸）、断路器、主变压器（简称主变）、站用变压器（简称站用变）、电压互感器 TV、电流互感器 TA、避雷器及继电保护、自动装置、调度自动化和通信等相应的设备组成。

变电站运行，又称变电运行，其基本任务是给用户提供优质、可靠而充足的电能，确保电力系统安全和经济运行。其主要内容有变电站运行监控、变电站电气设备巡视及维护、变电站倒闸操作和变电站异常及事故处理。本模块以变电仿真系统中典型的 220kV 双母线接线变电站为例，在仿真机上学习完成变电站运行操作的各项基本工作。

项目1

变电站运行监控

📝 项目描述

本项目主要学习 220kV 双母线接线变电站的正常运行方式及各设备额定运行方式下的主要参数及监控操作。

⚡ 教学目标

知识目标

（1）熟悉变电站正常运行方式。

（2）熟悉典型 220kV 变电站的电气主接线形式及特点。

（3）掌握变电站运行监视的内容和方法。

（4）熟悉 220kV 变电站主要设备额定运行方式下的主要参数，能根据变电站电气设备额定运行方式下的主要参数，对变电站进行运行监控。

能力目标

（1）能认识变电站主接线图。

（2）能对照典型 220kV 变电站正常运行方式，说出主变压器、站用变压器、断路器、隔离开关等主要设备额定运行方式下的主要参数。

（3）能根据变电站一次系统、二次系统的正常运行方式及变电站电气设备额定运行方式下的主要参数，对变电站进行运行监控，能根据表计或测量信息、各种信号，发现设备运行异常情况，掌握变电站运行监控的内容和方法。

素质目标

（1）严格遵守"变电运行"专业相关规程标准及规章制度，与小组成员协商、交流配合，按标准化作业流程在仿真机上对变电站运行工况进行监控操作。

（2）主动思考，善于在反思中进行；服从指挥，遵章守纪，吃苦耐劳，安全作业；团队协作，认真细致，保证任务完成。

📋 教学环境

变电站运行监控在 220kV 双母线接线变电运行仿真实训室进行一体化教学，机位要求能满足每个学生一台计算机；变电仿真系统相关资料齐全，配备规范的一体化教材和相应的多媒体课件等教学资源。

知识背景

一、运行值班工作内容和要求

变电运行人员值班工作的内容和要求如下：

(1) 监视仪表、控制屏、光字牌信号、事件记录器（运行监控系统）和信号继电器的各种信号告警、掉牌及设备运行状况。

(2) 及时记录和汇报各种事故、异常告警信号和掉牌。

(3) 正确处理各种事故和设备异常情况。

(4) 正确接受和执行调度下达的各项操作命令。

(5) 负责接转有关生产调度的联系电话。

(6) 根据调度的要求向调度汇报当值设备运行情况和状态。

(7) 根据调度命令的要求和当值值班长的安排完成设备的倒闸操作。

(8) 审核并办理工作票的开、收、完工手续。

(9) 对设备的修、试、校工作进行验收和事故处理。

(10) 按照规定巡视运行设备。

(11) 负责抄表和核对电量，填写有关运行记录和运行日志。

(12) 定期起动备用设备运行和设备轮换运行的切换。

(13) 负责日常和定期的设备运行维护工作。

(14) 负责做好主控制室和专责设备场所的清洁卫生工作。

二、交接班工作内容和要求

1. 变电站交接班的内容

(1) 系统和本站的运行方式。

(2) 设备的倒闸操作和变更情况以及未执行的命令或未操作完的项目并说明原因。

(3) 继电保护装置、自动装置、稳定装置、通信设备、微机监控设备、五防设备运行及动作情况。

(4) 设备异常处理、事故处理、缺陷发现及处理情况。

(5) 设备检修试验情况、安全措施的布置，地线的组数、编号及位置和使用情况。

(6) 许可的工作票、停电申请、送电申请，工作班的工作进展情况。

(7) 按照设备巡视检查的内容对设备进行巡视检查。

(8) 核对断路器的位置，检查模拟图板与记录是否相符。

(9) 检查中央信号。

(10) 技术资料、图纸、台账、安全工具、其他用具、物品、仪表及钥匙是否齐全无损。

(11) 工具、仪表、备品、备件、材料、钥匙等的使用和变动情况。

(12) 当值已完成和未完成的工作及其有关措施。

（13）上级指示、各种记录和技术资料的收管情况。

（14）环境卫生情况。

（15）其他事项。

2. 变电站的交接班制度要求

（1）交接班双方必须做好交接准备工作，进行正点交接，一般不得无故拖延。在未办完交接手续前，交接班人员不得离开工作岗位。

（2）交班人员在交班前应做好各种统计记录，整理工器具、仪表、钥匙、图纸、记录本，打扫工作现场。接班人员应按规定的时间提前进入值班室，做好接班准备。

交班时，首先由交班值班长详细介绍运行方式及主设备潮流，一、二次设备的动作、变更、异常及处理情况，倒闸操作、继电保护和自动装置投退情况，缺陷发现和处理情况，修试校正工作及结果，现场作业安全措施，上级指示，当值内发生的其他事项以及前值有必要交代的事宜。

交接班双方运行人员在听取交班值班长的介绍后，应按照岗位职责对照现场运行设备进行对口交接，做进一步的巡视和核查，现场交接和检查情况由接班人员向接班值班长汇报。

三、 变电站正常运行工况监视

1. 变电站运行工况监视目的

运行工况监视是变电运行值班工作中的一个重要内容，是指对变电站的主要电气设备、输配线路与二次系统的运行工况进行的监视。通过运行工况监视，运行值班人员可以随时掌握变电站的运行工况和设备的工作状态，以便及时发现变电站运行异常和设备的不正常工作状态。它对于防止设备过载、运行参数越限、保证电压质量、发现设备异常和预防事故，确保变电站安全运行至关重要。

变电站的运行工况监视工作应包括：监视各种运行参数，按时记录各项电压、电流、功率、频率、电量等有关数据，分析其是否正常并上报调度部门；监视设备的运行状态，通过巡视检查设备的温度、压力、密度、油位、声响、渗油、放电、外观、锈蚀、发热、指示、灯光、信号、告警等，及时发现设备的缺陷和不正常工作状态，向有关调度和上级部门汇报并进行处理，同时做好相关记录。

2. 运行工况监视的方式

通常根据变电站控制方式的不同，常规变电站、综合自动化变电站和智能变电站运行工况监视也有不同的方式。例如：

（1）常规变电站，通过控制盘表计显示、光字信号、灯光信号等进行监视。

（2）综合自动化变电站，通过监控系统计算机、告警信号等进行监视。

（3）智能变电站，通过集控站或控制中心进行远方监视和控制。

综合自动化变电站和智能变电站均可以实现遥控、遥信、遥测、遥调的四遥功能，还具有与上级通信的功能。变电站的监视、测量、记录、抄表等工作都由计算机自动进行，还可将检测到的数据和信息及时送到集控站或控制中心，运行值班人员和调度可以及时掌握变电站的主要设备和各输配电线路的运行工作状况和运行参数，并对其进行必要的调节和控制，从而大大提升了运行监视水平。

3. 变电站运行工况监视的内容

变电站运行工况监视的内容包括一次接线及运行方式，电气设备工作状态和运行参数，自动化系统、保护装置、通信系统、直流系统、站用电系统等的工作状态。具体监视内容如下：

（1）母线电压监视。变电站的母线电压直接反映了电网和变电站的运行工况，是电网运行和变电站工况运行工况监视的重要参数，需监视各变电站母线电压是否在调度规定的变化范围内波动。对于电压中枢点或电压监视点的母线电压，需要监视电压棒形图等各类曲线图。严格按调度下达的电压曲线图进行监视和调整，统计电压合格率情况，以保证供电电压质量。

另外，还要监视变电站母线电压是否发生"三相电压不平衡""10kV 系统接地"等异常或故障，及时汇报调度并进行相应处理。

（2）变压器运行工况监视。主变压器是变电站的重要设备，对变压器运行工况的监视，可以随时了解变压器的温度、负荷等情况，还能及时发现变压器工作异常或存在的缺陷，从而采取相应措施，防止事故的发生或扩大，以保证变压器安全运行。变压器运行工况监视的参数主要有：变压器各侧的有功功率、无功功率、三相电流，变压器的运行电压、温度、电量和各种信号等。另外，还要监视分接开关、冷却系统等的运行情况。

（3）线路运行监视。监视各线路的有功功率、无功功率、三相电流、潮流流向和电量等运行参数，以便运行人员掌握变电站运行情况，及时发现线路的功率越限或潮流异常。尤其是在高峰负荷或特殊保电期间，对重要线路的运行监视更为重要。

（4）运行工况监视的其他内容。主要包括自动化系统、保护及二次系统、直流系统、五防系统、电压无功调节设备、母线设备、断路器设备、互感器及配电装置等。对这些系统和设备的运行工况监视，主要是监视设备和系统本身的工作状态。通过监视各种运行信号、报文、上传信号等情况，掌握设备和系统的运行状态，发现异常或故障，以便及时处理。

通常，运行中的各系统和二次设备发生异常时都有告警信号，如"交流回路断线""直流电源消失""直流系统接地""保护装置异常""控制回路断线""冷却系统电源消失""断路器压力异常"等。运行人员应随时检查光字信号、预告信号、事故信号、报文或上传信号等情况，及时发现异常或故障，以便及时处理。

任务 1.1　典型 220kV 变电站正常运行方式核对

变电站运行方式是指站内电气设备主接线方式，设备状态及保护和自动装置、直流系统、站用变压器、通道配置的运行状况。为确保电力系统安全、可靠、灵活、经济运行，变电站必须按正常运行方式运行。

电气主接线有多种典型形式，在实际运行中每一种接线形式都有相应固定的运行方式。主接线运行方式，是指电气主接线中各电气元件实际所处的工作状态（运行状态、备用状态、检修状态）及其相连接的方式。该运行方式分为正常运行方式和允许运行方式。

电气主接线的正常运行方式是指正常情况下，全部设备按固定连接方式投入运行时，电气主接线经常采用的运行方式，包括母线及进、出线回路的运行方式和中性点的运行方式两个方面。电气主接线的正常运行方式确定后，母线及回路的运行方式和中性点的运行方式也随之确定，且继电保护和自动装置的投入也随之确定。由于电气主接线的正常运行方式是综合考虑各种因素和实际情况而确定的，因此正常运行方式一旦确定，任何人不得随意改变。

电气主接线的允许运行方式是指在事故处理、设备故障或检修时，电气主接线所采用的运行方式。由于事故处理、设备故障和设备检修的随机性，变电站的允许运行方式有多种，可以根据运行的实际情况进行具体的安排和调整。

📲 教学目标

知识目标

（1）掌握变电站运行规程相关知识，认识变电站主接线图，建立变电运行的概念。

（2）熟悉典型220kV仿真变电站一次电气主接线形式。

能力目标

（1）能够对220kV仿真变电站一次系统正常运行方式进行分析。

（2）能够对220kV仿真变电站二次系统正常运行方式进行分析。

素质目标

（1）主动学习，在完成任务过程中发现问题、分析问题和解决问题。

（2）能严格遵守变电运行专业相关规程标准及规章制度，与小组成员协商、交流配合，按标准化作业流程完成学习任务。

💡 相关知识

在发电厂变电站中，根据各种电气设备的作用及要求，将变压器、高压断路器、隔离开关等一次设备按一定的方式用导体连接起来所形成的电路称为电气主接线（见图1-1）。一次设备所连成的电路称为一次电路或一次接线，二次设备所连成的电路称为二次电路或二次接线。电气接线通常用电气接线图来表示，故又可分出一、二次接线图。电气主接线是指电气一次接线图。

电力工程技术中，常用两种图表示电气接线情况。一种是电路图，它是以图形和文字符号按实际工作顺序排列的，表示电路设备的全部组成情况和连接方式，并不考虑设备的具体布置位置，目的是便于详细理解作用原理及分析和计算电路特性。另一种是电气接线图，与电路图不同之处在于图中所表示设备的位置与设备实际布置的位图相一致，接线图是用于安装、接线和检查的。

电气接线图可画成三线图，也可画成单线图。三线图给出各相的所有设备的全图，比较复杂，故电气主接线图通常用单线图表示，只有需要时才绘制全图。值得注意的是，单线图虽然绘出的是单相电路的连接情况，

图 1-1 电气主接线

实际上却表示三相电路。在图中所有电气元件均表示"正常状态"。高压断路器、隔离开关均为断开位置画出，读图时应引起注意。

一、电气主接线的基本要求

1. 满足系统和用户对供电可靠性和电能质量的要求

发、供电的安全可靠，是电力生产和分配的第一要求，所以电气主接线应首先给予满足。但是，电气主接线的可靠性不是绝对的。同样的主接线对某些发电厂和变电站来说是可靠的，但对另一些发电厂和变电站就不能满足可靠性要求。

2. 具有一定的灵活性

主接线不仅在正常情况下能根据调度的要求灵活地改变运行方式，而且在各种故障和设备检修时能尽快退出设备、切除故障，并要求停电时间最短、影响范围最小、保证人员安全。

3. 操作力求简单方便

主接线应简单清晰、操作方便。复杂的接线不利于操作，还往往造成误操作而发生事故；但接线过于简单，会降低运行灵活性，造成不必要的停电。

4. 经济上应合理

在保证安全可靠、操作灵活方便的基础上，主接线应节省基建投资和减少年运行费用。

5. 有发展和扩建的可能

除满足以上技术经济条件的要求外，还应有发展和扩建的可能，以适应电力工业的不断发展。

二、电气主接线的作用

电气主接线是整个发电厂和变电站电气部分的主干，它把各电源送来的电能汇聚起

来，并进行分配，供给不同的电力用户。主接线能表明一次设备的数量和作用，设备间的连接方式，以及与电力系统的连接情况。在发电厂、变电站的控制室中，经常使用能表明主要电气设备运行状态的主接线模拟图。当每次实际操作完成后，都要把图面上的有关部分相应更改为与实际运行情况相符合的状态，随时了解系统运行状态。

三、电气主接线的基本形式

电气主接线可分为有母线和无母线两种形式。有母线的电气主接线有单母线接线、双母线接线，无母线的电气主接线有桥形接线、多角形接线。

（一）单母线接线

1. 单母线不分段接线

单母线不分段接线如图 1-2 所示。这种接线的特点是整个配电装置只有一组母线，所有电源进线和出线回路均经过各自的断路器和隔离开关连接在该母线上并列运行。

该接线的正常运行方式为：母线和所有接入该母线上的进出线、母线电压互感器均投入运行，继电保护及安全自动装置按规定投入。

优点：接线简单、设备少、操作方便、造价低，只要配电装置留有裕量，母线可以向两端延伸，可扩性好。

缺点：

（1）可靠性、灵活性差。母线故障、母线和母线隔离开关检修时，全部回路均需停运，造成全厂或全站长期停电；任一断路器检修时，其所在回路也将停运。

（2）调度不方便。电源只能并列运行，不能分列运行，线路侧发生短路时，有较大的短路电流。

适用范围：单母线不分段接线一般用于 6～220kV 系统，出线回路较少，对供电可靠性要求不高的小容量发电厂和变电站，尤其对采用开关柜的配电装置更为合适。

2. 单母线分段接线

单母线分段接线如图 1-3 所示。正常运行时，单母线分段接线有如下三种正常运行方式。

（1）正常运行方式 1：分段断路器闭合，其两侧隔离开关闭合，电源和负荷均衡地分配在两段母线上，以使两段母线上的电压均衡和通过分段断路器的电流最小。

（2）正常运行方式 2：分段断路器热备用，每个电源只向接至本母线段上的

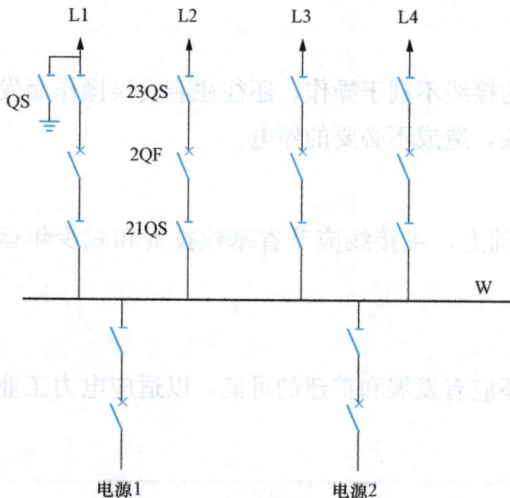

图 1-2　单母线不分段接线

负荷供电。当任一电源故障时，该电源支路断路器自动跳闸后，由备用电源自投入装置自动接通分段断路器，以保证向全部引出线继续供电。

（3）正常运行方式 3：一电源带两段母线运行，另一电源热备用，装设备用电源自投入装置。

优点：

（1）两母线段可以分列运行，也可以并列运行。

（2）重要用户可用双回路接于不同母线段，保证不间断供电。

（3）任意母线或隔离开关检修，只停该段，其余段可继续供电，减少了停电范围。

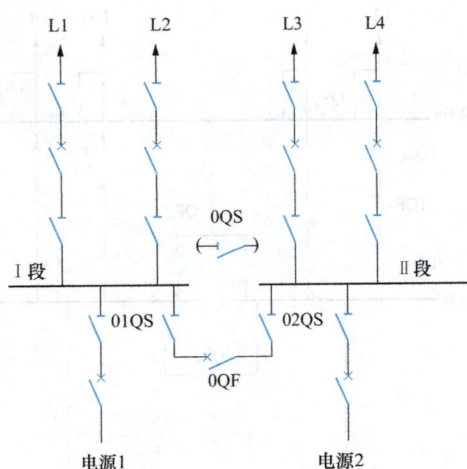

图 1-3 单母线分段接线

缺点：

（1）分段的单母线增加了分段部分的投资和占地面积。

（2）某段母线故障或检修时，仍有停电情况。

（3）某回路断路器检修时，该回路停电。

（4）扩建时需向两端均衡扩建。

适用范围：

（1）110～220kV 配电装置，出线回路数为 3～4 回。

（2）35～65kV 配电装置，出线回路为 4～8 回。

（3）6～10kV 配电装置，出线回路为 6 回及以上。

3. 单母线分段带旁路母线接线

单母线分段带旁路母线接线如图 1-4 所示。当该接线的断路器检修时，利用旁路断路器代替其工作，可使该回路不停电。该接线的正常运行方式为旁路母线正常运行时不带电，旁路断路器处于冷备用状态；工作母线的运行方式与单母线分段接线相同。

单母线分段带旁路母线接线方式具有较高的可靠性及灵活性，广泛应用于出线回路不多、负荷较为重要的中小型发电厂或 35～110kV 变电站中。

（二）双母线接线

1. 不分段的双母线接线

双母线不分段接线如图 1-5 所示。该接线的两组（Ⅰ和Ⅱ）母线通过母线联络断路器（即母联断路器）连接，每一条引出线（L1、L2、L3、L4）和电源支路都经一台断路器与两组母线隔离开关分别接至两组母线上。

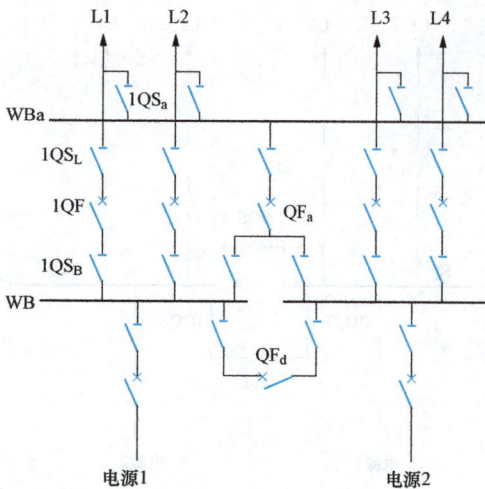

图 1-4 单母线分段带旁路母线接线　　　图 1-5 不分段的双母线接线

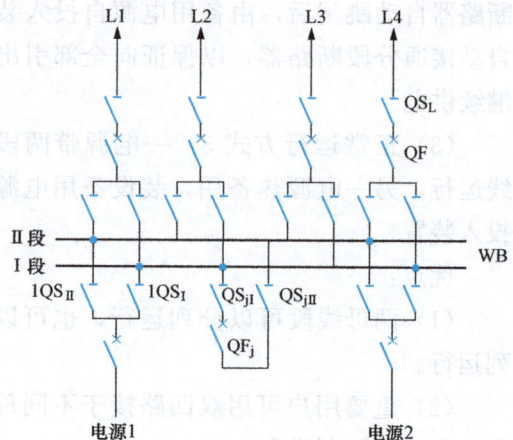

主要优点：

（1）可靠性高。

1）可轮流检修母线而不影响正常供电。当采用一组母线工作、一组母线备用方式运行时，需要检修工作母线，可将工作母线转换为备用状态后，进行母线停电检修工作。

2）检修任一母线侧隔离开关时，只影响该回路供电。

3）工作母线发生故障后，所有回路只是短时停电并能迅速恢复供电。

4）可利用母联断路器替代引出线断路器工作，使引出线断路器检修期间能继续向负荷供电。

（2）灵活性好，各个电源和各回路负荷可以任意分配到某一组母线上，能灵活地适应电力系统中各种运行方式调度和潮流变化的需要。该接线可以组成如下运行方式：

1）母联断路器断开，进出线分别接在两组母线上，相当于单母分段运行。

2）母联断路器断开，一组母线运行，一组母线备用。

3）两组母线同时工作，母联断路器闭合，两组母线并联运行，电源和负荷平均分配在两组母线上，这是双母线接线常采用的运行方式。

（3）扩建方便。该接线可向双母线的左右任一方向扩建，均不影响两组母线的电源和负荷的均匀分配，不会引起原有电路的停电，但是检修出线断路器时该支路仍然会停电。

主要缺点：

（1）变更运行方式时，需利用母线隔离开关进行倒闸操作，操作步骤较为复杂，容易出现误操作，从而导致设备或人身事故。

（2）检修任一回路断路器时，该回路仍需停电或短时停电。

（3）增加了大量的母线隔离开关及母线的长度，配电装置结构较为复杂，占地面积与投资都增多。

　　适用范围：由于不分段的双母线接线具有较高的可靠性和灵活性，在大、中型变电站中得到广泛的应用，一般用于引出线和电源较多、输送和穿越功率较大、要求可靠性和灵活性较高的变电站。例如，电压为 6～10kV，短路容量大，有出线电抗器的变电站；电压为 35～60kV，出线超过 8 回或电源较多，负荷较大的变电站；电压为 110～220kV，出线为 5 回及以上，或者在系统中居重要位置、出线为 4 回及以上的变电站。

　　2. 双母线分段接线

　　双母线分段接线如图 1-6 所示。该接线的 Ⅰ 母线与 Ⅱ 母线之间分别通过母联断路器 QF_{j1}、QF_{j2} 连接。这种接线较不分段的双母线接线具有更高的可靠性和更大的灵活性。当 Ⅰ 母线工作，Ⅱ 母线备用时，它具有单母线分段接线的特点。Ⅰ 母线的任一分段检修时，将该段母线所连接的支路倒至备用母线上运行，仍能保持单母线分段运行的特点。当具有三个或三个以上电源时，可将电源分别接到 Ⅰ 段的两段母线和 Ⅱ 母线上，用母联断路器连通 Ⅱ 母线与 Ⅰ 段某一个分段母线，构成单母线分三段运行，可进一步提高供电可靠性。

　　双母线分段接线主要适用于大容量进出线较多的变电站。

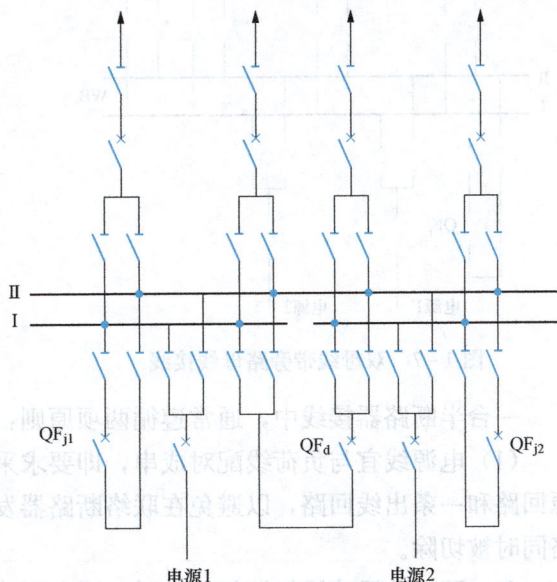

图 1-6　双母线分段接线

　　(1) 电压为 220kV，进出线为 10～14 回的变电站。

　　(2) 在 6～10kV 变电站中，当进出线回路数或者母线上电源较多，输送的功率较大时，短路电流较大时，常采用双母线分段接线，并在分段处装设母线电抗器。

　　3. 双母线带旁路母线接线

　　双母线带旁路母线接线如图 1-7 所示。双母线带旁路接线是在双母线接线的基础上，增设旁路母线。该接线方式具有双母线接线可靠性高、灵活性好的优点，同时，当线路（主变压器）断路器转检修时，可利用旁路母线实现不停电转检修，但旁路的倒换操作比较复杂，增加了误操作的机会，也使保护及自动化系统复杂化投资费用较大，一般为了节省断路器及设备间隔，当出线达到 5 个回路以上时，才增设专用的旁路断路器。

　　4. 一台半断路器接线

　　一台半断路器接线见图 1-8。每 2 条回路共用 3 个断路器，即每条回路一台半断路器，每串中间的一台断路器称为联络断路器，两组母线和全部的断路器都投入工作，形成多环状供电，具有很高的可靠性和灵活性。

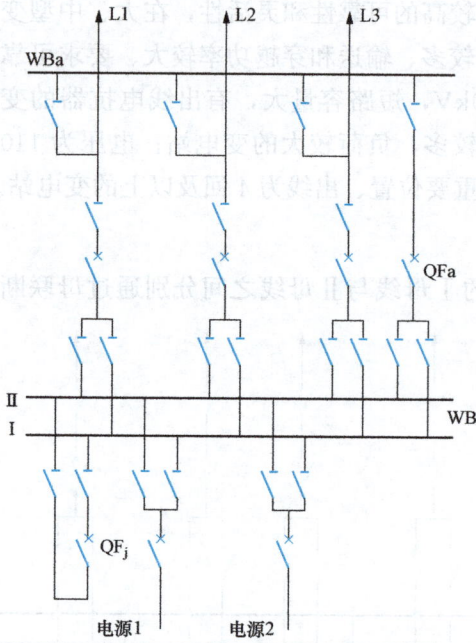

图 1-7 双母线带旁路母线接线

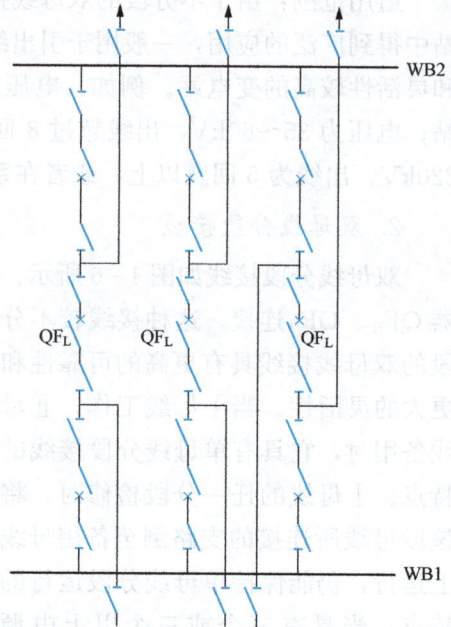

图 1-8 一台半断路器接线

一台半断路器接线中，通常遵循两项原则：

（1）电源线宜与负荷线配对成串，即要求采用在同一个"断路器串"上配置一条电源回路和一条出线回路，以避免在联络断路器发生故障时，两条电源回路或两条负荷回路同时被切除。

（2）配电装置建设初期仅两串时，同名回路宜分别接入不同侧的母线，进出线应装设隔离开关。当一台半断路器接线达三串及以上时，同名回路可接于同一侧母线，进出线不宜装设隔离开关。

优点：

（1）任意母线故障或检修，均不停电。

（2）当同名元件接于不同串时，即一进一出；两组母线故障或一组故障、一组检修时，仍能传输功率。

（3）任意断路器检修均不停电，同时可以检修多台断路器。

缺点：

（1）这种接线所用断路器、电流互感器多，投资大。

（2）正常操作时，联络断路器动作次数是其两侧断路器的 2 倍，一回故障要跳两台断路器，断路器动作频繁，检修次数多。

（3）为提高可靠性，要求同名回路接在不同串上。

适用范围：此方式用于大型发电厂和变电站 330kV 及以上，进出线回路数 6 回及以上的高压、超高压配电装置中。

（三）无母线接线

1. 桥形接线

桥形接线可分为内桥接线（图 1 - 9）和外桥接线（图 1 - 10）两种接线方式。桥电路连接在变压器出口隔离开关内侧（靠近变压器）的称为内桥接线。桥电路连接在线路出口处隔离开关的外部一侧（靠近进线）的称为外桥接线。

内桥接线的任一线路投入、断开、检修或故障时，都不会影响其他回路的正常运行。但当变压器投入、断开、检修或故障时，会影响一回线路的正常运行。由于变压器运行可靠，而且不需要经常进行投入和断开，因此内桥接线的应用较广泛。

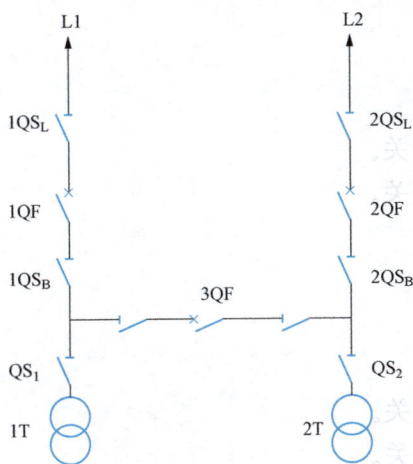

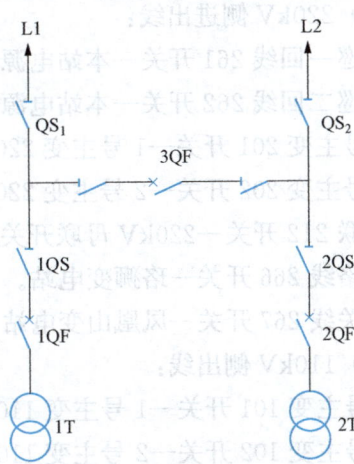

图 1 - 9　内桥接线　　　　　　　　　　　　图 1 - 10　外桥接线

外桥接线的变压器投入、断开、检修或故障时，不会影响其他回路的正常运行。但当线路投入、断开、检修或故障时，会影响一台变压器的正常运行。因此外桥接线仅适用于变压器按照经济运行需要经常投入或断开的情况。此外，当线路上有较大的穿越功率时，为避免穿越功率通过多台断路器，通常采用外桥接线。

桥形接线适用于线路为两回、变压器为两台的交流牵引变电站和铁路变电站等。

2. 多角形接线

多角形接线是将多台断路器环形相连，并从每两台断路器连线上引出回路的电气主接线。多角形接线中每个断路器两侧都有隔离开关，由隔离开关送出回路。

优点：

（1）经济性较好。这种接线的断路器台数等于进出线回路数，平均每回路只需装设一台断路器。除桥形接线外，它比其他接线方式使用的设备少、投资也少。

（2）工作可靠性和灵活性较高，易于实现自动化远动操作。多角形接线中没有汇流主母线和相应的母线故障。每回路均可由两台断路器供电，任一断路器检修时，所有回路仍可继续照常工作，任一回路故障时，不影响其他回路的运行。所有的隔离开关仅用于在停运或检修时隔离电压，而不用作操作电器。

多角形接线一般采用三角形或四角形为宜，最多不要超过六角形。

任务实施

根据电气主接线运行方式的设计原则，以及变电站现场运行方式按调度令执行的规定，通过以上任务分析，在仿真机上对典型 220kV 双母线接线变电站正常运行方式进行核对。

1.220kV 仿真变电站一次系统主接线图

220kV 仿真变电站一次系统主接线图如图 1 - 11 所示。

2.220kV 仿真变电站一次系统正常运行方式核对

（1）220kV 侧进出线：

关巡一回线 261 开关—本站电源。

关巡二回线 262 开关—本站电源。

1 号主变 201 开关—1 号主变 220kV 侧开关。

2 号主变 202 开关—2 号主变 220kV 侧开关。

母联 212 开关—220kV 母联开关。

关珞线 266 开关—珞狮变电站。

风关线 267 开关—凤凰山变电站。

（2）110kV 侧出线：

1 号主变 101 开关—1 号主变 110kV 侧开关。

2 号主变 102 开关—2 号主变 110kV 侧开关。

母联 100 开关—110kV 母联开关。

关华一回 161 开关。

关华二回 162 开关。

关凌线 163 开关。

巡关线 164 开关。

关东线 165 开关。

（3）10kV 侧出线：

母线分段 900 开关—10kV 母线分段开关。

1 号站用变 916 开关。

华关线 913 开关。

流芳线 914 开关。

1 号电容器 911 开关。

2 号电容器 912 开关。

3 号电容器 921 开关。

4 号电容器 922 开关。

2 号站用变 926 开关。

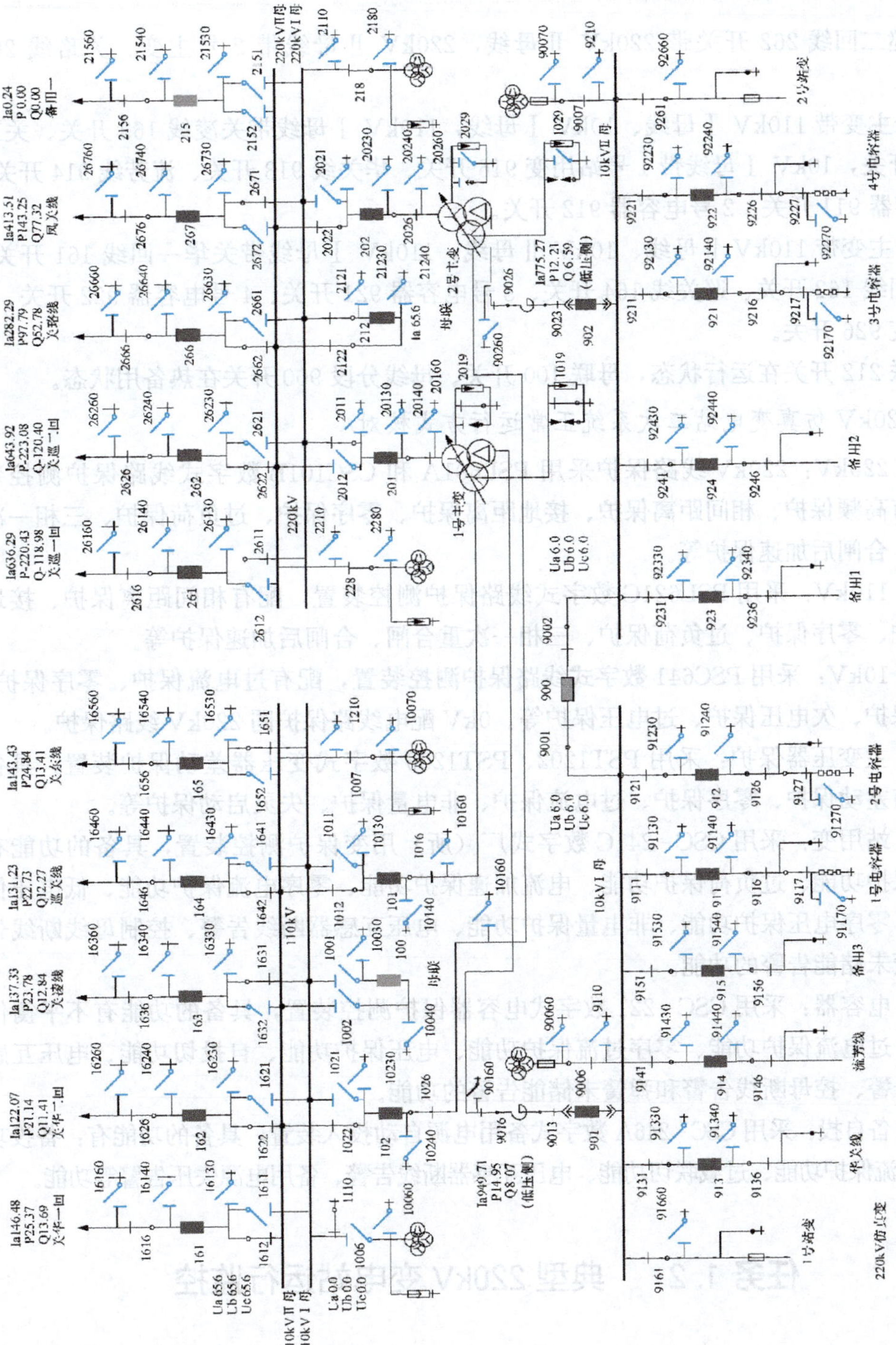

图 1 - 11 220kV 变电站一次系统主接线图

（4）正常运行方式：

关巡一回线 261 开关带 220kV Ⅰ 母线，220kV Ⅰ 母线带 1 号主变、凤关线 267 开关。

关巡二回线 262 开关带 220kV Ⅱ 母线，220kV Ⅱ 母线带 2 号主变、关珞线 266 开关。

1 号主变带 110kV Ⅰ 母线、10kV Ⅰ 母线，110kV Ⅰ 母线带关凌线 163 开关、关东线 165 开关，10kV Ⅰ 母线带 1 号站用变 916 开关、华关线 913 开关、流芳线 914 开关、1 号电容器 911 开关、2 号电容器 912 开关。

2 号主变带 110kV Ⅱ 母线、10kV Ⅱ 母线，110kV Ⅰ 母线带关华一回线 161 开关、关华二回线 162 开关、巡关线 164 开关、3 号电容器 921 开关、4 号电容器 922 开关、2 号站用变 926 开关。

母联 212 开关在运行状态，母联 100 开关、母线分段 900 开关在热备用状态。

3. 220kV 仿真变电站二次系统正常运行方式核对

（1）220kV：220kV 线路保护采用 PSL601A 和 CSC101B 数字式线路保护测控装置，配有高频保护、相间距离保护、接地距离保护、零序保护、过负荷保护、三相一次重合闸、合闸后加速保护等。

（2）110kV：采用 PSL621C 数字式线路保护测控装置，配有相间距离保护、接地距离保护、零序保护、过负荷保护、三相一次重合闸、合闸后加速保护等。

（3）10kV：采用 PSC641 数字式线路保护测控装置，配有过电流保护、零序保护、过负荷保护、欠电压保护、过电压保护等。0kV 配电线路保护同 220kV 线路保护。

（4）主变压器保护：采用 PST1202、PST1206 数字式变压器差动保护装置，具备的功能有差动保护、零序保护、过电流保护、非电量保护、失灵启动保护等。

（5）站用变：采用 CSC-241C 数字式厂（所）用变保护测控装置，具备的功能有过电流保护功能、过负荷保护功能、电流加速保护功能、零序电流保护功能、低电压保护功能、零序电压保护功能、非电量保护功能、电压互感器断线告警、控制母线断线告警和弹簧未储能告警的功能。

（6）电容器：采用 CSC-221 数字式电容器保护测控装置，具备的功能有不平衡保护功能、过电流保护功能、零序过流保护功能、电压保护功能、自投切功能、电压互感器断线告警、控母断线告警和弹簧未储能告警的功能。

（7）备自投：采用 CSC-246A 数字式备用电源自动投入装置，具备的功能有：备投功能、过电流保护功能、过载联切功能、电压互感器断线告警、备用电源失压告警等功能。

任务 1.2　　典型 220kV 变电站运行监控

运行监控是日常运行工作的主要组成部分，通过对主控室控制屏上各种表计、开关位置指示灯和信号光字牌的监视，可随时掌握变电站一、二次设备的运行状态及电网潮流分布情况。运行监控必须指定有资格的人员负责，并随时记录变化情况，同时按要求向调度值班员进行汇报。

教学目标

知识目标

掌握变电站主变压器、站用变压器、断路器、隔离开关等主要设备额定运行方式下的主要参数及监控。

能力目标

（1）对照典型 220kV 变电站正常运行方式，说出变压器等主要设备额定运行方式下的主要参数。

（2）能在仿真机上对 220kV 变电站进行运行（一、二次系统）监控。

素质目标

（1）主动学习，在完成任务过程中发现问题、分析问题和解决问题。

（2）能严格遵守变电运行专业相关规程标准及规章制度，与小组成员协商、交流配合，按标准化作业流程完成学习任务。

相关知识

一、设备运行工况监视的内容

1. 常规变电站的运行监视

运行监视常规变电站电气设备额定运行方式下的主要参数及状况包括以下内容：

（1）直流系统电压、电流和绝缘情况。

（2）各级母线电压、频率。

（3）主变压器有载分接开关位置、油温和各侧电流、有功功率、无功功率。

（4）各线路的电压、电流、有功功率、无功功率及潮流方向。

（5）主变压器功率因数和电容器投切情况。

（6）光字牌亮牌情况。

（7）开关的位置指示灯状况。

（8）预告信号电源指示灯状况。

（9）站用电系统运行方式。

2. 综合自动化变电站的运行监视

综合自动化变电站的运行监视，是指以微机监控系统为主、人工为辅的监视方式，对变电站内的日常信息进行监视，以达到掌握变电站一、二次设备运行状态及电网潮流分布情况，并保证正常运行的目的。运行监视综合自动化变电站电气设备额定运行方式下的主要参数及状况包括以下内容：

（1）监视一次主接线及一次设备的运行情况。

（2）检查站内所做的安全措施。

（3）监视主变压器的油温、负荷情况。

（4）监视主变压器分接开关运行位置。

（5）监视保护及自动装置运行情况。

（6）监视各级母线电压。

（7）监视各线路电流、有功功率及无功功率、潮流方向。

（8）检查光字牌信息变化情况。

（9）对事故音响、预告音响进行试验检查。

（10）监视本站微机网络（包括与测控装置、保护装置、五防计算机之间的通信）的运行情况。

（11）检查直流系统的电压、电流及绝缘情况。

（12）监控主变压器功率因数和电容器投切情况。

（13）监视站用电系统运行方式。

（14）检查告警报文发出及复归情况。

3. 变压器的运行监视

变压器是变电站中最重要的设备，本任务主要讨论变压器的运行电压和温度的监视。变压器在运行中还必须按规程规定，进行正常巡视检查和特殊巡视检查。

（1）变压器的运行电压。当变压器的运行电压升高时，励磁电流相应的增加，变压器的铁芯损耗增大而过热。同时变压器的励磁电流是无功电流，励磁电流的增加会使无功功率增加。由于变压器的容量是一定的，当无功功率增加时，有功功率会相应减少。因此电源电压升高以后，变压器允许通过的有功功率将会降低。此外，变压器的电源电压升高后，磁通增大，会使铁芯饱和，从而使变压器的电压和磁通波形畸变。电压畸变后，电压波形中的高次谐波分量也将随之加大。由于高次谐波使电压畸变而产生尖峰波对用电设备有很大的破坏性，如：①引起用户的电流波形畸变、增加电机和线路的附加损耗；②可能使系统中产生谐振过电压，从而使电气设备的绝缘遭到破坏；③高次谐波会干扰附近的通信线路。

因此，DL/T 572—2021《电力变压器运行规程》规定：变压器的运行低压一般不应高于该运行分接电压的105%，且不得超过系统最高运行电压。

（2）变压器温度。运行中的变压器，由于铜损和铁损的原因，必然温度要升高。温度越高，变压器绝缘老化越快，容易变脆而碎裂，绕组的绝缘层保护也会失去。当变压器绝缘材料的工作温度超过其允许的长期工作最高温度时，每升高6℃，其使用寿命将减少一半。这就是变压器运行的"6℃原则"（干式变压器为"10℃原则"）。油浸式变压器的温度从高到低依次为绕组＞铁芯＞上层油温＞下层油温。变压器绕组热点温度的额定值（长期工作的允许最高温度）为正常寿命温度，绕组热点温度的最高允许值（非长期）为安全温度。油浸式变压器一般通过监测上层油温来监视变压器绕组的温度。

变压器绝缘材料，一般油浸式变压器用的是A级绝缘材料。A级绝缘材料的耐热温度为 105℃。为使变压器绕组的最高运行温度不超过绝缘材料的耐热温度，DL/T 572—2021 规定，油浸式变压器定测油温一般不应超过表 1 - 1 的规定（制造厂有规定的按制造厂规定）。当冷却介质温度较低时，顶层油温也相应降低。自然循环冷却变压器的顶层油温一般不宜经常超过 85℃，当最高环境温度为 40℃时，A 级绝缘材料的变压器上层油温允许值见表 1 - 1。

表 1 - 1　　　　　　　　上层油温一般限值

冷却方式	最高温度（℃）	最高顶层油温（℃）
自然循环自冷、风冷	40	95
强迫油循环风冷	40	85
强迫油循环水冷	30	70

由于 A 级绝缘材料变压器绕组的最高允许温度为 105℃，绕组的平均温度约比油温高 10℃，故油浸自冷或风冷变压器上层油温最高允许温度为 95℃，考虑油温对油的劣化影响（油温每增加 10℃，油的氧化速度增加 1 倍），故上层油温的允许值一般不超过 85℃。对于强迫油循环风冷或水冷变压器，由于油的冷却效果好，使上层油温和绕组的最热点温度降低，但绕组平均温度与上层油温的温差较大（一般绕组的平均油温比上层油温高 20℃～30℃），故变压器运行上层油温一般为 75℃，最高上层油温不超过 85℃。

（3）变压器允许温升。如果说允许温度是反映变压器绝缘材料耐受温度破坏能力的话，那么允许温升是反映变压器绝缘材料承受对应热的允许空间。绝缘材料一定，其承受热的空间温度就不允许超过对应要求值。变压器上层油温与周围环境温度的差值称温升。温升的极限值（允许值），称为允许温升。故 A 级绝缘材料的油浸变压器，周围环境温度为＋40℃时，上层油的允许温升值规定如下：

1）油浸自冷或风冷变压器，在额定负荷下，上层油温升不超过 55℃。

2）强迫油循环风冷变压器，在额定负荷下，上层油温升不超过 45℃。强迫油循环水冷变压器，冷却介质最高温度为＋30℃，在额定负荷下运行，上层油温升不超过 40℃。

二、设备运行工况监视的要求

1. 电流、功率的监视要求

（1）三相电流应平衡，电流表指针无卡涩，微机监控系统数据刷新正常。

（2）电流不超过允许值。

（3）母线的进出线电流应平衡。

（4）功率指示数值应与电流指示相对应。

2. 电压的监视要求

（1）三相电压应平衡并满足电压曲线的要求。

（2）并列运行的母线电压应相差不大。

（3）电压表指示应稳定、无波动、微机监控系统数据刷新正常。

3. 变电站微机监控系统运行状况判断

（1）在监控系统"遥测表"画面下，如果发现某一间隔的所有遥测数据不更新，或者日负荷报表中某一间隔的所有报表数据一直都未改动过，应检查网络通信、支持程序及采集装置运行指示是否正常，判断出该间隔的异常原因并进行相应处理。

（2）如果发现监控系统所用遥测数据均不再更新，通信状态显示正常，可能是程序死机，应按照规定的顺序退出监控程序，重新登录。

三、 运行工况分析判断

变电站运行工况主要是通过对变电站主要设备的工作状态、变电站运行方式、潮流或负荷变化、母线电压等进行分析，发现变电站运行异常或设备故障。

（一）电流、负荷和功率变化分析

变电站的负荷或潮流是随电网运行方式变化的。因此，运行值班人员，除了要监视变电站各进出线、主变压器的负荷电流和功率外，还应了解本变电站所在电网的接线、运行方式、电源点及潮流情况，了解相关的设备容量及线路参数等。

通过分析线路、变压器的电流和功率变化，判断线路是否过负荷或功率越限，判断变压器是否过负荷，分析变电站的潮流是否合理、符合当前运行方式等。在高峰负荷时段、季节变化、重大活动日、重要保电期间、特殊气象时期等非常时期，尤其需要加强运行监视，及时发现运行参数的变化或负荷异常。

对变电站的负荷或潮流变化进行分析，还可以根据运行记录、表计显示、参数对比、历史数据等进行综合分析，判断是否出现异常。

（二）母线电压变化的原因分析

1. 正常运行时变电站母线电压的变化与调整

通常，影响变电站母线电压变化，造成母线电压不合格主要有下列因素：

（1）地区供电负荷的不断增长，无功补偿容量不足或补偿容量分布不合理。

（2）负荷季节变化较大或日负荷波动较大，负荷率较低。

（3）电网运行方式变化较大，潮流变化幅度大或分布不合理。

（4）主网无功不足、运行电压偏低，甚至可能出现倒送无功的情况。

（5）地区电网结构不合理，供电半径较大。

（6）电网的调压措施配置不足或配置不合理。

加强对变电站母线电压的监视，严格按照调度下达的电压曲线对母线电压进行监视和调整，提高母线电压合格率。变电站要维持母线电压在规定的范围内变化，就需要有相应的调压手段：①增减无功功率进行调压，如发电机、静止补偿器、并联电容器、串联电抗器；②改变有功和无功的分布进行调压，如改变变压器分接头进行调压；③改变网络参数调压，如加大电力网的导线截面、在线路中装设串联电容器、利用可调电抗、改变电网接线等；④特殊情况下，也可采用调整用电负荷或采取限电的方法对电网电压进行调整。

2. 母线电压异常的原因分析

电网在正常运行时，变电站母线电压是额定电压或在调度规定的范围内。若一次系统出现故障或不正常运行状态，会导致变电站母线三相电压不平衡、某相电压异常升高或降低等异常现象，造成这些现象的原因主要有：

（1）系统谐振。发生谐振时，会出现电流、电压会不正常增大或发生较大波动，电压互感器会发出不正常声音，表计指示摆动较大等现象。一般在空母线充电时，容易产生铁磁谐振。因此，在发生铁磁谐振时应立即用断路器断开谐振点（充电电源断路器），然后采取措施改变电感、电容的参数组合。例如，改变操作顺序、先投入一条空载出线、投入变压器中性点等。

（2）单相接地。一般 10～66kV 系统为中性点不接地或经消弧线圈接地系统，当系统发生单相接地时，接地相电压会大幅降低甚至为零，非接地相电压将升高达到线电压。根据规定，这种情况可以继续运行不超过 2h。运行人员必须尽快查找出故障线路，汇报调度，将其隔离。

（三）电压互感器二次电压异常的原因分析

电压互感器如图 1-12 所示。变电站有时会发生这种情况：虽一次系统电压正常，但由于电压互感器一次或二次电压回路故障，会产生三相电压不平衡或某些电压显示不正常的现象。这时，除电压、功率等显示不正常外，还可能有"交流电压断线""交流电压消失"等信号。造成这些现象的原因通常有：

（1）电压互感器内部故障。

（2）电压互感二次熔断器熔断或二次开关断开。

（3）二次电压回路断线或接触不良。

（4）电容式电压互感器电容单元损坏等。

图 1-12　电压互感器

发生上述情况，运行值班人员应认真分析，迅速查明原因，及时汇报调度进行处理。应注意，停用电压互感器时应将可能误动的保护和自动装置停用。

（四）电流互感器二次回路异常及原因分析

电流互感器正常运行时，由于负载阻抗小，接近于短路工作状态。当电流互感器二次回路开路时，将会在二次绕组感应产生很高的电动势，其峰值可能达几千伏。这种高电压将威胁人身安全，造成测量仪表、保护装置、二次电流回路绝缘等被破坏。另外，

21

由于这时电流互感器铁芯磁通密度增大，可能造成铁芯严重发热而损坏。因此，应该对二次电流回路的运行监视予以一定的重视。

发生电流互感器二次回路开路的现象主要有：

（1）有功功率、无功功率表计指示不正常，电流表三相不一致，电能表计量不正常。

（2）监控系统功率、电流等相关数据显示不正常。

（3）电流互感器二次绕组引线或接头与外壳之间有放电现象，互感器内部有异常声响，本体有严重发热，并有冒烟和烧焦等现象。

（4）二次电流的开路点有火花放电现象，出现异常高电压。

（5）该回路的测量仪表、保护装置等可能被烧坏冒烟。

（6）继电保护、自动装置可能发生误动或拒动等。

运行值班人员在运行监视或巡视检查中，发现上述现象时，应立即分析判断，巡视查明原因，及时汇报调度，进行处理。

（五）根据表计或监视信息发现异常

变电站的监视仪表，如电压表、电流表、功率表、电能表、频率表等，都是通过电压互感器和电流互感器接入一次系统进行测量的。若表计指示或相应的监控系统显示不正常可能有下列几方面原因：

（1）表计损坏或出现故障。

（2）电压互感器、电流互感器损坏或出现故障。

（3）二次回路故障、断线、接触不良或熔断器熔断。

（4）更换设备后，二次接线错误或倍率变化。

（5）二次负载不均衡或变化较大引起互感器误差增大。

（6）一次设备工作异常等。

运行人员应根据现象，查找原因，分析的方法可用检查判断法、对比分析法等。根据检查情况、表计信息、二次信号、异常现象、历史数据、设备参数等进行综合分析判断。

📋 任务实施

根据 DL/T 572—2021 等相关规定，对照变电站各主要设备配置和技术规范，在仿真机上对典型 220kV 双母线接线仿真变电站进行运行监控。

1. 220kV 仿真变电站主变压器技术规范

变电站主变压器技术规范见表 1-2。

表 1-2　　　　　　　　　　　变电站主变压器技术规范

编号	1号变	2号变
型号	SFSZ10 - 120000/220	SFSZ10 - 120000/220

续表

编号	1号变			2号变		
额定容量（kVA）	120000/120000/60000			120000/120000/60000		
额定电压（kV）	（230±8×1.25%）/（115±5×2.5%）/10.5			（230±8×1.25%）/（115±5×2.5%）/10.5		
额定电流（kA）	299.9/1100			299.9/1100		
联结组标号	Y_n，y_n，d_n			Y_n，y_n，d_n		
变压比	负载损耗 100%		额定容量	负载损耗 100%		额定容量
	容量（kVA）	损耗（kW）	阻抗电压（%）	容量（kVA）	损耗（kW）	阻抗电压（%）
230/115	120000	364.38	12.71	120000	364.38	12.71
230/10.5	60000	122.89	23.39	60000	122.89	23.39
115/10.5	60000	108.40	7.7	60000	108.40	7.7
空载损耗（kW）	98.4			98.4		
空载电流（%）	0.245			0.245		
冷却方式	油浸自冷/油浸风冷			油浸自冷/油浸风冷		
厂家	山东电力设备厂			山东电力设备厂		

2. 断路器运行监控

断路器如图 1-13 所示。断路器的主要技术参数如下：

（1）额定电压（kV），指断路器正常工作时系统的额定（线）电压。它是断路器的标称电压，断路器应能保持在这一电压的电力系统中使用，最高工作电压不可超过额定电压 15%。

（2）额定电流（A），指断路器在规定使用和性能条件下可以长期通过的最大电流（有效值）。当额定电流长期通过高压断路器时，其发热温度不应超过国家标准中规定的数值。

（3）额定短路开断电流（kA），指在额定电压下，断路器能可靠切断的最大短路电流周期分量有效值。该值表示断路器的断路能力。

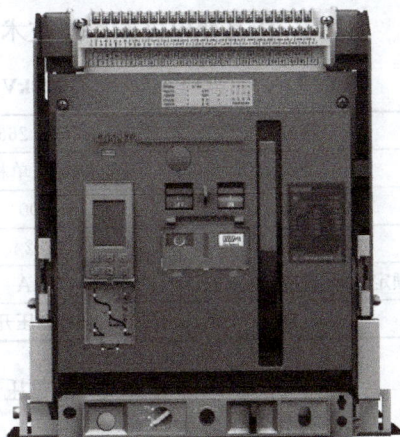

图 1-13 断路器

（4）额定峰值耐受（动稳定）电流（kA），指在规定的使用和性能条件下，断路器在合闸位置时所能承受的额定短时耐受电流第一个半波达到的电流峰值。它反映设备受短路电流引起的电动效应能力。

（5）额定短时耐受（热稳定）电流（kA），指在规定的使用和性能条件下，在额定短路持续时间内，断路器在合闸位置时所能承载的电流有效值。它反映设备经受短路电流引起的热效应能力。

（6）额定短路关合电流（kA），指在规定的使用和性能条件下，断路器保证正常关合的最大预期峰值电流。

（7）分闸时间（s），指从接到分闸指令开始到所有极弧触头都分离瞬间的时间间隔。分闸时间又称为固分时间。

（8）开断时间（s），指断路器从分闸线圈通电（发布分闸命令）起至三相电弧完全熄灭为止的时间。开断时间为分闸时间和电弧燃烧时间（燃弧时间）之和。

（9）合闸时间（s），指从合闸命令开始到最后一极弧触头接触瞬间的时间间隔。合闸时间又称为固合时间。

（10）金属短接时间（s），指断路器在合闸操作时从动、静触头刚接触到刚分离时的一段时间。金属短接时间如果太长，会导致重合于永久性故障时，故障切除时间较长，对电力系统稳定不利；如果这个时间太短，会影响断路器灭弧室断口间的介质恢复，而导致不能可靠地开断。

（11）分（合）闸不同期时间（s），指断路器各相间或同相各断口间分（合）的最大差异时间。

（12）额定充气压力（表压，MPa），指标准大气压下设备运行前或补气时要求充入气体的压力。

（13）相对漏气率（简称漏气率），指设备（隔室）在额定充气压力下，在一定时间间隔内测定的漏气量与总气量之比，以年漏气率表示。

（14）无电流间隔时间（s），指由断路器各相中的电弧完全熄灭到任意相再次通过电流所用的时间。

220kV仿真变电站断路器技术规范见表1-3。

表1-3 220kV仿真变电站断路器技术规范

编号	261、262、266、267	161、162、163、164、165	10kV 高压开关柜
型式	LTB245E1 单相操作	LW25-126	XGN2-12（Z）/08G
额定电流（A）	4000	3150	2500
额定电压（kV）	252	126	12
额定短路开断电流（kA）	50kA	40	40
厂家	北京 ABB 高压开关公司	西安西开高压电气股份有限公司	宁波天安股份有限公司

3. 对220kV仿真变电站高压隔离开关进行运行监视。

技术规范见表1-4。

表1-4 220kV仿真变电站高压隔离开关技术规范

编号	型式	技术规范	厂家
220kV 母线侧隔离开关	SPOT	252kV 2500A	阿海珐公司
220kV 线路侧隔离开关	SPO2T	252kV 2500A	阿海珐公司
110kV 母线侧隔离开关	CR11-MH25	126kV 250A	杭州西门子有限公司
110kV 线路侧隔离开关	CR12-MH25	126kV 250A	杭州西门子有限公司
10kV 侧隔离开关	GN300-12D-1250	10kV 41250A	宁波天安股份有限公司

4. 对 220kV 仿真变电站电压互感器、电流互感器进行运行监视

技术规范见表 1-5、表 1-6。

表 1-5　　　　　　　　　　220kV 仿真变电站电压互感器技术规范

运行编号	220kV Ⅰ母 TV 220kV Ⅱ母 TV	220kV 线路 TV	110kV Ⅰ母 TV 110kV Ⅱ母 TV	110kV 线路 TV	10kV Ⅰ母 TV 10kV Ⅱ母 TV
型号	TYD220/$\sqrt{3}$-0.005H	WVL220-5H	TYD110/$\sqrt{3}$-0.01H	WVL110-10H	JDZ8-10
额定绝缘水平(kV)	460/1050	395/950	200/480	220/480	12/42/75
额定电压（V）	1a-1n：100/$\sqrt{3}$ 2a-2n：100/$\sqrt{3}$ da-dn：100	200/$\sqrt{3}$	1a-1n：100/$\sqrt{3}$ 2a-2n：100/$\sqrt{3}$ da-dn：100	100/$\sqrt{3}$	100
额定输出准确级	0.2/0.5/3P	0.5/3P	0.2/0.5/3P	0.5/3P	0.2/0.5
厂家	大连互感器有限公司	无锡日新电机 有限公司	大连互感器 有限公司	无锡日新电机 有限公司	上海华册电气 有限公司

表 1-6　　　　　　　　　　220kV 仿真变电站电流互感器技术规范

运行编号	220kV 线路侧 TA	110kV 线路侧 TA	10kV 侧线路 TA
型号	LVQB-220W2	LVQB-110W2	LZZBJ9-12
变比	s1-s2：300/5 s1-s3：600/5	s1-s2：300/5 s1-s3：600/5	300/5
热稳定电流（kA/s）	50/3	50/3	45/3
动稳定电流（kA）	125	125	112.5
厂家	江苏精科互感器有限公司	江苏精科互感器有限公司	宁波天安股份有限公司

项目2

变电站电气设备巡视及维护

📝 项目描述

本项目主要学习典型的 220kV 双母线变电站主系统一次设备、二次设备、站用电与直流系统的巡视及维护。

🔋 教学目标

知识目标

（1）熟悉变电站电气设备巡视的标准化作业流程。

（2）掌握变电站主变压器、断路器、隔离开关等一次设备的巡视及维护内容。

（3）掌握变电站主变压器保护、母线保护、线路保护等二次设备的巡视及维护内容。

（4）掌握变电站站用电与直流系统巡视及维护内容。

能力目标

（1）能熟读变电站的正常运行方式。

（2）能根据变电站电气设备巡视维护的基本流程及基本要求，确定变电站电气设备巡视路线。

（3）能够按照标准化作业流程在仿真机上对照电气设备巡视及维护内容，熟练进行变电站电气设备巡视及维护的操作。

素质目标

（1）愿意交流，主动思考，善于在反思中进步。

（2）学会服从指挥，遵章守纪，吃苦耐劳，安全作业。

（3）学会团队协作，认真细致，保证目标实现。

📋 教学环境

本项目在 220kV 变电运行仿真实训室进行一体化教学，要求能满足每个学生一台计算机；变电运行仿真系统相关资料齐全，配备规范的一体化教材和相应的多媒体课件等教学资源。

📎 知识背景

设备巡视是变电运行维护的一项重要工作，是保证变电站能够安全运行的基础工作。

一、设备巡视的目的

对变电站设备巡视的目的是监视设备的运行状态，掌握设备运行情况，以便及时发现并采取相应措施及早消除变电站运行设备的缺陷、隐患或故障，预防事故发生，确保设备安全运行。

二、设备巡视的分类

变电站的设备巡视检查，一般分为正常巡视（含交接班巡视）、全面巡视、熄灯巡视、特殊巡视和监察性巡视，其中正常巡视、全面巡视、熄灯巡视又称为例行巡视。

1. 正常巡视

正常巡视在交接班和班中进行，由接班人员会同交班人员共同进行。巡视结束且无问题后，办理运行交接手续。

2. 全面巡视

全面巡视主要是对设备进行全面的外部检查，对缺陷有无发展做出鉴定，检查设备的薄弱环节，检查防火、防小动物、防误闭锁等有无漏洞，检查接地网及接地引下线是否完好。

3. 熄灯巡视

熄灯巡视主要是检查设备有无电晕、放电及接头有无过热现象。

4. 特殊巡视

遇有以下情况，应进行特殊巡视：

（1）大风前后的巡视。

（2）雷雨后的巡视。

（3）冰雪、冰雹、雾天的巡视。

（4）设备变动后的巡视。

（5）设备新投入运行后的巡视。

（6）设备经过检修、改造或长期停运后重新投入系统运行后的巡视。

（7）异常情况下的巡视，主要是指过负荷或负荷剧增、超温、设备发热、系统冲击、跳闸、接地故障情况等的巡视。必要时，应派专人监视。

（8）设备缺陷有发展时、法定节假日、上级通知有重要供电任务时，应加强巡视。

5. 监察性巡视是指按有关规定由变电站站长（操作队长）对设备定期进行的巡视，每周进行一次，严格监督、考核各班的巡视检查质量。

三、设备巡视周期

集控站（监控中心）、无人值班变电站、有人值班变电站的巡视周期应严格按本单位有关规程、规定执行。

遇有下列情况，应增加巡视次数：设备过负荷或负荷有显著增加时，设备经过检修、试验、改造或长期停用后重新投入运行，新安装的设备投入运行，设备缺陷近期有发展时，恶劣天气、事故跳闸和设备运行中有可疑现象时，法定节假日及上级通知有重要供电任务期间等。巡视中发现的设备缺陷，应按规定正确记录在巡视卡、运行记录或输入生产管理系统中，同时汇报本站管理人员。

四、设备巡视的方法

1. 一般巡视方法

(1) 目测检查。用眼睛检查看得见的设备部位，通过设备外观的变化来发现异常情况。通过目测可以发现下列异常现象：引线断股、散股，接头松动；变形（膨胀、收缩、弯曲），变色（烧焦、发红、硅胶变色、油变黑），渗漏（漏油、漏水、漏气）；污秽、腐蚀、磨损、破裂；冒烟，接头过热；火花、闪络；有杂质异物；指示不正常（表计、油位）；不正常动作。

(2) 耳听判断。用耳朵或借助听音器械，判断设备运行中发出的声音是否正常。例如变压器正常运行时其声音是均匀的嗡嗡声，超额定电流运行时会发出较高而且沉重的嗡嗡声等。

(3) 鼻嗅判断。通过气味判断设备有无过热、放电等异常。例如通过嗅觉判断气味是否正常，有无焦糊味等异常气味。

(4) 触试检查。用手触试设备的非带电部分，检查设备的温度是否有异常或局部过热现象。例如触摸变压器外壳，检查温度是否正常，与平时比较有无明显差别等。

(5) 仪器检测。借助测温仪、望远镜、遥视探头对设备进行检查，是发现设备过热、高位设备缺陷的有效方法。

(6) 比较分析。对所检查的设备部件有疑问时，可与正常设备部件比较，对于数据型结果可通过与其他同类设备及本身历史数据进行横向、纵向比较分析，综合判断设备是否正常。

2. 巡视工具的使用

(1) 测温仪。对于变电站配备的红外测温仪，一般情况下结合正常巡视使用。根据运行方式的变化，用红外测温仪对长期重负荷运行的设备、负荷有明显增加的设备、存在异常的设备、新投入运行设备或运行方式改变后投入运行的设备、检修人员测温时发现温度偏高尚能坚持运行的设备和其他有必要的情况进行重点测温。

(2) 智能巡检仪。配置了智能巡检仪的变电站，巡视时按照掌上电脑的提示进行检查，避免发生漏检或检查不到位的情况。

(3) 遥视系统。装有遥视探头的变电站，可通过调整探头的角度和远近，检查正常情况下看不到的设备上部及高处的母线、绝缘子串有无异常。

3. 具体项目的检查方法和检查结果的分析判断

(1) 油位、渗漏油的检查。注油设备油位过高，可能是因为注油设备过负荷、内部接头过热或故障、散热环境不良或者气温高等原因造成的，对于变压器还可能是假油位。当注油设备油位过低看不见时，可能是由于注油设备外部或内部漏油以及气温突降等多种因素造成的。发现油位异常，应检查是否属于上述原因，并进行相应处理。

油位计油位不容易看清楚时，可采取以下方法：

1）多角度观察。

2）对两个温差较大的时刻所观察的油位进行比较。

3）与其他同类设备油位进行比较。

4）比较油位计不同亮度下的底色板颜色。

（2）油温判断。油温判断通常采用比较法，即与以往的运行数据比较，如发现油温较高，应查明原因。一般变压器类设备装设油温表，油温高的因素有：冷却器故障，散热环境不良，散热器阀门没有打开；环境温度高，负荷大；内部有故障，外部有故障；温度计损坏。

通过比较安装在变压器上的几只不同温度计读数，并充分考虑气温、负荷的因素，对照变压器温度负荷曲线，判断变压器温升是否异常。变压器的很多故障都有可能伴随急剧的温升，应检查运行电压是否过高、套管各个端子和母线或电缆的连接是否紧密、有无发热迹象。

（3）声响判断。变压器在正常运行中会发出均匀的嗡嗡声。其他大多数设备正常运行时处于无声状态，当发生各种异常或故障情况时，会发出各类声响，也就是异声。对于声响判断，通常采用比较法。一般发生异常声响的可能因素有：设备内部有故障；负荷突变，过负荷；设备内部个别零件松动；铁磁谐振；系统发生故障；TA 二次开路，TA 末屏接地不良；TV 接地端接触不良；设备因脏污等原因发生放电以及其他因素（如设备外部附件螺钉、螺母松动造成的不正常声响）。

（4）接头发热的检查方法。

1）根据示温蜡片状况进行检查。

2）根据相色漆的变色来判断接头是否发热。

3）观察接头上有无热气流、水蒸气和冒烟现象。

4）观察接头金属的变色。

5）用红外测温仪测量接头温度。

（5）绝缘子裂纹的检查方法。

1）雨后检查绝缘子上的水波纹。

2）对着日光检查，绝缘子表面污秽程度越大，其反射光线聚光点的亮度就越暗。

3）用望远镜检查。

4）根据放电声音检查等方法检查。

（6）断路器液压操动机构压力的检查判断。液压操动机构压力表数值对照温度压力曲线判断是否在规定范围内，同时要与活塞杆和微动开关位置相比较，进行综合判断。如环境温度高时，压力表读数很高，但活塞杆的位置正常；储压筒活塞密封不严时，氮气或液压油发生内渗，压力表读数和活塞杆的位置也会不一致。

（7）断路器机械位置的检查。断路器机械位置的检查可用检查分合闸指示器、绝缘拉杆状态是否一致，其相连的运动部件相对位置有无变化来判断。

五、设备巡视的流程

1. 做好准备工作

（1）查阅设备缺陷记录、运行日志并检查负荷情况，掌握设备运行状况，对存在缺陷及负荷较大的设备重点巡视。

（2）按照有关规程的要求，佩戴安全防护用品；考虑当时的天气情况，采取防止高温中暑或低温冻伤的措施。

（3）人员搭配合理，设备分工合理，保证设备巡视工作无死角。

（4）携带望远镜、测温仪、巡视卡、笔、设备区及配电室钥匙等。

2. 逐个巡视

按照规定的巡视路线对设备逐个进行巡视。每个设备应按照巡视指导书（巡视卡）或掌上电脑的巡视顺序和项目对各个部位逐项进行巡视，不得有遗漏。对存在缺陷或异常运行的设备巡视时，要重点检查其缺陷或异常有无发展。

变压器的巡视顺序举例：储油柜部分（油位指示器、气体继电器、储油柜及连接管、呼吸器）→变压器本体部分（设备标示牌、压力释放器、油箱、声响、上层油温）→各侧套管及引线（高压侧套管、中压侧套管、低压侧套管、中性点套管及其引线）→冷却系统（散热器、油泵、风扇）→有载调压装置。

3. 处理缺陷

一般缺陷记录在巡视卡或掌上电脑中，巡视完毕按照缺陷报告程序进行汇报。对于严重、危急缺陷，发现后应立即暂停巡视，报告值班负责人，由值班负责人汇报调度及相关领导，并根据缺陷严重程度采取适当措施，防止发生事故；紧急处理完毕，应该从中断的地方开始继续巡视。

4. 巡视结果记录

结果汇报值班负责人，必要时值班负责人应对存在缺陷设备进行复查，确认是否构成缺陷及其严重程度。

安全工器具的选择

六、设备巡视的安全要求

1. 设备巡视的危险点分析

设备巡视时，必须严格遵守《国家电网公司电力安全工作规程（变电部分）》和相关规程制度的要求。巡视前针对巡视内容、天气情况、设备运行状况进行危险点分析。设备巡视过程中可能存在的危险点综合如下：

（1）人员触电。危险点有擅自打开设备网门、跨越遮栏与带电设备安全距离不够；

误登、误碰带电设备；高压设备发生接地时，保持距离不够或接触设备外壳、架构。

（2）碰伤、摔伤。危险点有登高检查设备时，感应电造成人员失去平衡；夜间巡视，人员碰伤、摔伤、踩空。

（3）其他人身伤害。危险点有检查设备气泵、油泵等部件时，电机突然启动，转动装置伤人；雷雨天气，靠近避雷器和避雷针，造成人员伤亡；不戴安全帽、不按规定着装或使用不合格的安全工器具，在突发事件时失去保护；巡视 SF$_6$ 设备时，未按规定进行，造成气体中毒；生产现场安全措施不规范，如警告标示不齐全、孔洞封锁不良、带电设备隔离不符合要求，造成人员伤害；人员身体状况不适，思想波动，造成人身伤害。

（4）设备误动。危险点有开、关保护屏门，振动过失，造成设备误动作；在保护室使用移动通信工具，造成保护误动。

（5）造成安全隐患。危险点有擅自改变检修设备状态，变更工作地点的安全措施；发现缺陷及异常单人处理，未及时汇报；随意动用万能解锁钥匙；进出高压室，未随手关门，造成小动物进入。

（6）巡视质量不高。危险点有未按照巡视路线巡视，造成巡视不到位，漏巡视。

2. 设备巡视的安全措施和注意事项

（1）经本单位批准允许单独巡视高压设备的人员巡视高压设备时，不得进行其他工作（发现缺陷及异常，应及时汇报，不得单人处理），不得移开或越过遮栏。

（2）雷雨天气，需要巡视室外高压设备时，应穿绝缘靴，并不得靠近避雷器和避雷针。

（3）高压设备发生接地时，室内不得接近故障点 4m 以内，室外不得接近故障点 8m 以内，进入上述范围人员应穿绝缘靴，接触设备外壳和架构时，应戴绝缘手套。

（4）巡视配电装置，进出高压室，应随手关门，并应检查防鼠门良好。

（5）进入设备区，应戴安全帽，并按规定着装，巡视前应检查所使用的安全工器具完好。

（6）夜间巡视，应开启设备区照明，熄灯夜巡应带照明工具。

（7）必须按本单位制定的设备巡视标准化作业指导书要求，按照规定的巡视路线进行巡视。在巡视中，巡视人员应具有高度的工作责任心，做到不漏巡，及时发现设备缺陷或安全隐患，提高巡视质量。

（8）登高检查设备时做好有感应电的思想准备，不得单人进行登高或登杆巡视。

（9）巡视设备时禁止变更检修现场安全措施，禁止改变检修设备状态。

（10）巡视时严禁触摸油泵、气泵的电动机转动部分。

（11）在保护室禁止使用移动通信工具，开、关保护屏门应小心谨慎，防止过大振动。

（12）严格执行"五防"解锁规定，禁止随意动用解锁钥匙。

（13）巡视人员状态应良好，巡视过程中精神集中，不得谈论与巡视无关的事情。

（14）进入 GIS 设备室前应先通风 15min，且无告警信号，确认空气中含氧量不小于 18%，空气中 SF$_6$ 浓度不大于 1000μL/L 后方可进入。气体绝缘开关设备 GIS（Gas

Insulated Switchgear）是指六氟化硫封闭式组合电器。它将一座变电站中除变压器以外的一次设备，包括断路器、隔离开关、接地刀闸、电压互感器、电流互感器、避雷器、母线、电缆终端、进出线套管等，经优化设计有机地组合成一个整体，也称为高压配电装置。

（15）不得单人进入 GIS 设备室进行任何工作，巡视时不要在 GIS 设备防爆膜附近停留，防止压力释放器突然动作，危及人身安全。

（16）在巡视检查中，若遇到 GIS 设备操作，应停止巡视并离开设备一定距离，操作完成后，再继续巡视检查。

（17）巡视时人员站位要合适，室外 SF_6 设备气体泄漏时，应从上风接近检查；避免站在设备压力释放装置所对的方向。

任务 2.1　　变电站主系统一次设备巡视及维护

变电站主系统的设备用于输送和分配电能，变电站主系统的一次设备主要有电力变压器、断路器、隔离开关、互感器等，这些都是高电压、大电流的强电设备。为了确保变电站及电力系统的安全稳定运行，必须对变电站主系统一次设备进行巡视及维护，使变电站主系统正常稳定运行。

教学目标

知识目标

（1）熟悉典型 220kV 变电站一次设备巡视及维护的主要内容及要求。

（2）熟悉变电站设备巡视的标准化作业流程（国家电网有限公司）。

（3）掌握一次设备特殊巡视项目及要求、巡视标准和测温方法。

能力目标

（1）能熟读变电站主系统正常运行方式。

（2）能根据变电站电气设备巡视维护的基本流程及基本要求，变电站电气设备的布局，确定变电站一次电气设备巡视路线。

（3）能够按标准化作业流程在仿真机上对照变电站一次电气设备巡视及维护内容，熟练进行电气设备巡视及维护的操作。

（4）能够通过特殊巡视发现设备的隐蔽性缺陷，并能进行分级上报。

素质目标

（1）能主动学习，在完成任务过程中发现问题、分析问题和解决问题。

（2）能严格遵守专业相关规程标准及规章制度，与小组成员协商、交流配合，按标准化作业流程完成学习任务。

变电站一次设备正常巡视的内容包括主变压器、开关设备、母线、互感器、避雷器和配电装置等。由于设备巡视的内容比较多，运行人员在巡视时很容易遗漏，巡视不全面，为避免这种情况，可以实行设备巡视卡制度，逐项巡视检查，保证巡视质量。变电站一次设备如图2-1所示。

图2-1 变电站一次设备

一、变压器的巡视检查与维护

变压器在运行中，运行人员应按照变压器运行规程制订的周期和巡视项目进行检查，及时掌握变压器的运行状况。

220kV变压器、间隔巡视检查

电力变压器巡视

（一）变压器巡视检查

1. 主变压器正常巡视检查项目及要求

（1）变压器的油温和温度计应正常，1号主变压器油温应在75℃以下，2号主变压器油温应在85℃以下。储油柜的油位应与温度相对应。

（2）变压器各部位应无渗油、漏油。

（3）套管油位应正常，套管外部无破损裂纹、无严重油污、无放电痕迹及其他异常现象。

（4）变压器声响应均匀、正常。

（5）各冷却器手感温度应相近，风扇、油泵运转正常，油流继电器工作正常。

（6）吸湿器完好，吸附剂干燥，油封油位正常。

（7）引线接头、电缆、母线应无发热现象。

（8）压力释放器、安全气道应完好无损。

（9）有载调压分接开关的分接位置及电源指示应正常。

（10）气体继电器内应无气体。

（11）各控制箱和二次端子箱、机构箱应关严，无受潮，温控装置工作正常。

（12）各类指示、灯光、信号应正常。

（13）检查变压器各部件的接地应完好。

2. 新安装变压器投运前的检查

（1）检查本体、冷却装置及所有附件，应无缺陷，无渗漏油现象。

（2）事故排油设施应完好，消防设施齐全。

（3）根据阀门的作用，检查其所在的位置（开或闭）是否正确。

（4）检查接地系统是否可靠，检查铁芯接地情况，必须保证只能是一点接地。

（5）储油柜及充油套管油位正常，储油柜呼吸用干燥器油位正常，干燥剂（硅胶）颜色正常，呼吸器应畅通。

（6）检查各保护装置和断路器整定情况及动作灵敏度是否良好，继电保护是否正确。

（7）检查冷却器控制系统控制投入、退出是否可靠。

（8）根据系统情况，调整系统保护整定值，以便有效保护变压器。

3. 新安装变压器空载试运行

（1）进行空载冲击合闸时，其中性点必须接地。

（2）空载冲击合闸前，应将气体继电器信号触点并入重瓦斯触点上（即电源跳闸回路）合闸结束后应将气体继电器的信号触点恢复至告警回路上。

（3）变压器第一次投入运行时，可全电压冲击合闸，冲击合闸时，变压器宜从高压侧投入。

（4）冲击合闸电压为系统额定电压，合闸次数最多为 5 次，第一次受电后持续时间不应少于 10min，变压器开始带电试运行，并带一定的载荷即可能的最大负荷连续运行24h，无异常后转入正常运行状态。

4. 变压器大修后投运前的检查

（1）每组冷却器的上、下联管阀门，净油器的上、下联管阀门，储油柜与油箱联管阀门都在开启位置。

（2）有载调压开关与接头指示已按调度规定的使用分接头（抽头）位置调整好。

（3）气体继电器动作，重瓦斯保护接跳主变三侧断路器，轻瓦斯保护动作于信号。

（4）主变保护（后备保护、主保护）整组试验符合要求，即保护整定正确，每套保护装置信号、光字牌信号、接跳断路器均与设计图纸相符。

（5）变压器油箱接地要良好。

（6）油箱顶盖无杂物，瓷套表面清洁完整。

（7）接通电源，启动各组强油循环油泵，检查油泵和风扇的电动机旋转方向是否正确，整个冷却器有无强烈振动。冷却器运行 2h 后，停止运行，拧开顶部放气塞排出散热器里面的空气（如此反复 2～3 次）。

（8）放去各套管升高座、冷却器、净油器等上部的残存空气。

（9）检查并试验变压器强油循环、冷却系统自动控制装置，其控制和信号均应正确无误。

5. 主变检修后的试运行

（1）主变新安装或大修后，在试运行前，应由检修和运行双方工作人员密切配合，对其本体及其有关设备进行全面检查，集中检修、试验、保护及运行方的意见，确认符合运行条件后，方可进行试运行。

（2）大修后的主变应进行 3 次冲击合闸试验，第一次冲击带电后运行时间应不少于 10min，以后为 5min，主变带电后检查内部有无不正常杂音，每次冲击合闸应检查冲击励磁涌流对差动保护的影响，并记录空载电流。

（3）主变差动保护和气体保护同时投入跳闸位置，经试运行不发生异常情况，24h 空载运行后投入正式带负荷运行。主变带负荷后，对主变差动保护测量电流相位和不平衡电流或电压，测试差动保护电流相位前，退出差动保护跳闸连接片，证实二次接线及极性正确无误后，再将差动保护跳闸连接片投入。

（4）变压器的运行维护应按照 DL/T 572—2010《电力变压器运行规程》和国家电网有限公司的有关规定进行。为监视和防止变压器绝缘老化，不得随意改变冷却方式运行，要经常监视上层油温和温升（温升＝上层油温－环境温度）。当环境温度在 20℃ 以上时，上层油温不得超过 75℃（1 号主变）或 85℃（2 号主变）；当环境温度在 20℃ 以下时，上层油温不得超过 55℃（1 号主变）或 65℃（2 号主变）。

6. 变压器的特殊巡视检查项目和标准

（1）气温骤变时，检查储油柜油位和瓷套管油位是否有明显变化，各侧连接引线是否有断股或接头处是否有发红现象，各密封处有否渗漏油现象。

（2）雷雨、冰雹后，检查引线摆动情况及有无断股，设备上有无其他杂物，瓷套管有无放电痕迹及破裂现象。

（3）在雷雨天气过后，应检查有无放电闪络，避雷器放电记录器有无动作情况。

（4）大雾天气，检查瓷套管有无放电打火现象，重点监视污秽瓷质部分。

（5）下雪天气，根据积雪融化情况检查接头发热部位；检查引线积雪情况，及时处理引线过多的积雪和冰柱。

（6）大风天气，检查引线摆动情况及有无搭杂物。

（7）高温天气，检查油温、油位、油色和冷却器运行是否正常。

（8）过负荷，监视负荷、油温和油位的变化，接头接触应良好，示温蜡片（贴有示温蜡片时）无熔化现象，冷却系统应运行正常。

（9）短路故障后，检查有关设备、接头有无异状。

（二）变压器的维护项目

（1）处理已发现的缺陷。

（2）放出储油柜积污器中的污油。

（3）检修油位计，调整油位。

（4）检修冷却装置：包括油泵、风扇、油流继电器，必要时吹扫冷却器管束。

（5）检修安全保护装置：包括储油柜、压力释放阀（安全气道）、气体继电器等。

（6）检修油保护装置。

（7）检修测温装置：包括压力式温度计、电阻温度计（绕组温度计）、棒形温度计等。

（8）检修调压装置、测量装置及控制箱，并进行调试。

（9）检查接地系统。

（10）检修全部阀门和塞子，全面检查密封状态，处理渗漏油。

（11）清扫油箱和附件，必要时进行补漆。

（12）清扫外绝缘和检查导电接头（包括套管将军帽）。

（13）定期更换呼吸器硅胶。

（14）按有关规程规定进行测量和试验。

二、断路器的巡视检查与维护

断路器巡视
步骤

（一）断路器的巡视检查

1. 断路器运行巡视检查的内容

（1）断路器内部无打火放电声响。

（2）断路器的本体及液压机构常压油箱的油位、油色应正常。

（3）断路器的分合闸指示器应指示正确。

（4）断路器本体及机构应无渗漏油现象。

（5）定期检查断路器本体 SF_6 气体及机构压力值，压力值应符合制造厂规定。

（6）室外安装的多油断路器在每年入冬季节前进行一次放水检查。

（7）绝缘子套管瓷质部分应无损伤及裂纹、放电痕迹和脏污现象。

（8）载流接头无发热现象。

（9）弹簧储能机构应储能正常。

（10）机构箱、接线箱应密封严密。

（11）防雨帽应安装良好。

（12）SF_6 断路器本体及机构压力值应每周记录一次。

2. SF_6 断路器的正常巡视检查内容

（1）检查环境温度，若温度下降超过允许范围，应启用加热器，防止 SF_6 气体液化。

（2）检查 SF_6 气体压力应正常，其压力一般为 0.4～0.6MPa（20℃）。

（3）检查断路器各部分通道有无异常（漏气声、振动声）及异味，通道连接头是否正常。

（4）检查其绝缘子套管，应无裂纹、无放电痕迹和脏污现象。

（5）检查接头接触处有无过热现象，引线弛度适中。

3. 空气断路器的正常巡视检查内容

（1）检查压缩空气的压力是否正常，空气断路器储气筒气压是否保持在 20 ± 0.05MPa 范围内，若超过允许气压范围，应及时调整减压阀开度，使其达到允许工作压力，因为工作气压过低，将降低断路器的灭弧能力，工作气压过高，将使断路器的机械寿命缩短。

（2）空气系统的阀门、法兰、通道及储气罐的放气螺丝等处应无明显漏气。如有漏气，可以听到嘶嘶的响声，同时耗气量增加，空气压力降低。

（3）检查断路器的环境温度，应不低于 5℃，否则应投入加热器。

（4）检查充入断路器内的压缩空气的质量是否合格，要求其最大相对湿度应不大于 70%。

（5）检查各接头接触处接触是否良好，有无过热现象。

（6）检查绝缘子套管有无放电痕迹和脏污现象。

（7）检查绝缘拉杆，应完整无断裂现象。

（8）检查空压垫及其管路系统的运行，应符合正常运行方式，空压机运转时应正常，无其他异常的声音。此外，空压机气缸外壳强度不得超过允许值，各级气压应正常，且应定期开启各储气罐的放油水阀门，检查有无水排出。排污时，应将水排空。检查运转中的空压机定期排污装置是否良好，排污电磁阀能否可靠开启和关闭及电磁线圈有无过热现象。

4. 真空断路器的正常检查内容

（1）检查绝缘瓷柱有无破裂损坏、放电痕迹和脏污现象。

（2）检查绝缘拉杆，应完整无断裂现象，各连杆应无弯曲现象，开关在合闸状态时，弹簧应在储能状态。

（3）检查接头接触处有无过热现象，引线弛度是否适中。

（4）检查分、合闸位置指示是否正确，并与当时实际运行情况相符合。

5. 操动机构的正常巡视内容和要求

（1）检查机构箱门应关好，断路器辅助触点接触到位正确，断路器在分闸状态时绿灯应亮，在合闸状态时红灯应亮。断路器的实际位置与机械指示器及红绿灯指示应相符。电磁式操动机构还应检查合闸熔断器是否完好。

（2）对于液压（气压）式操动机构，检查压力表指示，应在规定的范围（液压式还应检查传动杆行程和液压油位的位置），外部通道应无漏油、漏气现象，电机电源回路应完好，油泵启动次数应在规定的范围内。

（3）电磁式操动机构应检查直流合闸母线电压，其值应符合要求，当合闸线圈通电流时，其端子的电压应不低于额定电压的 80%，最高不得高于额定电压的 110%。分、合闸线圈及合闸接触器线圈应完好，无冒烟和异味。

（4）弹簧式操动机构应检查其弹簧状况，当其在分闸状态时，合闸弹簧应储能。

6. 断路器的特殊巡视检查项目和标准

设备新投运及大修后，巡视周期相应缩短，投运 72h 以后转入正常巡视。遇有下列情况，应对设备进行特殊巡视检查：①设备负荷有显著增加；②设备经过检修、改造或长期停用后重新投入系统运行；③设备缺陷近期有发展；④恶劣气候、事故跳闸和设备运行中发现可疑现象；⑤法定节假日和上级通知有重要供电任务期间。

特殊巡视检查项目如下：

（1）大风天气，检查引线摆动情况及有无搭挂杂物。

（2）雷雨天气，检查瓷套管有无放电闪络现象。

（3）大雾天气，检查瓷套管有无放电、打火现象，重点监视污秽瓷质部分。

（4）大雪天气，根据积雪融化情况，检查接头发热部位，及时处理悬冰。

（5）温度骤变，检查注油设备油位变化及设备有无渗漏油等情况。

（6）节假日时，监视负荷及增加巡视次数。

（7）高峰负荷期间，增加巡视次数，监视设备温度，检查触头、引线接头，特别是限流元件接头有无过热现象，设备有无异常声音。

（8）短路故障跳闸后，检查隔离开关的位置是否正确，各附件有无变形，触头、引线接头有无过热、松动现象，油断路器有无喷油，油色及油位是否正常，测量合闸熔断器是否良好，断路器内部有无异常声音。

（9）设备重合闸后，检查设备位置是否正确，动作是否到位，有无不正常的音响或气味。

（二）断路器的维护项目

（1）进行不带电的正常清扫。

（2）配合带电设备停电的机会，进行传动部分的检查，清扫绝缘子积垢，处理缺陷，除锈刷漆。

（3）对断路器及操动机构传动部件添加润滑油。

（4）根据需要补气或放气，放气阀泄漏处理。

（5）检查控制熔断器（或空气断路器），油泵电动机熔断器及储能电源空气断路器是否正常。

（6）记录断路器的动作次数。

（7）检查各断路器防误闭锁功能是否齐全，有无缺陷。

三、隔离开关的巡视检查与维护

（一）隔离开关的巡视检查

1. 隔离开关的正常巡视检查

（1）监视隔离开关的电流不得超过额定值，温度不超过允许温度 70℃，接头及触头应接触良好，无过热现象。否则，应设法减小负载或停用，若电网负载暂时不允许停电时，应采取降温措施并加强监视。

（2）检查隔离开关的绝缘子（瓷质部分）完整无裂纹、无放电痕迹及无异常声音。

（3）隔离开关本体与操作连杆及机械部分应无损伤。各机件紧固、位置正确，电动操作箱内应无渗漏雨水，密封应良好。

（4）检查隔离开关运行中应保持"十不"：不偏斜、不振动、不过热、不锈蚀、不打火、不污脏、不疲劳、不断裂、不烧伤、不变形。

（5）检查隔离开关在分闸时的位置，应有足够的安全距离，定位锁应到位。

（6）检查隔离开关的防误闭锁装置应良好，应检查电气闭锁和机构闭锁均在良好状态，辅助触点位置应正确，接触应良好。隔离开关的辅助切换触点应安装牢固，动作正确（包括母线隔离开关的电压辅助开关），接触良好。装于室外时，应有防雨罩壳，并密封良好。

（7）检查带有接地刀闸的隔离开关，应接地良好，刀片和刀嘴应接触良好，闭锁应正确。

（8）合上接地刀闸之前，必须确知有关各侧电源均已断开，并验明无电后才能进行。

（9）对液压机构（指油压操作）的隔离开关，机构内应无渗油现象，油位指示应正常；对电动操作的隔离开关，操作完毕后应拉开其操作电源。

（10）装有闭锁装置的隔离开关，不得擅自解锁进行操作（包括电动隔离开关，直接启动接触器、铁芯等进行操作），当闭锁确实失灵时，应重新核对操作命令及现场命名，检查有关断路器位置等确保不会带负载拉合隔离开关时方可操作，不准采取其他手段强行操作。

（11）在 110kV 及以上双母线带旁路的接线中，隔离开关和断路器之间、正副母线隔离开关之间、母线隔离开关和母联断路器之间、旁母隔离开关和旁路断路器之间设有电气回路闭锁，接地刀闸与有关隔离开关之间设有机械或电气闭锁装置。因而在操作过程中应特别注意操作的正确性。

（12）在运行或定期试验中，发现防误装置有缺陷，应视同设备缺陷及时上报；并催促处理。

2. 隔离开关的特殊巡视检查

（1）隔离开关通过短路电流后，应检查隔离开关的绝缘子有无破损和放电痕迹，以及动静触头及接头有无熔化现象。

（2）下雪或冰冻天气，检查隔离开关接触处是否积雪立即融化，绝缘子是否有冻裂现象。

（3）大雾、阴雨天气的夜间，检查隔离开关上的绝缘子是否有放电及电晕声音。

（4）大风时注意检查引线有无摆动，有无落物，能否保持相间或对地距离。

（5）高峰负荷时检查隔离开关接头及接触处是否有发热烧红现象。

（二）隔离开关的维护项目

隔离开关应趁停电机会进行定期清扫维护工作，其内容如下：

（1）铁件除锈刷漆，活动部件加润滑油；擦拭绝缘子。

（2）检查和调整隔离开关的触头弹簧压力，用0号砂纸修理触头的接触面，旋紧各部件螺丝。

（3）调整隔离开关的开度和三相同期。

（4）检查隔离开关支柱绝缘子底座结合处是否开裂。

（5）检查防误闭锁装置是否操作灵活、闭锁可靠。

（6）隔离开关的锁定装置安装是否牢固，动作是否灵活，能否将隔离开关可靠地保证在既定的位置。

（7）对电动操动机构的隔离开关，在确信机构各部正常后用电动分合闸操作几次；在隔离开关的电动操动机构动作正常、回路切换正常、连锁可靠后方可投入运行。

（8）户外隔离开关电气锁应每月加润滑油一次，每年进行一次校准性维护检查。

（9）隔离开关操作上存在问题，应趁停电机会给予处理。

（10）缺陷处理工作可配合检修工作进行。

四、互感器的巡视检查与维护

高压开关柜、隔离开关巡视

（一）电流互感器的正常巡视检查

电流互感器的正常巡视检查工作内容如下：

（1）设备外观完整无损。

（2）一、二次引线接触良好，接头无过热，各连接引线无过热、变色。

（3）外绝缘表面清洁、无裂纹及放电现象。

（4）金属部位无锈蚀，底座、支架牢固，无倾斜变形。

（5）架构、遮栏、器身外涂漆层清洁，无爆皮掉漆。

（6）无异常振动、异常声音及异味。

（7）瓷套、底座、阀门和法兰等部位应无渗漏油现象。

（8）端子箱引线端子无松动、过热、打火现象。

（9）油色、油位正常。

电流互感器巡视

（10）金属膨胀器膨胀位置指示正常，无渗漏。

（二）电压互感器的正常巡视检查与维护

电压互感器的正常巡视检查工作内容如下：

（1）设备外观完整无损，外绝缘表面清洁、无裂纹及放电现象。

（2）一、二次引线接触良好，接头无过热，各连接引线无发热、变色。

（3）金属部位无锈蚀，底座、支架牢固，无倾斜变形。

（4）架构、遮栏、器身外涂漆层清洁、无爆皮掉漆。

（5）无异常振动、异常声音及异味，油色、油位正常。

（6）瓷套、底座、阀门和法兰等部位无渗漏油现象。

（7）电压互感器端子箱熔断器和二次空气断路器正常。

（8）金属膨胀器膨胀位置指示正常，无渗漏。

（9）各部位接地可靠。

（10）注意电容式电压互感器二次电压（包括开口三角形绕组电压）无异常波动。

（三）电流互感器和电压互感器的特殊巡视检查

互感器在：①高温、大负荷运行前；②大风、雾天、冰雹及雷雨后；③设备变动后；④设备新投入运行后；⑤设备经过检修、改造或长期停运后重新投入运行时；⑥设备发热、系统冲击及内部有异常声音时；⑦设备缺陷近期有发展时；⑧法定节假日、上级通知有重要供电任务时，应进行特殊巡视。除此之外，站长应每月进行一次特殊巡视。

互感器特殊巡视检查工作内容如下：

（1）检查接头无发热、本体无异常声响、异味。必要时用红外热像仪检查电流互感器本体、引线接头的发热情况。

（2）大风扬尘、雾天、雨天，外绝缘有无闪络。

（3）冰雪、冰雹天气，外绝缘有无损伤。

（四）电流互感器和电压互感器的维护

电流互感器和电压互感器的维护工作内容如下：

（1）引线接头是否接触良好，无发热、无松动现象。

（2）工作接地、保护接地是否牢固。

（3）无异常气味，瓷质部分应清洁完整无缺损、放电现象。

（4）充油式互感器油面油色正常，无漏油、渗油现象。

（5）高低压螺栓是否松动。

（6）检查引线夹是否断裂。

（7）擦抹绝缘子各部件，清除渗漏。

（五）电流互感器和电压互感器的检修

电流互感器和电压互感器的检修包括大修和小修。

小修，结合预防性试验和实际运行情况进行，1～3 年 1 次，一般指对互感器不解体进行的检查与修理。

电压互感器
巡视

大修，根据互感器预防性试验结果、在线监测结果进行综合分析判断，认为必要时进行大修。一般指将互感器解体，对内、外部件进行检查和修理。

五、避雷器的巡视检查与维护

（一）避雷器的巡视检查

1. 避雷器的正常巡视检查

（1）瓷套表面有无严重污秽，有无裂纹、破损及放电现象。

（2）避雷器内部有无放电响声，是否发出异味（若发生上述现象，须立即退出运行）。

（3）避雷器引线有无烧伤痕迹或断股。

（4）避雷器是否动作、计数器读数是否有变化，连接是否牢固，连接片有无锈蚀，连接线是否造成放电计数器短路。

（5）落地布置时，围栏内应无杂草，以防避雷器电压分布不均。

巡视检查时应注意，雷雨天气时，人员严禁接近避雷器。避雷器应设有集中接地装置，其接地电阻一般不大于 10Ω。集中接地装置与主地网之间应有可以拆卸的连接。

避雷器漏电流记录器是一种在线监测设备，用于监测在运行电压作用下通过避雷器的漏电流峰值，以判断避雷器内部是否受潮，元件有无异常。其运行注意事项有：①应保持记录器观察孔玻璃的清洁，若玻璃内部脏污或积水应要求维修人员处理；②巡视时，应注意各相记录器的指示是否基本一致，记录器发光管是否发亮；③应按规定及时记录毫安表读数，并注意分析其有无异常变化。

2. 避雷器雷雨天气后的特殊巡视检查项目

检查引线是否松动，本体是否有摆动，均压环是否歪斜，瓷套管有无闪络、损伤，放电计数器的动作情况，避雷针有无倾斜、摆动，接地引下线有无损伤等。

（二）避雷器的维护

（1）雷雨天气过后，应尽快特殊巡视避雷器和避雷针，同时记录避雷器放电计数器动作情况。

（2）每月中旬和月底应对全站避雷器放电计数器动作情况全面检查，并做好记录。

（3）每星期检查避雷器泄漏电流情况，并做好记录。

（4）避雷针、接地网的接地电阻每六年测量一次。

（5）避雷器在每年雷雨季节前定期试验一次。

（6）利用停电机会对避雷器进行清扫，擦抹绝缘子，并检查绝缘子有无裂纹或放电痕迹，接线装置是否牢固、可靠，引线接头是否紧固。

避雷器巡视

六、 母线的巡视检查与维护

变电站的母线是站内重要的一次设备,通过巡视检查,可及时发现母线设备的缺陷或故障隐患,对保证变电站安全运行,避免全站失电等事故发生是十分重要的。因此,需要对运行中的母线加强巡视检查。

(一) 母线的巡视检查

1. 母线的正常巡视检查

(1) 检查导线、母排和连接用金具的连接部分接触是否良好,有无氧化、电腐蚀、发热、熔化等现象,有无断股、散股现象或烧伤痕迹。

(2) 耐张线夹、双槽夹板有无松动和发热现象。检查方法为用远红外测温仪进行测试各接头温度一般不超过 70℃。

(3) 母线伸缩接头是否有裂纹、折皱或断股现象。

(4) 绝缘子是否清洁,有无裂纹或破损,有无放电现象。

(5) 低压配电屏母线支持绝缘子及母线固定螺丝是否电好。

(6) 母线上有无不正常声音。

2. 母线的特殊巡视检查项目

(1) 下雪时检查接头积雪有无融化、水蒸气上升现象,线夹及导线、母排导电部分可根据积雪情况判断有无发热现象。

(2) 大风天气时检查母线有无剧烈摆动;导线、绝缘子上是否挂有落物及其摆动、扭伤、断股等异常情况。

(3) 雷雨后检查绝缘子有无闪络痕迹。

(4) 天气过冷或过热时检查室外母线有无拉缩过紧、弛度过大现象,检查导线是否存在受力过大的地方。

(5) 夜间熄灯检查导线、母排及线夹各部位有无发红、电晕或放电现象等。

(6) 当导线、母排及线夹经过短路电流后,检查有无熔断、散股,连接部位有无接触不良,母排有无变形,线夹有无熔化变形等现象。

3. 母线大修或新投入运行的检查项目

(1) 耐张绝缘子清洁、无裂纹、表面无剥落现象。

(2) 各部螺丝紧固,螺丝杆露出螺丝长度在 3～5mm。

(3) 各部螺丝、零件完整无损裂。

(4) 导线无断股,连接可靠,接触良好。

(5) 绝缘电阻合格。

(二) 母线的维护

(1) 运行中母线接头温度不得超过 70℃,每日负荷晚高峰时期用红外线测温仪对接头温度（或薄弱点）进行抽测，并做好记录。

（2）每年测试悬式绝缘子绝缘及运行情况。

（3）遇有高温或冰冻气候应观察母线垂度是否符合规定。

（4）利用停电机会清扫母线，擦抹母线绝缘子，同时检查母线接头紧固情况。

（5）每两年至少进行一次对各种线夹的紧固检查。

七、电缆线路的巡视检查与维护

（一）电缆线路的巡视检查

1. 电缆线路的正常巡视检查

（1）电缆沟盖板应完好无缺。对于敷设在地下的电缆，应检查其所经过的路面有无挖掘工程及其他损坏覆盖层的施工作业，路线标桩是否完整。

母线日常检查项目

（2）电缆沟支架必须牢固，无松动和锈蚀现象，接地应良好。

（3）电缆沟内不应有积水或堆积杂物和易燃品，防火设施应完善。

（4）电缆线路标示牌应无脱落，电缆铠甲和保护管应完整、无锈蚀。

（5）电缆终端头绝缘子应完整、清洁、无闪络放电现象；外露电缆的外皮应完整，支撑应牢固，外皮接地应良好。

（6）引出线的连接线夹应紧固，使用红外线测温仪测量其温度，应不超过 70℃。

（7）电缆头上应无杂物，如鸟巢等。

（8）电缆终端头接地线必须良好，无松动、断股和锈蚀现象，相序色应明显。

（9）电缆中间接头应无变形和过热。

2. 电缆线路的特殊巡视检查项目和标准

（1）电力电缆线路已达满载或过载运行时，应检查电缆头接触处是否发热变色。

（2）故障跳闸后特别是听到巨响时，应检查电缆头是否正常，引线接头是否有烧伤或烧断现象。

（3）下雨或冰冻天气，检查电缆瓷套管是否被冻裂，引线接头是否过紧。

（4）雷雨天气，检查电缆瓷套管是否有放电闪络的现象。

（5）大雾或阴雨天气，检查电缆头上瓷套管是否有放电电晕声音。

（二）电缆线路的维护

（1）电缆线路除正常和特殊巡视检查外，还应利用停电机会清扫和擦抹电缆和绝缘子，同时检查是否有裂纹及闪络痕迹，以及电缆头接触部位是否紧固。

（2）经常用红外线测温仪测试电缆接头温度，要求不超过 70℃，并做好相关记录。

（3）每季度检查电缆运行情况及防小动物孔洞是否封堵严密，措施是否到位。

（4）电缆层应装设温度自动控制灭火器，以防电缆温度过高而引发火灾。

（5）电缆线路发生故障，在处理完毕后，必须进行电缆绝缘的潮气试验和绝缘电阻试验。

八、电容器的巡视检查与维护

（一）电容器的巡视检查

1. 对集中式电力电容器的检查内容

（1）油位、油色、油温是否正常。

（2）吸湿器内硅胶是否变色。

（3）电容器有无渗漏油。

2. 对电力电容器成套装置的检查内容

（1）电容器外壳有无膨胀及变形。

（2）电容器熔丝有无熔断。

（3）电容器套管瓷质部分有无闪络痕迹。

（4）电气连接部分有无松动过热现象。

（5）电容器室温度是否在允许范围内。

3. 电容器的特殊巡视项目

（1）雨、雾、雪、冰雹天气应检查瓷绝缘有无破损裂纹、放电现象，表面是否清洁；冰雪融化后有无悬挂冰柱，桩头有无发热；建筑物及构架有无下沉倾斜、积水、屋顶漏水等现象。大风后应检查设备和导线上有无悬挂物，有无断线；构架和建筑物有无下沉倾斜变形。

电容器组的异常及事故处理

（2）大风后检查母线及引线是否过紧过松，设备连接处有无松动、过热。

（3）雷电后应检查瓷绝缘有无破损裂纹、放电痕迹。

（4）环境温度超过或低于规定温度时，检查示温蜡片是否齐全或熔化，各接头有无发热现象。

（5）断路器故障跳闸后应检查电容器有无烧伤、变形、移位等，导线有无短路；电容器温度、声响、外壳有无异常。熔断器、放电回路、电抗器、电缆、避雷器等是否完好。

（6）系统异常（如振荡、接地、低频或铁磁谐振）运行消除后，应检查电容器有无放电，温度、声响、外壳有无异常。

（二）电容器的维护

（1）利用停电机会，做好箱壳表面、套管表面及其他各部位的清洁工作，并应定期清扫，以保证安全运行。

（2）运行人员每周进行一次测温，以便及时发现设备存在的隐患，保证设备安全可靠运行。

（3）每季定期检查一次电容器组设备所有的接点和连接点。

（4）电容器投运后，每年测量一次谐波。

高压并联电力电容器如图2-2所示。

图 2-2　高压并联电力电容器

九、 消弧线圈的巡视检查与维护

安装消弧线圈的目的是减少 10kV 系统接地时的残流值，减缓恢复电压的上升速度以及抑制谐振过电压的产生等。

（一）消弧线圈的巡视检查

（1）检查声音是否正常，有无异常噪声。

（2）检查紧固件、连接件是否松动，导电零件有无生锈、腐蚀的痕迹。

（3）绝缘表面有无爬电痕迹和碳化现象，瓷套管是否清洁，有无裂纹和放电痕迹。

（4）引线、电缆接头是否紧固，有无过热发红现象。

（5）检查其附件设备（电阻器、真空接触器、电压互感器）运行是否正常，隔离开关是否接触良好，有无发热现象。

（二）消弧线圈的维护

（1）正常运行中 10kV 两段主母线各投入一套消弧线圈，因故需要停运接地变压器或消弧线圈时，必须报告值班调度员，按给定的运行方式倒闸操作。

（2）在正常情况下，消弧线圈自动调谐装置必须投入运行，且应投入自动运行状态。

（3）消弧线圈自动调谐装置投入运行操作步骤如下：先合上消弧线圈自动控制屏后交、直流电源空气断路器，再推上消弧线圈与中性点之间的单相隔离开关（站用变断路器须在断开位置，消弧线圈与中性点之间单相隔离开关只有站用变断路器在断开时才能推上），最后将站用变断路器由热备用（冷备用）转运行，合上控制器电源开关。

（4）消弧线圈自动调谐装置退出运行操作步骤如下：先断开控制器电源开关，将站用变断路器由运行转热备用（冷备用），再拉开消弧线圈与中性点之间的单相隔离开关，最后断开消弧线圈自动控制屏后交、直流电源空气断路器。

（5）若微机调节装置不能投运需要手动倒换消弧线圈的挡位时，应和值班调度员取得联系，根据脱谐度和位移电压的大小确定挡位。

（6）禁止将一台消弧线圈同时接在两台接地变压器（或变压器）的中性点上。

十、 电抗器的巡视检查与维护

（一）电抗器的巡视检查

1. 电抗器的正常巡视检查

（1）设备外观完整无损，无异物。

（2）引线接触良好，接头无过热，各连接引线无发热、变色。

（3）外包封表面清洁、无裂纹、无爬电痕迹、无油漆脱落现象，憎水性良好。

（4）撑条无错位。

（5）无动物巢穴等异物堵塞通风道。

（6）支柱绝缘子金属部位无锈蚀，支架牢固、无倾斜变形、无明显污染情况。

（7）无异常振动和声响。

（8）接地可靠，周边金属物无异常发热现象。

（9）场地清洁无杂物，无杂草。

（10）电抗器门窗应严密，以防小动物进入。

2. 电抗器的特殊巡视项目

（1）投运期间用红外测温设备检查电抗器包封内部、引线接头发热情况。

（2）大风扬尘、雾天、雨天，检查外绝缘有无闪络，表面有无放电痕迹。

（3）冰雪、冰雹时，检查外绝缘有无损伤，本体有无倾斜变形，有无异物。

（4）检查电抗器接地体及围网、围栏有无异常发热，可对比其他设备检查，通过积雪融化较快、水汽较明显等进行判断。

（5）故障跳闸后未查明原因前不得再次投入运行，应检查保护装置是否正常，干式电抗器线圈匝间及支持部分有无变形、烧坏等现象。

（二）电抗器的维护

（1）干式电抗器及其电气连接部分每季度应进行带电红外线测温和不定期重点测温。红外线测温发现异常过热应申请停运处理。

（2）户外干式电抗器表面应定期清洗，5～6 年重新喷涂憎水绝缘材料。

（3）发现包封表面有放电痕迹或油漆脱落，以及流（滴）胶、裂纹现象，应及时处理。

十一、 变电站主要设备的缺陷分级

1. 变压器的缺陷分级

根据 DL/T 572—2021，变压器的运行可分为三种状态加以评估，即危急状态、严重状态和一般状态。

（1）一般情况下变压器存在以下缺陷可定为危急状态：

1）油中乙炔或总烃含量和增加速率严重超注意值，有放电特征，危及变压器安全，绝缘电阻、介质损耗因数等反映变压器绝缘性能指标的数据超标，且历次数据比较，变化明显的。

2）变压器有异常响声，内部有爆裂声。

3）套管有严重破损和放电现象。

4）变压器严重漏油、喷油、冒烟着火等现象。

5）冷却器故障全停，且在规定时间内无法修复的。

6）轻瓦斯发信号，色谱异常。

变压器出现上述危急状态时，应立即停役，安排检修处理。并按设备管辖范围及时报告上级主管部门，要求在24h内予以处理。

（2）变压器存在以下缺陷可定为严重状态：

1）根据绝缘电阻、吸收比和极化指数、介质损耗、泄漏电流等反映变压器绝缘性能指标的数据进行综合判断，有严重缺陷的。

2）强油循环变压器的密封破坏造成负压区、套管严重渗漏油或储油柜胶囊破损。

3）变压器出口短路后，绕组变形测试或色谱分析有异常，但直流电阻测试为正常的。

4）铁芯多点接地，且色谱异常。

变压器出现上述严重状态时，应及时报告上级主管部门，尽快安排检修处理。

（3）变压器存在以下缺陷可定为一般状态：

1）变压器本体及附件的渗漏油。

2）备用冷却装置故障。

3）变压器油箱及附件锈蚀。

4）铁芯多点接地，其接地电流大于100mA。

对于变压器的一般缺陷应定期上报，以便安排处理。消缺工作应列入各单位生产计划中。

2．开关设备的缺陷分级

在变电站一次设备巡视检查中，开关设备是重要的巡视检查内容。根据缺陷对设备安全运行的影响程度，开关设备的缺陷也分三种，即危急缺陷、严重缺陷和一般缺陷。开关设备缺陷分类标准见表2-1。

表2-1 开关设备缺陷分类标准

设备（部位）名称	危急缺陷	严重缺陷
1. 通则		
短路电流	安装地点的短路电流超过断路器的额定短路开断电流	安装地点的短路电流接近断路器的额定短路开断电流
操作次数和开断次数	断路器的累计故障开断电流超过额定允许的累计故障开断电流	断路器的累计故障开断电流接近额定允许的累计故障开断电流；操作次数接近断路器的机械寿命次数

设备（部位）名称	危急缺陷	严重缺陷
导电回路	导电回路部件有严重过热或打火现象	导电回路部件温度超过设备允许的最高运行温度
瓷套或绝缘子	有开裂、放电声或严重电晕	严重积污
操动机构	液压或气动机构失压到零	液压或气动机构频繁打压
	液压或气动机构打压不停泵	
	控制回路断线、辅助开关接触不良或切换不到位	—
	控制回路的电阻、电容等零件损坏	
	分合闸线圈引线断线或线圈烧坏	分合闸线圈最低动作电压超出标准和规程要求
断口电容	有严重漏油现象、电容量或介质损耗严重超标	有明显的渗油现象、电容量或介损超标
接地线	接地引下线断开	接地引下线松动
断路器的分合闸位置	分、合闸位置不正确，与当时的实际运行工况不相符	—

2. SF$_6$ 开关设备

设备（部位）名称	危急缺陷	严重缺陷
SF$_6$ 气体	SF$_6$ 气室严重漏气，发出闭锁信号	SF$_6$ 气室严重漏气，发出告警信号
		SF$_6$ 气体湿度严重超标
设备本体	内部及管道有异常声音（漏气声、振动声、放电声等）	—
	落地罐式断路器或 GIS 防爆膜变形或损坏	
操动机构	气动机构加热装置损坏，管路或阀体结冰	气动机构自动排污装置失灵
	气动机构压缩机故障	气动机构压缩机打压超时
	液压机构油压异常	液压机构压缩机打压超时
	液压机构严重漏油、漏氮	—
	液压机构压缩机损坏	—
	弹簧机构弹簧断裂或出现裂纹	—
	弹簧机构储能电机损坏	—
	绝缘拉杆松脱、断裂	—

3. 高压开关柜和真空断路器

设备（部位）名称	危急缺陷	严重缺陷
真空断路器	真空灭弧室有裂纹	真空灭弧室外表面积污严重
	真空灭弧室内有放电或因放电而发光	—
	真空灭弧室耐压或真空度检测不合格	—

续表

设备（部位）名称	危急缺陷	严重缺陷
开关柜及元部件	元部件表面严重积污或凝露	母线室柜与柜间封堵不严
	母线桥内有异常声音	电缆孔封堵不严
4. 高压隔离开关	绝缘子有裂纹，法兰开裂	传动或转动部件严重腐蚀
	—	导体严重腐蚀

若开关设备发生如：编号牌脱落、相色标志不全、金属部位锈蚀、机构箱密封不严等缺陷则可定为一般缺陷。

3. 互感器的缺陷分级

互感器的缺陷是指互感器任何部件的损坏、绝缘不良或不正常的运行状态，分为危急缺陷、严重缺陷和一般缺陷。

（1）危急缺陷：互感器发生了直接威胁安全运行的缺陷，并需立即处理，否则随时可能造成设备损坏、人身伤亡、大面积停电和火灾等事故，如下列情况等。

1）设备漏油，从油位指示器中看不到油位。

2）设备内部有放电声响。

3）主导流部分接触不良，引起发热变色。

4）设备严重放电或瓷质部分有明显裂纹。

5）绝缘污秽严重，有污闪可能。

6）电压互感器二次电压异常波动。

7）设备的试验、油化验等主要指标超过规定不能继续运行。

8）SF_6 气体压力表为零。

（2）严重缺陷：互感器的缺陷有发展趋势，但可以采取措施坚持运行，列入月计划处理，不致造成事故者，如下列情况等。

1）设备漏油。

2）红外线测温设备内部异常发热。

3）工作、保护接地失效。

4）瓷质部分有掉瓷现象，不影响继续运行。

5）充油设备油中有微量水分，呈淡黑色。

6）二次回路绝缘下降，但下降不超过 30% 者。

7）SF_6 气体压力表指针在红色区域。

（3）一般缺陷：上述危急、严重缺陷以外的设备缺陷。指性质一般，情况较轻，对安全运行影响不大的缺陷，如下列情况等。

1）储油柜轻微渗油。

2）设备上缺少不重要的部件。

3）设备不清洁、有锈蚀现象。

4）二次回路绝缘有所下降者。

5）非重要表计指示不准者。

6）其他不属于危急、严重的设备缺陷。

发现设备缺陷应及时记录在设备缺陷记录簿上，并立即按规定汇报，根据缺陷严重程度进行处理。缺陷消除的期限一般规定为：

（1）危急缺陷，应立即汇报调度和上级领导，并申请停电处理，应在 24h 内消除。

（2）严重缺陷，应汇报调度和上级领导，并记录在缺陷记录本内进行缺陷传递，在规定时间内安排处理。一般视其严重程度在一周或一个月内安排处理。

（3）一般缺陷，设备存在缺陷但不影响安全运行，应加强监视，针对缺陷发展做出分析和事故预想。可列入月度或季度大修计划进行处理或在日常维护工作中消除。

运行单位为全面掌握设备的健康状况，及时发现缺陷，认真分析缺陷产生的原因，尽快消除设备隐患，掌握设备的运行规律，努力做到防患于未然，保证设备经常处于良好的运行状态，实现设备缺陷的闭环管理。通常，变电站设备缺陷管理应进入生产管理和信息系统进行管理，变电站设备的所有缺陷管理流程都应在生产管理和信息系统上进行，特殊情况用消缺通知单来实现闭环管理。

运行人员发现设备缺陷后应对缺陷做出正确判断和定性。发现危急缺陷时，在按照现场运行规程进行必要的应急措施后，应首先汇报调度，交当值调度值班员处理，需要立即消缺的，当值调度值班员应直接通知检修维护单位负责人组织消缺，同时上报生产管理部门。发现其他缺陷后，由所属各班班长审核后录入生产管理和信息系统，同时报生产管理部门。对于特别重大和紧急缺陷，设备检修维护单位在接到设备缺陷汇报后，应立即组织消缺。消缺后应主动补充完善生产管理信息系统资料。对一般缺陷，生产管理部门缺陷管理专责按计划下达设备消缺通知单给检修维护单位，并将汇总表报安保部和分管生产领导。相应班组在接到消缺通知单后，应按消缺通知单规定时间内自行完成缺陷处理。

检修维护部门处理完设备缺陷后，应认真填写相关记录。变电运行人员同时组织验收，验收后应做好归档工作。生产部门跟进各自管辖范围按季度统计设备缺陷消缺率，累计消缺率将作为检修维护部门月度、季度、年度考核依据，消缺率统计的分类：按缺陷的划分，消缺率分为一般缺陷消缺率、严重缺陷消缺率和危急缺陷消缺率进行统计。各生产部门负责人、班组长每天应定时进入生产管理信息系统进行缺陷查询，及时了解设备消缺任务和消缺完成情况。

📋 任务实施

1. 变电站设备巡视路线

对照仿真变电站主接线图，结合各设备平面布置，确定变电站设备巡视路线。

2. 变压器的设备巡视卡

按照变电站设备巡视的标准化作业流程，对照以下各电气设备巡视及维护的内容，在仿真机上对仿真变电站变压器进行巡视，并记录本值巡视检查的开始、结束时间、巡视类别、巡视中发现的缺陷及巡视人姓名。填写油浸式变压器的设备巡视卡，见表 2-2。

表 2-2   油浸式变压器的设备巡视卡

设备名称	序号	巡视内容	巡视标准	检查情况
主变压器	1	引线及导线、各接头	(1) 无变色过热、散股、断股现象。 (2) 接头无变色、过热现象	
	2	本体及音响	(1) 本体无锈蚀、变形。 (2) 无渗漏油。 (3) 音响正常，无杂音、爆裂声	
	3	线圈温度及上层油温度（记录数据）	(1) 上层油温度：_____℃，绕组温度_____℃，环境温度_____℃。 (2) 温度计指示温度符合运行要求，与主变压器控制屏远方温度显示器指示一致	
	4	本体油枕	(1) 完好，无渗漏油。 (2) 油位指示应和油枕上的环境温度标志线相对应	
	5	有载调压油枕	完好，无渗漏油	
	6	本体气体继电器及有载调压气体继电器	(1) 气体继电器内应充满油，油色应为淡黄色透明，无渗漏油，气体继电器内应无气体（泡）。 (2) 气体继电器防雨措施完好、防雨罩牢固。 (3) 气体继电器的引出二次电缆应无油迹和腐蚀现象，无松脱	
	7	本体及有载调压油枕呼吸器	(1) 硅胶变色未超过 1/3。 (2) 呼吸器外部无油迹，油杯完好，油位正常	
	8	压力释放器	完好，标示杆未突出	
	9	各侧套管	(1) 相序标色齐全、无破损、放电痕迹。 (2) 油位正常，无渗漏油	
	10	各侧套管升高座	升高座、法兰盘无渗漏油	
	11	各侧避雷器	(1) 表面完好，无破损、放电痕迹。 (2) 线接头无过热现象	
	12	有载调压机构箱	(1) 表面完好无锈蚀，名称标注齐全。 (2) 挡位显示与控制屏显示一致。 (3) 二次线无异味及放电打火现象，电机无异常、传动机构无渗漏油、手动调压手柄完好、箱门关闭严密，封堵良好	
	13	主变压器铁芯、外壳接地	接地扁铁无锈蚀、断裂现象	
	14	冷却系统	(1) 各运行冷却器温度相近。 (2) 油泵、风扇运转正常，投入数量满足主变压器运行要求	
	15	主变压器爬梯	完好无锈蚀，运行中已用锁锁死，并挂有安全标示牌	

设备名称	序号	巡视内容	巡视标准	检查情况
主变压器	16	主变压器端子箱	(1) 表面完好无锈蚀，名称标注齐全，箱体接地扁铁无锈蚀、断裂。 (2) 二次线无异味、无放电打火现象，封堵良好、箱门关闭严密	
	17	主变压器冷控箱	(1) 表面完好无锈蚀，名称标注齐全，箱门关闭严密，箱体接地扁铁无锈蚀、断裂。 (2) 各冷却器电源空开完好无异常，各切换开关位置符合运行要求，指示灯指示正常，二次线无异味、无放电打火现象，封堵良好	
	18	储油池内鹅卵石	铺放整齐、无油迹	

3. 断路器的设备巡视卡

按照变电站设备巡视的标准化作业流程，对照以下各电气设备巡视及维护的内容，在仿真机上对仿真变电站变压器进行巡视，并记录本值巡视检查的开始、结束时间、巡视类别、巡视中发现的缺陷及巡视人姓名。填写 SF₆ 断路器的设备巡视卡，见表 2-3。

表 2-3   SF₆ 断路器的设备巡视卡

序号	巡视部位	内容及要求	执行完打√或记录数据或描述异常		
			261 断路器 A 相	261 断路器 B 相	261 断路器 C 相
1	设备标识	设备名称、调度编号清晰，无损坏			
		相序清晰，无脱落、变色			
		外观无脏污、锈蚀、起皮掉色			
2	SF₆压力表	抄录压力表（密度继电器）指示数值	A 相压力：（ ）MPa	B 相压力：（ ）MPa	C 相压力：（ ）MPa
		表计无破损，无渗漏，防雨罩安装牢固			
		各个气室压力数值与额定值相比无明显变化，如发生明显变化时应记录压力值，并跟踪检查压力数值（气体压力表指示在标有明显的压力上、下限之间）			
		检查环境温度，如温度下降超过允许范围，应启用加热器，以防 SF₆ 气体液化			
		各气体通道、连接头无漏气声、振动声及异味，固定牢固，管道上无杂物			

续表

序号	巡视部位	内容及要求	执行完打√或记录数据或描述异常		
			261断路器A相	261断路器B相	261断路器C相
3	套管、绝缘子	法兰连接牢固，无松动裂纹			
		瓷质部分清洁，无断裂、裂纹、损伤、放电现象			
		RTV（防污闪涂料）涂层不应有破裂、起皱、鼓泡、脱落现象			
		均压环完整、牢固，无可见电晕			
4	液压操动机构	抄录压力表指示数值	A相压力：（ ）MPa	B相压力：（ ）MPa	C相压力：（ ）MPa
		压力表指示正常；分、合闸指示正确，与实际位置相符			
		计数动作正确并检查动作次数			
		储能电源开关投入位置正确（小刀闸应有防脱落开断措施）			
		机构压力表数值在停泵与启泵额定值范围之内，气体压力无告警			
		油箱油位在油标管上下限之间，无渗（漏）油；高、低压油管颜色区分清晰，固定牢固，管道上无杂物			
		油管、连接头无渗油			
		油泵电动机电源回路无断线、缺相，无过热、无渗漏油，检查油泵启动次数在规定范围内			
		行程开关无卡涩、变形，接线牢固			
		活塞杆、工作缸无渗漏，活塞杆行程位置与压力值相符			
		驱潮加热装置能根据环境温度变化按照规定投退			
5	断路器状态（分、合闸位置指示器）	分、合闸位置指示器与实际运行方式相符，位置指示颜色清晰			
		实际分、合位置与机械、监控机及五防系统电气指示相一致，位置信号颜色显示正确（红色为合闸，绿色为分闸）			
		检查核对开关操作次数			
6	断路器状态（分、合闸位置指示器）	分、合闸位置指示器与实际运行方式相符，位置指示颜色清晰			
		实际分、合位置与机械、监控机及五防系统电气指示相一致，位置信号颜色显示正确（红色为合闸，绿色为分闸）			
		检查核对开关操作次数			

序号	巡视部位	内容及要求	执行完打√或记录数据或描述异常		
			261 断路器 A 相	261 断路器 B 相	261 断路器 C 相
7	汇控柜、端子箱	控制、电源小开关、压板投入位置正确，断路器及隔离开关"远方/当地"把手置于"远方"位置，无异常信号发出，二次标识清晰			
		控制、电源小开关、压板名称标志齐全，各元件完好，照明指示灯能正常投入			
		孔洞封堵严密，箱门开启灵活、关闭严密，无变形锈蚀，接地牢固			
		内部清洁，无异常气味、无结露			
		交、直流小母线标示清晰明确			
		继电器外壳完整、安装牢固，二次线无松脱及发热现象			
		驱潮加热装置能根据环境温度变化按照规定投退			
8	各连杆、传动机构	无弯曲、变形、锈蚀，轴销齐全			
9	接地	螺栓压接紧密，无锈蚀、脱焊			
		黄绿相间的接地标识清晰，无脱落、变色			
10	基础	无下沉、倾斜、移位，铁件无锈蚀、脱焊			
11	弹簧储能机构	机构箱门开启灵活、关闭严密，无变形锈蚀，接地牢固，照明指示灯能正常投入			
		机构箱门观察窗玻璃完整清洁			
		机构箱内孔洞封堵严密，内部清洁，无异味、无结露、无异音或放电声			
		"远方/当地"切换手把置于"远方"位置			
		储能电源开关投入位置正确（刀闸应有防脱落开断措施）			
		电机运转正常			
		行程开关无卡涩、变形、粘连，接线牢固			
		接线牢固，无冒烟、异味、变色			
		弹簧正常完好，分闸状态时合闸弹簧已储能			
		二次接线及端子排牢固无松动、断股及发热现象			
		驱潮加热装置能根据环境温度变化按照规定投退			
		储能指示器指示颜色清晰，位置正确			

任务 2.2　　变电站主系统二次设备巡视及维护

变电站主系统二次设备是指对主系统一次设备的工作状况进行监视、测量、控制、保护、调节的电气设备或装置，如监控装置、继电保护装置、自动装置、信号装置、通信设备等，通常还包括电流互感器、电压互感器的二次绕组、引出线及二次回路。这些二次设备按一定要求连接在一起构成的电路，称为二次接线或二次回路。掌握变电站二次设备巡视及维护是发电厂电气值班人员必备的技能之一。

⚡ 教学目标

知识目标

（1）掌握仿真变电站二次设备巡视及维护的主要内容及要求。

（2）掌握变电站二次设备的特殊巡视的内容。

能力目标

（1）能说出变电站二次电气设备巡视及维护的基本流程及确定变电站电气设备巡视路线。

（2）能按标准化作业流程在仿真机上对变电站二次设备进行巡视及维护的操作。

（3）能够在二次设备特殊巡视过程中发现缺陷和异常。

素质目标

（1）能主动学习，在完成任务过程中发现问题、分析问题和解决问题。

（2）能严格遵守专业相关规程标准及规章制度，与小组成员协商、交流配合，按标准化作业流程完成学习任务。

💡 相关知识

一、二次设备巡视的一般规定

1. 变电站二次回路的概述

二次回路主要包括以下内容：

（1）控制系统。控制系统是由控制装置、控制对象及控制网络构成。在实现了综合自动化的变电站中，控制系统控制方式包括远方控制和就地控制。远方控制有变电站端控制和调度（集控站或集控中心）端控制，就地控制有操动机构处和保护（或监控）屏控制。

（2）信号系统。信号系统由信号发送机构、信号接收显示元件（装置）及其网络构成。按信号性质分为状态信号和实时登录信号，常见的状态信号有断路器位置信号、各种开关位置信号、变压器挡位信号等，常见的实时登录信号有保护动作信号、装置故障信号、断路器监视的各种异常信号等。按信号发出时间分为瞬时动作信号和延时动作信号。按信号复归方式分为自动复归信号和手动复归信号等。

(3) 测量及监察系统。测量及监察系统由各种电气测计仪表、监测装置、切换开关及其网络构成。变电站常见的有电流、电压、频率、功率、电能等的测量系统和交流、直流绝缘监察。

(4) 调节系统。调节系统由测量机构、传送设备、自控装置、执行元件及其网络构成。常用的调节方式有手动、自动或半自动方式。

(5) 继电保护及自动装置系统。继电保护及自动装置系统由电压互感器和电流互感器的二次绕组、继电器、继电保护及自动装置、断路器及其网络构成。继电保护及自动装置系统是按电力系统的电气单元进行配置的。一次设备被分隔为各种电气单元，相应的就有了各种电气单元的继电保护装置，如发电机保护、变压器保护、母线保护、线路保护、电动机保护等。

(6) 操作电源系统。操作电源系统是由直流电源或交流电源供电，一般常由直流电源设备和供电网络构成。

(7) 通信系统。变电站通信系统主要是实现变电站设备之间信息共享，比如将变电站各设备的状态信息、线路负荷信息等传输给监控中心，以便中心进行综合监测、指挥和控制；监测设备运行状态，如发现异常情况及时发出预警信号，让管理人员能够及早发现问题，预防事故；在电网发生突发事故时，变电站通信设备能够快速传输故障信息，并配合调度中心进行紧急指挥，使电网快速安全恢复；处理变电站内各种设备的状态数据、运行数据、保养数据等，帮助管理人员实时了解变电站运行状况，并根据数据分析预防事故；为变电站自动化控制系统提供可靠的信息传输，实现对整个变电站的精确控制。变电站通信系统包括光端机、PCM、调度电话系统、ATM 交换机、调度数据网路由器、综合配线设备、常用通信线缆、通信电源系统等。

2. 二次设备巡视目的

变电站二次设备的主要功能是对一次设备运行的监视、测量、控制和调节。因此，巡视二次设备主要有两个目的：一是发现一次设备的故障和运行异常；二是监视二次设备和系统本身的运行状态，掌握二次设备运行情况，通过对二次设备巡视检查，及时发现二次设备和系统运行的异常、缺陷或故障，确保变电站和电网安全运行。

3. 二次设备巡视方法

变电站的二次设备是监视、测量、控制、保护、调节一次设备运行的。通常二次设备本身的自动化程度高，尤其是现在大量采用的微机型保护或装置，这类装置一般都有自检程序，当装置发生故障或异常时会自动闭锁，并发出告警信号。因此，二次设备的巡视应重点检查保护装置、监控系统、自动化设备、直流设备等的信号和显示。

二次设备的巡视检查一般采用下列方法。

(1) 外观检查：检查设备的外观，是否有破损、损坏、锈蚀、脱落、松动或异常等，检查设备有无明显发热、放电、烧焦等痕迹。

(2) 信息检查：检查二次设备、各种装置、保护屏、电源屏、直流屏、控制柜、控制箱、监控系统等是否发出异常信号、告警信号、光字信号、报文信息、上传信息、打印信息、异常显示等。

(3) 测试检查：利用装置、设备和系统等的自检功能，测试其工作状态。

(4) 仪表检查：利用仪表测量电阻、电压和电流等。

(5) 位置检查：检查设备和装置的压板、开关和操作把手位置是否符合运行方式。

(6) 环境检查：检查主控室、保护室等的温度、清洁、工作环境是否符合要求。

(7) 其他检查：检查是否有异响、异味，检查电缆孔洞、端子箱等封堵情况。

4. 二次设备巡视的要求

二次设备巡视的基本要求、巡视周期、巡视流程与一次设备相同。巡视检查也必须按标准化作业指导书进行，按规定路线巡视，使用巡视卡（智能卡或纸质卡），详细填写巡视记录，严格执行相关规程规定，确保人身安全和设备安全运行。同时，为了保证巡视质量，运行值班人员除了应具备高度责任感，严格执行标准化作业要求外，还应正确理解微机继电保护、自动装置和监控系统的各种信息含义，才能及时发现问题。

5. 二次设备巡视的危险点分析

二次设备巡视的危险点主要有下列几个方面：

(1) 未按照巡视线路巡视，造成巡视不到位，漏巡视。

(2) 人员身体状况不适、思想波动，造成巡视质量不高或发生人身伤害。

(3) 巡视中误碰、误动运行设备，造成装置误动或人员触电。

(4) 擅自改变检修设备状态，变更安全措施。

(5) 开、关装置或柜门振动过大，造成设备误动。

(6) 在保护室使用移动通信工具，造成保护误动。

(7) 发现缺陷及异常时，未及时汇报。

(8) 夜间巡视或室内照明不足，造成人员碰伤等。

二、 变电站二次设备的特殊巡视

1. 特殊巡视的一般要求

二次设备的特殊巡视主要是从变电站安全运行角度出发，有针对性的、有重点地进行设备巡视检查。特殊巡视检查是指设备运行条件变化的情况下进行的检查，这类设备巡视检查不是按照周期性进行的，而是在设备一旦出现运行条件变化就应该立即进行的检查。设备运行条件的变化主要是指：

(1) 气候条件的变化。雷雨、大风、冰雹、冰雪、大雾、高温等，对于这些异常气候的变化，可能影响到的运行设备都应该进行巡视检查。

(2) 运行方式改变。运行方式改变可能使有缺陷的运行设备出现异常。如果是计划检修，事先应该对运行设备状况进行全面检查，为设备计划检修提供依据，也作为制订检修计划的参考。

（3）有缺陷的设备。有些设备，如主变压器，在运行过程中出现不影响运行的缺陷，设备可以继续运行，但为及时掌握设备缺陷发展情况，应及时进行巡视检查。

（4）二次设备经过试验、改造或长期停用后重新投入运行，新安装的设备投入运行。

（5）设备变动后的巡视。

（6）异常情况下的巡视。主要是指过负荷或负荷剧增、超温、设备发热、系统冲击、跳闸、有接地故障情况等，应加强巡视。必要时，应派专人监视。

（7）法定节假日及上级通知有重要供电任务期间，应加强巡视。

2. 特殊巡视的检查内容

二次设备由于主要在室内，所受外界环境变化的影响相对较小，主要受室内温度、湿度等条件的影响。因此，装置或系统的缺陷、故障或异常信号是二次设备特殊巡视检查重要内容，可以根据变电站二次设备运行实际状况和运行方式的要求来决定需要检查的项目。根据国家电网有限公司《变电站管理规范》要求，特殊巡视检查的内容应按本单位《变电运行规程》规定执行，一般应检查以下内容：

（1）保护室、控制室环境温度、通风、照明符合规定。

（2）保护及自动装置屏电源指示灯、插件指示灯、工作状态指示灯、液晶显示灯正常，无异常信号。检查室内二次接线，无异味、无放电打火现象。

（3）保护及自动装置切换开关、压板投入情况正确，与运行方式相符。

（4）通信、自动化设备功能正常，无异常信号。

（5）监控系统各部分功能正常，各种运行参数显示正确，无越限、异常及告警信号。

（6）直流设备及蓄电池运行正常，直流母线电压、充电电流、直流系统绝缘正常。

（7）新安装、试验、改造或长期停用后投入运行的二次设备，运行正常。

（8）二次设备存在的缺陷近期有无发展。根据本站设备情况，其他需要重点检查的项目。

三、变电站二次设备缺陷管理

发现二次设备缺陷后，运行人员应对缺陷进行初步分类，根据现场规程进行应急处理，并立即报告值班调度及上级管理部门。设备缺陷按严重程度和对安全运行造成的威胁大小，分为危急缺陷、严重缺陷、一般缺陷三类。

1. 危急缺陷

危急缺陷是指性质严重，情况危急，直接威胁安全运行的缺陷。发现危急缺陷，应当立即采取应急措施，并尽快予以消除。以下缺陷属于危急缺陷：

（1）电流互感器回路开路。

（2）二次回路或二次设备着火。

（3）保护、控制回路直流消失。

（4）保护装置故障或保护异常退出。

（5）保护装置电源灯灭或电源消失。

（6）收发信机运行灯灭、装置故障、裕度告警。

（7）控制回路断线。

（8）电压切换不正常。

（9）电流互感器回路断线告警、差流越限，线路保护电压互感器回路断线告警。

（10）保护开入异常变位，可能造成保护不正确动作。

（11）直流接地。

（12）其他威胁安全运行的情况。

2. 严重缺陷

严重缺陷是指设备缺陷情况严重，有恶化趋势，影响保护正确动作，威胁电网和设备安全，可能造成事故的缺陷。严重缺陷可在保护专业人员到达现场进行处理时再申请退出相应保护。缺陷未处理期间，运行人员应加强监视，保护有误动风险时应及时处置。以下缺陷属于严重缺陷：

（1）保护通道异常，如 3dB 告警等。

（2）保护装置只发告警或异常信号，未闭锁。

（3）录波器装置故障、频繁启动或电源消失。

（4）保护装置液晶显示屏异常。

（5）操作箱指示灯不亮，但未发控制回路断线信号。

（6）保护装置动作后报告打印不完整或无事故报告。

（7）就地信号正常，后台或中央信号不正常。

（8）切换灯不亮，但未发电压互感器断线告警。

（9）母线保护隔离开关辅助触点开入异常，但不影响母线保护正确动作。

（10）无人值守变电站保护信息通信中断。

（11）频繁出现，且能自动复归的缺陷。

（12）其他可能影响保护正确动作的情况。

3. 一般缺陷

一般缺陷是指上述危急、严重缺陷以外的，性质一般、情况较轻、保护能继续运行，对安全运行影响不大的缺陷。以下缺陷属于一般缺陷：

（1）打印机故障或打印格式不对。

（2）电磁继电器外壳变形、损坏，但不影响内部。

（3）GPS 装置失灵或时间不对，保护装置时钟无法调整。

（4）保护屏上按钮接触不良。

（5）有人值守变电站保护信息通信中断。

（6）能自动复归的偶然缺陷。

（7）其他对安全运行影响不大的缺陷。

任务实施

学生分组讨论、熟悉变电仿真系统的操作，按照变电站设备巡视的标准化作业流程，对照二次设备巡视及维护的内容，在仿真机上对仿真变电站二次设备进行巡视，并记录本值各类巡视检查的开始时间、结束时间、巡视类别、巡视中发现的缺陷及巡视人姓名。

1. 监控系统的正常巡视检查

监控系统是集控站（监控中心）用于监视和控制无人值班变电站的自动化系统，它在调度自动化系统的基础上进行功能细化和完善。通过监控系统，集控站（监控中心）可以对其所管辖的变电站实行遥测、遥信、遥控、遥调和遥视（五遥），完成各种远方操作、监视和控制等功能。监控系统主要包括计算机设备、远动设备、通信设备、网络设备和信息传输通道等，因此，变电运行值班人员对监控系统的巡视检查主要是对设备外观检查、工作状态和工作环境等检查，同时还要检查监控系统的异常信号、运行状态和监控功能。巡视检查的内容和要求如下：

（1）检查计算机柜、远动屏、通信屏、装置屏、机柜等屏上的各种装置、显示窗口、操作面板、组合开关等是否清洁、完整、安装牢固，信号灯显示是否正常、有无异常信号。

（2）检查监控系统有无异常信息、告警信息、报文信息、上传信息等，是否出现故障信号、异常信号、动作信号、断线信号、温度信号、过负荷信号等。检查事件记录、操作日志、运行曲线、报表等是否异常，并对监控信息进行分析判断。

（3）检查监控系统显示的运行状态与实际运行方式是否一致，各监控画面进行切换检查，检查频率、电压、电流、功率、电量等实时数据和参数显示是否正常。

（4）检查监控系统"五遥"功能、自检功能和自恢复功能是否正常。

（5）检查各种保护装置和监控装置的电源指示、时间显示、各信号指示灯是否正确，通信、巡检是否正常，液晶显示应与实际相符。

2. 继电保护和自动装置的正常巡视检查的内容和要求

（1）各种控制、信号、保护、自动装置、直流屏和站用屏等应清洁，屏上所有装置和元件的标示应齐全。各种屏上的装置、显示、面板、信号、开关、压板等应清洁、完整，不破损，无锈蚀、安装牢固。

直流系统屏
巡视

（2）继电保护及自动装置屏上的保护压板、切换开关、组合开关的投入位置应与一次设备的运行相对应，信号灯显示应正常、无异常信号，装置的打印纸应足够。

（3）控制屏、信号屏、直流屏和站用屏上的自动空气开关、熔断器、小刀闸等的投入位置应正确，信号灯显示应正常、无异常信号。

（4）断路器和隔离开关等的位置信号应正确，分、合显示应与实际位置相符。

（5）各种装置的电源指示、信号指示灯应正确，液晶显示应与实际相符。

（6）控制柜、端子箱、操作箱、端子盒的门应关好、无损坏，保护屏、端子箱、接线盒、电缆沟的孔洞应密封。

（7）继电保护室、开关室、直流室等的室内温度和湿度应符合规定。

对于无人值班变电站的巡视检查，应使用调度自动化监控系统，认真监视设备运行情况，做好各种有关记录。在监控机上检查各站有无信号发出以及检查各站的有功、无功及电流、电压情况是否正常。集控站（监控中心）应能对所辖各无人值班变电站实行监控，实现防火、防盗自动告警和远程图像监控。

3. 继电保护和自动装置巡视检查发现问题的处理

（1）当低压信号或电压回路断线信号发出时，应检查电压互感器的熔断器及空气断路器并设法处理，及时向调度汇报；经处理仍无法恢复时，根据调度命令退出有关保护，并及时通知保护专业人员进行处理。

（2）当直流回路断线信号发出时，应检查控制熔断器及控制回路并设法处理，及时向调度汇报；如仍无法恢复时，应及时通知保护专业人员进行处理。

（3）当继电保护和安全自动装置异常信号发出时，应查明原因并设法处理，及时向调度汇报；经处理仍无法消除时，该保护和安全自动装置是否退出应根据调度命令执行，并及时通知保护专业人员进行处理。

（4）当监控系统发出异常信号，如无法查明原因且不能消除时，应及时向调度汇报，通知自动化专业人员进行处理。

4. 继电保护及自动装置的运行维护

（1）定期对微机保护装置进行采样值检查、可查询的开入量状态检查和时钟校对，检查周期一般不超过一个月，并应做好记录。

（2）每年按规定打印一次全站各微机保护装置定值，与存档的正式定值单核对，并在打印定值单上记录核对日期、核对人，保存该定值直到下次核对。

（3）应每月检查打印机的打印纸是否充足、打印字迹是否清晰，及时加装打印纸和更换打印机色带。

（4）加强对保护室空调、通风等装置的管理，保护室内相对湿度不超过75％，环境温度应在5℃～30℃范围内。

继电保护装置如图2-3所示。

（5）应按规定进行专用载波通道的测试工作。

1）有人值守变电站按规定时间（该时间由本单位排定，线路两端一般应错开4h以上）进行一次通道测试，并填写记录，记录数据应包括天气状况、收发信机信号灯状况、电平指示、告警灯状况等内容。

2）无人值守变电站通过监控中心每日进行远方测试。运行人员对变电站进行常规巡视检查时，应进行一次各线路专用载波通道的测试，并做好记录。

3）无论变电站是否有人值守，在下列情况下应增加一次通道测试：断路器转代及

图 2-3　继电保护装置

恢复原断路器运行时，对转代线路增加测试；线路停电转运行时，对本线路增加测试；保护工作完毕投入运行时，对本线路增加测试。

　　4）天气情况恶劣（大雾或线路冰）时，通道测试工作由 24h 一次改为 4h 一次，直至天气状况恢复且通道测试正常。

任务 2.3　变电站站用交、直流系统巡视及维护

　　变电站的站用电系统是保障变电站安全、可靠运行的一个重要环节。站用电系统出现问题，将直接或间接地影响变电站安全运行，严重时会造成设备停电。例如：主变压器的冷却风扇或强油循环冷却装置的油泵、水泵、风扇及整流操作电源等，这些设备是变电站的重要负荷，一旦中断供电就可能导致一次设备停电。因此，提高站用电系统的供电可靠性是保证变电站安全运行的重要措施。

⚡ 教学目标

知识目标

（1）熟悉变电站站用交、直流系统的主要设备。
（2）熟悉变电站站用交、直流系统的巡视及维护的主要内容及要求。

能力目标

（1）能说出变电站站用交、直流系统电气设备巡视及维护的基本流程及确定变电站站用电与直流系统电气设备巡视路线。
（2）能在仿真机上对照站用交、直流系统电气设备巡视及维护内容，熟练进行站用交、直流系统电气设备巡视及维护的操作。
（3）能发现站用交、直流设备的缺陷和异常，并及时上报处理。

素质目标

（1）能主动学习，在完成任务过程中发现问题、分析问题和解决问题。

（2）能严格遵守专业相关规程标准及规章制度，与小组成员协商、交流配合，按标准化作业流程完成学习任务。

💡 相关知识

变电站的站用交流系统由站用变压器、配电盘、配电电缆、站用电负荷等组成。站用电负荷主要包括：变压器冷却系统、蓄电池充电设备、油处理设备、操作电源、照明电源、空调、通风、采暖、加热、检修用电等。

一、 变电站直流设备运行维护的基本要求

变电站直流设备包括直流馈电设备、蓄电池及其充电设备等。变电站直流系统为站内的控制、信号、继电保护及自动装置、事故照明提供可靠的电源，同时还为断路器的操动机构、五防闭锁装置提供电源。直流设备运行维护的基本要求：

（1）使变电站直流设备保持良好的运行状态，以保证变电站直流电源可靠，使用寿命延长。

（2）保证变电站直流系统各项指标在合格范围内。

（3）保证变电站蓄电池组经常有足够的放电容量（额定容量的80％以上）。

二、 站用交流系统特殊巡视

1. 特殊巡视一般要求

站用交流系统的特殊巡视检查是指在特殊运行条件的情况下进行的检查，这种巡视检查不是按照周期进行的，而是在出现运行环境或运行条件变化时进行的巡视检查。

（1）气候条件的变化：雷雨、大风、高温等，特殊的气候变化，可能影响到的运行设备都应该进行全面检查，如站用变压器、照明电源、电缆沟等。

（2）运行方式改变：运行方式改变可能使设备负荷变化，这样可能使某些设备出现发热或异常，应加强监视。

（3）有缺陷的设备：有些站用设备或系统本来就存在缺陷，但是还可以运行，在巡视检查时要监控设备缺陷的变化情况。

（4）变电站负荷高峰期：在高峰负荷期间，对站用系统和站用设备进行巡视检查，尤其是对降温设备、冷却系统等进行检查，发现设备存在的缺陷或不正常工作状态。

（5）夜间检查：夜间检查的目的主要是检查照明系统或设备，发现有缺陷或损坏的设备。

（6）站用电系统经过检修、改造或长期停用后重新投入运行，新安装的设备投入运行，需要进行特殊巡视。

（7）根据站用电系统发出的故障或异常信号，判断系统的运行来决定需要检查的

项目。

2. 特殊巡视内容

（1）电缆绝缘有无破损。

（2）引线连接是否牢固，接点接触是否良好，有无严重发热、变形现象。

（3）动力电缆（高、低压）有无腐蚀发热现象，电缆头是否正常，有无流胶现象。

（4）站用 380V 母线有无异常。

（5）站用设备运行状态是否正确。

（6）检查有无小动物踪迹。

三、 站用直流系统的特殊巡视要求

（1）新安装、检修、改造后的直流系统投运后，应进行特殊巡视。

（2）蓄电池核对性充放电期间应进行特殊巡视。

（3）直流系统出现交流失压、直流失压、直流接地、熔断器熔断等异常现象处理后，应进行特殊巡视。

（4）出现空气断路器跳闸、熔断器熔断等异常现象后，应巡视保护范围内各直流回路元件有无过热、损坏和明显故障现象。

任务实施

学生分组讨论、熟悉变电仿真系统的操作，按照变电站站用交、直流系统巡视及维护的内容，按照变电站设备巡视的标准化作业流程，对在仿真机上对仿真变电站站用交、直流系统进行巡视，并指导学生正确填写巡视卡。

1. 油浸式站用变压器巡视检查项目

（1）运行时上层油温应不超过 80℃。

（2）有关过负荷运行的规定，应根据制造厂规定和导则要求，在现场运行规程中明确。

（3）变压器的油色、油位应正常，本体音响正常，无渗油、漏油，吸湿器应完好，硅胶应干燥。

（4）套管外部应清洁、无破损裂纹、无放电痕迹及其他异常现象。

（5）变压器外壳及箱沿应无异常发热，引线接头、电缆应无过热现象。

（6）变压器室的门、窗应完整，房屋应无漏水、渗水，通风设备应完好。

（7）各部位的接地应完好，必要时应测量铁芯和夹件的接地电流。

（8）各种标志应齐全、明显、完好，各种温度计均在检验周期内，超温信号应正确可靠。

（9）消防设施应齐全完好。

2. 干式变压器的运行规定及巡视检查项目

（1）干式变压器的温度限值应按制造厂的规定执行。

（2）干式变压器的正常周期性负载、长期急救周期性负载和短期急救负载，应根据制造厂规定和导则要求，在现场运行规程中明确。

（3）变压器的温度和温度计应正常。

（4）变压器的音响正常。

（5）引线接头完好，电缆、母线应无发热迹象。

（6）外部表面无积污。

3. 直流设备的巡视检查项目

（1）蓄电池外壳应完整清洁，无电解液外流现象，无爬碱现象，支架应清洁、干燥。

（2）电解液液面应在两标示线之间。若低于下线应加蒸馏水，蒸馏水应无色透明，无积淀物。

（3）检查蓄电池沉积物的厚度，检查极板有无弯曲短路，蓄电池极板无龟裂、变形，极板颜色正常，无欠充、过充电，电解液温度不超过35℃。

（4）检查标示电池电压、比重，注意有无落后电池。

（5）蓄电池抽头连接线的夹头螺丝及蓄电池连接螺丝应紧固，端子有凡士林护层。

（6）蓄电池抽头母线及连接所用支持绝缘子应完好、清洁，无破损裂纹，无放电痕迹。

（7）蓄电池室门窗应完好，应关闭严密，天花板、墙壁和蓄电池支架应无腐蚀，房屋无漏雨。

（8）蓄电池室交流、直流照明灯应充足，通风装置运转应正常，消防设备完好。

（9）储酸室应有足够数量的蒸馏水及苏打水，防酸用具、试药应齐备。

（10）空气中是否有酸味，若酸味过重应将通风机开启30min。

（11）蓄电池室应无易燃、易爆物品。

（12）检查负荷电流应无突增，如有应查明原因。

（13）充电装置三相交流输入电压平衡，无缺相，运行噪声、温度无异常，保护的声光信号正常，正对地、负对地的绝缘状态良好，直流负荷各回路的运行监视灯无熄灭，熔断器无熔断。

（14）直流控制母线、动力母线在规定范围内，浮充电电流适当，各表计指示正确。

（15）蓄电池呼吸器无堵塞，密封良好。

（16）检查蓄电池运行记录簿及充放电记录簿，了解充电是否正常，有无落后电池；测量负荷电流，测量每个电池的电压、比重，并记录在充放电记录簿上。测量负荷电流后应换算为额定电压时的电流值，对比看有无变化，若有变化则应查明原因。

（17）检查变电站存在的直流设备缺陷是否已消除。

（18）检查情况应记录在蓄电池运行记录簿上，内容包括直流母线电压、直流负荷、浮充电电流、绝缘状况以及运行方式等。

项目3

变电站倒闸操作

项目描述

本项目主要学习变电站内高压断路器、线路、母线、互感器、变压器等电气设备停送电操作的基本原则及要求。

教学目标

知识目标

（1）了解变电站倒闸操作的基本知识。

（2）熟悉高压断路器、线路、母线、互感器、变压器等电气设备进行停送电操作的操作原则、规范。

（3）熟悉高压断路器、线路、母线、互感器、变压器等电气设备停送电操作前系统的运行方式。

（4）掌握高压断路器、线路、母线、互感器、变压器等电气设备停送电操作流程。

能力目标

（1）能够正确说出高压断路器、线路、母线、互感器、变压器等电气设备进行停送电操作前系统的运行方式。

（2）能够正确填写高压断路器、线路、母线、互感器、变压器等电气设备进行停送电操作的倒闸操作票。

（3）能够审核高压断路器、线路、母线、互感器、变压器等电气设备进行停送电操作的倒闸操作票的正误。

（4）能够在仿真机上正确进行高压断路器、线路、母线、互感器、变压器等电气设备的停送电操作。

素质目标

（1）愿意交流，主动思考，善于在反思中进步。

（2）学会服从指挥，遵章守纪，吃苦耐劳，安全作业。

（3）学会团队协作，认真细致，保证目标实现。

教学环境

变电站倒闸操作在 220kV 变电运行仿真实训室进行一体化教学，机位要求能满足每个学生一台计算机；220kV 仿真变电站系统相关资料齐全，配备规范的一体化教材和相应的多媒体课件、任务工单等教学资源。

知识背景

　　倒闸操作是变电站运行值班人员的一项重要工作。它关系着变电站、电力系统及电气设备的安全运行，也关系着运行人员的人身安全。倒闸操作过程复杂且具有较高危险性，一旦发生误操作可能造成全变电站停电，甚至影响到整个电力系统，对整个电网的稳定运行造成威胁。因此，运行人员一定要树立"安全第一"的思想，严肃认真地进行倒闸操作。

　　变电站倒闸操作学习项目主要包括高压断路器、线路、母线、互感器、变压器等电气设备的停送电操作。具体包括高压断路器停送电操作，线路停送电操作，母线停送电操作，变压器停送电操作，互感器的停送电操作。

一、 电气设备倒闸操作的基本概念

1. 电气设备的状态

　　变电站电气设备所处的状态有四种：检修状态、冷备用状态、热备用状态和运行状态。

　　（1）检修状态。检修状态是指设备各方面的电源及所有操作电源均已断开，并布置了与检修有关的安全措施（如合接地刀闸或挂接地线、悬挂标示牌、装设临时遮栏）。需要注意的是，检修过程中可能来电的各个方面均需挂接地线或合上接地刀闸。

　　（2）冷备用状态。冷备用状态时，电气设备具备一切投入运行的条件，但设备各方面的电源和所有操作电源仍断开，断路器和隔离开关均在断开的位置。

　　（3）热备用状态。设备一经合闸便带电运行的状态称热备用状态。即设备的断路器在断开状态，而隔离开关在合闸位置。

　　（4）运行状态。运行状态时电气设备的断路器、隔离开关均在合闸位置，设备的继电保护、所有操作电源均投入，发电机、变压器及其相关设备均处于带电运行状态。

2. 倒闸操作的概念

　　变电站的电气设备，常需进行检修、试验，有时还会遇到事故处理，故需改变设备的运行状态，这就需要进行倒闸操作。

　　电气设备由一种状态转换到另一种状态，或改变系统的运行方式所进行的一系列操作，称为倒闸操作。

　　倒闸操作与电气设备实际所处的状态密切相关，设备所处的状态不同，倒闸操作的步骤、复杂程度也不同。

　　电气设备由运行转检修时，其电气设备状态的转化流程为运行→热备用→冷备用→检修。

　　电气设备由检修转运行时，其电气设备状态的转化流程为检修→冷备用→热备用→运行。

3. 变电站倒闸操作的内容

变电站倒闸操作包含一次设备的操作，也有二次设备的操作。其操作内容如下：

（1）拉开或合上某些断路器（俗称开关）和隔离开关（俗称刀闸）。

（2）拉开或合上接地刀闸（拆除或挂上接地线）。

（3）装上或取下某些控制回路、合闸回路、电压互感器回路的熔断器。

（4）投入或停用某些继电保护和自动装置。

4. 变电站内需进行倒闸操作的情况

变电站内需进行倒闸操作的情况大致有以下几种：

（1）本站设备停电检修、试验。

（2）线路（或用户）停电检修、试验。

（3）相邻变电站的设备停电检修、试验。

（4）为经济运行或可靠运行而进行运行方式的调整。

（5）事故或异常的处理。

（6）新设备投入系统运行。

二、电气设备倒闸操作的基本原则及基本要求

倒闸操作是一项既重要，又复杂的工作，若发生误操作事故，可能会导致设备损坏、危及人身的安全及造成大面积停电，给国民经济带来巨大的损失。所以必须采取有效措施防止操作事故发生，这些措施包括组织措施和技术措施两方面。

组织措施是指电气运行人员必须树立高度的工作责任感和牢固的安全思想，认真执行操作票制度和监护制度等。

技术措施是指在断路器和隔离开关之间装设机械或电气闭锁装置。1kV 以上的电气设备在正常情况下进行任何操作时，均应填写操作票。

1. 倒闸操作的基本原则

倒闸操作时，应遵循下列原则：

（1）操作隔离开关时，断路器必须先断开。

（2）设备送电前必须加用有关继电保护，没有继电器保护或不能自动跳闸的断路器不准送电。

（3）在操作过程中，发现误合隔离开关时，不允许将误合的隔离开关再拉开。发现误拉隔离开关时，不允许将误拉的隔离开关再重新合上。

2. 倒闸操作的基本要求

倒闸操作时，应满足以下基本要求。

（1）倒闸操作应按各级调度管辖范围，根据调度员命令执行。调度下达倒闸操作命令，由当值的值长或主值班员接令，并有录音记录。接受调度命令，必须复诵无误，并要录音，经监护人、操作员共同再次核对无误，才能执行。汇报执行情况也要录音。

（2）倒闸操作至少有两人进行，一人操作，一人监护。倒闸操作应由变电站当值主

值班员以上的人员担任监护人，值班员及以上人员担任操作人，实习员不得进行倒闸操作。

（3）操作人员必须明确操作任务、内容、目的和步骤。操作过程中必须严密监视各种信号。操作中如产生疑问，应立即停止操作，并向值班长或调度员询问清楚，不得擅自更改操作顺序和内容。

1）操作中发现闭锁装置失灵时，不得擅自解锁，应按现场有关规定履行解锁操作程序。

2）操作中出现影响操作安全的设备缺陷，应立即汇报调度值班人员，并初步检查缺陷情况，由调度决定是否停止操作。

3）操作中发现系统异常，应立即汇报调度值班人员，得到其同意后才能继续操作。

4）操作中发现操作票有误，应立即停止操作，将操作票改正后才能继续操作。

5）操作中发生误操作事故，应立即汇报调度值班人员，采取有效措施，将事故控制在最小范围内，严禁隐瞒事故。

（4）操作中应使用合格的安全用具（如验电器、绝缘棒等），操作人员应穿工作服、绝缘鞋（雨天穿绝缘靴），在高压配电装置上操作时，佩戴安全帽。

（5）倒闸操作时，应严格执行唱票复诵制度，声音必须洪亮、清楚。在唱票复诵之后，要核对设备名称和编号，监护人未下令"对，执行"之前，操作人不得执行操作。操作人在操作前后监护人要认真检查，在操作票上逐项打钩，严防误操作。操作时，操作人员一定要集中精力，严禁边操作边闲谈或做与操作无关的事。

（6）倒闸操作应严格按照倒闸操作制度的要求进行。

（7）正常的倒闸操作应尽量避免在以下情况下进行：变电站交接班时间内，负荷处于高峰时段，系统稳定性薄弱期间，雷雨、大风天气，系统发生事故，有特殊供电需要。

（8）下列情况下，变电站值班人员可在未经调度许可的情况下自行操作，但操作后必须汇报调度部门。

1）将直接对人员生命有威胁的设备停电。

2）确定在无来电可能的情况下，将已损失的设备停电。

3）确认母线失压，拉开连接在失压母线上的所有断路器。

3. 倒闸操作的两个阶段、十个步骤

（1）准备阶段（五个步骤）：接受命令票，审查命令票，填写倒闸操作票，审查倒闸操作票，向调度汇报准备完毕。

1）接受命令票注意事项：①倒闸操作应按国调、网调、省调等各级调度管辖范围，根据调度员命令进行；②倒闸操作命令票按运行指挥系统逐级下达，由调度下达到值长再由值长下派；③变电站中，调度下达操作倒闸操作命令，由当值值班长或主值班员接令，若以上人员因故不能及时接令，可由变电站技术负责人接令，接令后告知值班长，并有录音记录；④接受调度命令，必须复诵核对无误，并要录音，经监护人、操作人共同再次核对无误，才能执行。

2）填写和审查倒闸操作票注意事项：操作票由操作人填写，填写好后，监护人和运行值班长必须认真审查。在模拟操作屏或者五防系统模拟操作无误后，由操作人、监护人、值班长分别在倒闸操作票上签名。在得到调度员的正式操作命令后，才能进行操作。

（2）执行阶段（五个步骤）：接受操作命令，模拟预演，现场操作，操作结束检查，向调度汇报操作完毕。

1）模拟预演及现场操作注意事项：①五防系统或模拟操作图板上的开关和刀闸位置必须与实际相符，每次操作及交接班应进行核对检查；②开始操作前，应先在模拟图（或微机防误装置、微机监控装置）上进行核对性模拟预演，无误后，再进行操作。操作前应先核对设备名称、编号和位置，操作中应认真执行监护复诵制度（单人操作时也必须高声唱票），宜全过程录音。操作过程中必须按操作票填写的顺序逐项操作。每操作完一步，应检查无误后在操作票对应操作项后做一个"√"记号，全部操作完毕后进行复查。

2）操作结束后检查注意事项：全部操作完毕后复查一遍，着重检查操作过的设备是否正常。

三、倒闸操作票

电力系统设备的倒闸操作必须根据当值调度员的命令执行，未得到调度员的命令不得擅自进行操作。变电站倒闸操作必须先填写倒闸操作票。倒闸操作票样票见表 3-1。

表 3-1　　　　　　　　　　　　　　　倒闸操作票样票

井上变电站（室）	操作开始时间　年　　月　　日　　时　　分	
	终了时间　　　年　　月　　日　　时　　分	
操作：由在用转为检修		
任务		
操作顺序	检查结果	
1. 断开井上变电站下井 2 号 KG1-6 柜真空断路器		
2. 检查井上变电站下井 2 号 KG1-6 柜真空断路器已断开		
3. 拉开井上变电站下井 2 号 KG1-6 柜隔离开关		
4. 检查井上变电站下井 2 号 KG1-6 柜隔离开关已拉开		
5. 断开中央变电站 KG2-07 柜真空断路器		
6. 检查中央变电站 KG2-07 柜真空断路器已断开		
7. 拉开中央变电站 KG2-07 柜隔离开关		
8. 检查中央变电站 KG2-07 柜隔离开关已拉开		
9. 拉开中央变电站 KG2-04 柜隔离开关		
10. 检查中央变电站 KG2-04 柜联络开关已拉开		
11. 断开中央变电站 KG2-05 柜真空断路器		
12. 检查中央变电站 KG2-05 柜真空断路器已断开		

续表

井上变电站（室）	操作开始时间　　年　　月　　日　　时　　分
	终了时间　　　　年　　月　　日　　时　　分

操作：由在用转为检修
任务

操作顺序	检查结果
13. 拉开中央变电站 KG2－05 柜隔离开关	
14. 检查中央变电站 KG2－05 柜隔离开关已拉开	
15. 断开－100 变电站 KG4－5 柜真空断路器，拉出联锁装置	
16. 检查－100 变电站 KG4－5 柜真空断路器已断开，联锁装置已拉开	

操作人：　　　　　监护人：　　　　　发令人：

注：1. 本操作票必须用钢笔写，不得使用铅笔，并不得涂改或有任何损坏。

　　2. 每项操作完毕后立即用红笔做"　　　"标记。

　　3. 本操作票，执行完毕后应加盖"已执行"戳记在配电盘至少保存三个月以备检查。

　　4. 各项操作必须严格执行一人操作、一人监护的制度。

操作票按其性质、应用范围分为综合命令票、操作命令票和倒闸操作票三种。综合命令票、操作命令票为调度下达操作任务指令的书面依据；倒闸操作票为根据调度人员下达的命令票或口头操作命令的内容填写的，进行现场倒闸操作的书面依据。

（1）综合命令票：当某一倒闸操作的全部过程仅在一个变电站内进行时，可使用综合命令票。调度在下达综合命令票时，不下达具体操作项目，但应当提出明确的操作任务、操作要求、注意事项及综合命令票的编号。

（2）操作命令票：当某一倒闸操作的全部过程要在两个及以上操作单位进行时，应使用操作命令票。新设备投产或虽只在一个变电站进行但为比较复杂的操作，调度根据情况认为有必要时也可使用操作命令票。

（3）倒闸操作票：值班人员根据值班调度员下达的综合命令票的操作任务、操作要求和注意事项或操作命令票的操作项目或调度口头命令，自行按有关规定和现场规程填写，作为现场进行倒闸操作的依据。

两项及以上的操作必须填写倒闸操作票，禁止用调度下达的命令票代替倒闸操作票。

下列操作可不填写倒闸操作票：

（1）事故处理。

（2）拉合开关的单一操作。

（3）拉开接地刀闸或拆除全站仅有的一组接地线。

（4）停、加用或切换继电保护及自动装置的电源或压板的单一操作。

（5）更改继电保护及自动装置定值的单一操作。

四、倒闸操作票填写说明及有关操作项目填写规定

（1）填写操作票，一律用钢笔或圆珠笔填写，颜色为蓝色或黑色，要求字迹清楚、

工整。不得潦草、模糊、难以辨认，不得用非规范汉字，不得写错调度员姓名。

（2）不得漏填或填错预令日期、调令号、预令、发令调度员和接令人姓名、正令、操作开始、终了时间。

（3）操作任务填写时必须使用双重命名，内容要完整，准确，符合调度术语和操作术语（包括调度下达的单项令和综合令的目的）。

（4）操作步骤中，设备应按调度命令（编号）使用双重名称。

（5）调度下达的调令操作项目中某项有注明"汇报"时，要在操作票中填写"汇报"。"汇报"单独作为一条，后面要注明向调度汇报的时间。

（6）"上接××××页"和"下续××××页"的填写：当一份操作票的内容超过一页时，应接入下页填写。审核无误后，应在正确票的备注栏＊左端填写下续或上接。仅有一页的操作票无需填写。

（7）一份操作票因某种原因操作间断后隔班执行时，发令调度员、接令人姓名要补签在第一页操作票的相应栏上，操作人、监护人、值班负责人姓名补签在最后一页相应栏上。

（8）调度下达的口令操作：有正令时间需立即执行时，只要在操作票上填写发令调度员、接令人姓名，不填写预令调度员、接令人姓名。

（9）变电站各项操作均应由当值人员进行，操作人一般应由填票人或副职担任，监护人应由正值及以上值班人员担任，接令人不得担任操作人（包括预令接令人），填票人不得担任监护人。

（10）综合命令票、操作命令票及倒闸操作票中的以下四项不得涂改：

1）设备名称和编号。

2）有关参数和时间。

3）设备状态。

4）操作动词。

其他如有个别错字、漏字允许加两平行斜杠删改，但必须保证被删改内容清楚。每页不超过一次，每份最多不超过三处。严禁用刀片刮。

（11）上一值接令并填写、审核操作票，接班值接班时应了解清楚操作意图、目的，并认真对操作票进行审核后填上审核人姓名，出现按值移交的操作票，经过值都必须审核后签名，若发现错票，应立即重新填写并审核。

（12）作废操作票应在操作正令时间栏内盖"作废"章，一份作废票操作任务栏内应有内容。作废操作票不得有正令、开始、终了时间，不得打钩，应按填票顺序填写预令日期、编号、预令人、接令人、填票人、审票人。

（13）操作票每执行一步后应在相应打钩栏内打钩（√），应规范书写，不能出格。

（14）操作结束后，在操作票的操作步骤最后一步的序号下侧盖"已执行"章，当操作票超过一页时，"已执行"章应盖在最后一页操作票上。

工作票的办理及使用

（15）已填写好并经审核正确的操作票，因某种原因不执行时，应在首页的正令时间栏内盖"未执行"章（不得使用"作废"章），并在首页的备注栏内注明下达取消命令的时间、下令人和原因（如调度有解释的话），格式为"××调×××于××××年××月××日××时××分，下令取消执行调字×××××号（或口令），原因为×××，当值值班长签名"。

（16）操作票在执行过程中，若由于某种原因停止（或取消）部分操作，应在末页的备注栏内注明，格式为"××调×××于××××年××月××日××时××分，下令停止（或取消）执行调字×××××号（或口令）第××条（操作步骤第×××步—第×××步），当值值班长签名"。上述未执行的操作步骤不得打钩。其他操作内容全部完成后，在最后一页盖"已执行"章。

（17）执行的操作票和未执行的操作票均应进行评价，由站内安全员完成。

（18）操作任务栏：应填写命令票中的操作任务。在不止一页时，可在以下几页的操作任务栏写"同上页"，但必须写明操作票号码和第几页。

（19）厂（站）栏：变电站操作票中可不填写。

（20）"年、月、日、时、分"：填写操作开始的时间和操作结束的时间，填写的小时采用二十四小时制，填写的分钟栏按两位数填写，不足两位的前面加零。

（21）操作时间栏：根据综合命令票填写的倒闸操作票，只需记录第一项操作的开始时间、断开或合上开关的操作时间及最后一项操作的终了时间。

（22）操作票填写完后，需经监护人和值长审核，审核无误后，应立即在操作票操作项目的最后一项下面盖上"以下空白"章；若操作票一页刚好填写完，则不需盖"以下空白"章。

（23）备注栏：凡是与常规不一致的票均应在备注栏中予以说明。

（24）下列项目应填入倒闸操作票中：应拉合的断路器和隔离开关，检查断路器和隔离开关的位置，装、拆接地线，检查接地线是否确已拆除，投退保护电源开关，停加用保护压板，调整转换开关位置，检验是否确无电压、负荷分配正常（或确已带上负荷）等。

1）填写倒闸操作票时，应使用设备的双重名称（即设备名称和编号），使用统一规定的操作术语。

2）对于一次设备，每项只能填写一个操作元件（一台断路器、一组隔离开关、一组接地线），不准在一项内填写两个及以上的操作元件。须分相操作的元件应按分相填写操作项目。

（25）二次设备的填写与操作。

1）对于一套保护装置或一个设备单元进行相同内容的操作时，可以并项填写。

2）保护定值的整定与保护的投退应分项填写，保护压板的加用与停用应分项填写。

3）验明确无电压及装、拆接地线的地点要写明确、具体，接地线的编号应在倒闸操作票中写清楚。

（26）操作票的评价制度。

操作票的评价和考核制度规定，每月由专人负责评价、考核、统计。操作票的考核分为三类。

1）合格类：完全符合安全规程和有关操作票实施细则的规定。

2）基本合格：重要电气设备未发生误操作事故，但票面上有错别字或不整洁。

3）不合格票：有下列现象的应判为不合格票。

①用铅笔填写，字迹潦草或票面不清。

②涂改者。

③该规定应填写操作票而不填写操作票者，或操作不填票，事后补票者。

④调度预令，正令，操作开始、终了时间，日期漏填及事后补填者。

⑤调度正式命令接令人为该项操作的操作人者，或操作票由一人兼填票、审票和监护者。

⑥操作任务目的填写错误或不明确，目的和设备名称不具体。

⑦一份操作票超过一个调度操作任务者，操作任务与调度所发命令不符者，操作票任务栏不填写设备双重名称。

⑧操作步骤内容错误，操作顺序颠倒，操作内容遗漏（包括检查项目）。

⑨设备名称用代号字母和汉语拼音者。

⑩继电保护名称或压板填错，更改保护定值，票面上无具体操作步骤。

⑪应装拆的接地线不写编号，或装接地线没有验明确无电压者。

⑫已执行的操作票遗失者。

⑬操作项目执行了一部分，部分未执行，须注明原因，未注明原因的操作票为不合格操作票。

⑭同一所内同一操作，填写内容不一致。

⑮未使用统一的操作术语。

⑯执行错误的操作票（正令调度姓名或正令时间已填）记为不合格票，不能作为作废票。

⑰操作票应编连号，编号有缺页计一张不合格，因故缺页应立即说明，汇报。

⑱无编号、跳号、错编号。

⑲操作票或命令票未打钩或打钩出格（超出本行）或未填明执行时间。

⑳漏加或漏停保护。

㉑执行中出现漏项、跳项操作。

㉒各类人员签名不符合安全规程要求，没有签名或没有签全名者。

㉓未加盖"已执行""作废"等印章，或操作完毕后不执行复查，或其他不符合安全规程要求的。

㉔违反有关规程要求或不符合现场安全要求。

㉕操作顺序错误或未按顺序操作。

电气五防系统如图 3-1 所示。

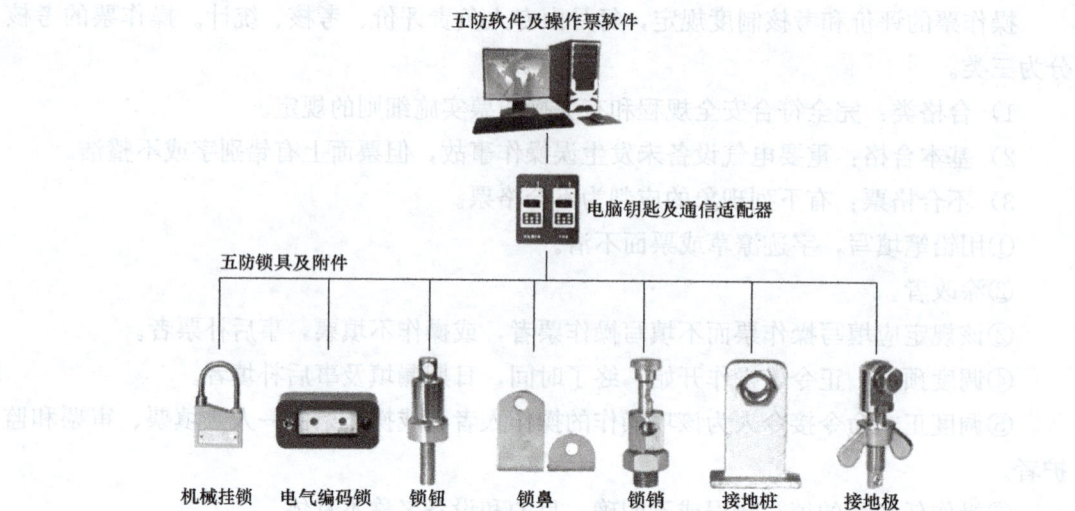

图 3-1　电气五防系统

五、 运行人员必备知识

五防系统的作用

（1）必须熟悉本站的一次设备，如本站一次接线方式，一次设备配备情况，一次设备的作用、结构、原理、性能、特点、操作方法、使用注意事项以及设备的位置、名称、编号等。

（2）必须熟悉本站的二次设备，如本站的继电保护及自动装置的配备情况，各装置的作用、原理、特点、操作方法及使用注意事项等。

（3）必须熟悉本站正常的运行方式及非正常运行方式，了解系统的有关运行方式。

（4）必须熟悉有关规程和有关规定，如安全规程、现场运行维护规程、调度规程、倒闸操作制度等。

六、 倒闸操作注意事项

（1）只有值班长或正值才能够接受调度命令和担任倒闸操作中的监护人；副值无权接受调度命令，只能担任倒闸操作中的操作人：实习人员一般不介入操作中的实质性工作。操作中由正值监护、副值操作；实习人员担任操作时，应有两人监护，严禁单人操作。

（2）操作人不能依赖监护人，应对操作内容充分明确，核实操作项目。倒闸操作时，不进行交接班，不做与操作无关的事。如遇事故发生，应沉着冷静，分析判断清楚，正确地处理事故。

（3）严格执行调度操作命令。应有明确的调度命令、合格的操作票或经有关领导准许的操作才能执行操作。

（4）使用合格的安全用具。验电器、绝缘棒、绝缘靴、绝缘手套等的试验日期和外观检查应合格；操作中使用的仪表如钳形电流表、万用表、绝缘电阻表等应保证其正确性和安全性。用绝缘棒拉合隔离开关或经传动机构拉合隔离开关时，均应戴绝缘手套。

（5）雨天操作室外高压设备，绝缘棒应有防雨罩，还应穿绝缘靴，当发现变电站的接地电阻不符合要求时，晴天操作应穿绝缘靴。110kV 及以上无专用验电器时，可用绝缘杆试验带电体有无声音来判断。

七、倒闸操作的基本条件

1. 一次系统模拟图

与现场一次设备和实际运行方式相符的一次系统模拟图（包括各种电子接线图）操作设备应具有明显的标志，包括命名、编号、分合指示，旋转方向、切换位置的指示及设备相色等。

2. 防误闭锁装置

高压电气设备都应安装完善的防误操作闭锁装置。防误闭锁装置不得随意退出运行，停用防误闭锁装置应经本单位总工程师批准；短时间退出防误闭锁装置时，应经变电站站长或发电厂当班值长批准，并应按程序尽快投入。

倒闸操作分类
和基本要求

3. 合格的操作票

有值班调度员、运行值班负责人正式发布的指令（规范的操作术语），并使用经事先审核合格的操作票。

任务 3.1 变电站高压断路器及电流互感器停送电操作

高压断路器是变电站中重要的控制和保护设备，可以根据电网的运行需要，将部分电气设备或线路投入或退出运行，也可在电气设备或线路发生故障时，受继电保护及自动装置控制，将故障设备或故障线路从电网中迅速切除，确保电网中其他非故障部分继续正常运行。由于高压断路器在开断过程中会受到短路电流造成的电动力、热动力等因素的影响，可能出现各种缺陷和故障，因此在固定的周期内需要对其进行检修，即进行停送电操作。

任务 3.1.1 220kV 凤关线 267 断路器由运行转检修

⚡ 教学目标

知识目标

（1）熟悉变电站 220kV 凤关线 267 断路器由运行转检修操作前的运行方式。

（2）掌握变电站 220kV 凤关线 267 断路器由运行转检修操作的基本原则及要求。

（3）熟悉变电站 220kV 凤关线 267 断路器由运行转检修的操作顺序。

（4）掌握变电站 220kV 凤关线 267 断路器由运行转检修的操作流程。

能力目标

（1）能说出变电站 220kV 凤关线 267 断路器由运行转检修操作前的运行方式。

（2）能正确填写变电站 220kV 凤关线 267 断路器由运行转检修操作的倒闸操作票。

（3）能够在仿真机上熟练进行 220kV 凤关线 267 断路器由运行转检修的操作。

素质目标

（1）能主动学习，在完成 220kV 凤关线 267 断路器由运行转检修操作的过程中发现问题、分析问题和解决问题。

（2）能严格遵守专业相关规程标准及规章制度，与小组成员协商、交流配合，按标准化作业流程完成 20kV 凤关线 267 断路器由运行转检修操作。

相关知识

一、断路器停电操作

（1）对终端线路进行停电操作时，需检查其负荷是否为零；对并列运行的线路进行停电操作时，需确认一条线路停电后，另一条线路是否会出现过负荷，并且在本线路停电前，对另一条线路保护装置相应定值进行调整；对联络线进行停电操作时，需确认是否会造成本站电源线或其他联络线过负荷。

（2）一般情况下，凡能够电动操作的断路器，不应就地手动操作。操作控制把手时，不能用力过猛，以防损坏控制开关；不能返回太快，以防时间短断路器来不及合闸。操作中应同时监视有关电压、电流、功率等表计的指示及红绿灯的变化。

（3）三相操作断路器与分相操作断路器。

断路器按照操作方式可分为三相操作断路器和分相操作断路器。分相操作断路器的各相主触头分别由各自的跳合闸线圈控制，可分别进行跳闸和合闸操作。线路断路器需要单相重合闸时，多选用分相操作断路器。三相操作断路器的三相只有一个合闸线圈和一个或两个跳闸线圈，断路器通过连杆或液体压力导管传动操作动力，将三相主触头合闸或分闸。电力系统中发电机、变压器和电容器等设备不允许各相分别运行，所以该类设备所用断路器通常采用三相操作断路器。

（4）断路器控制箱内"远方/就地"控制把手与断路器测控屏上"远方/就地"控制把手。

在断路器控制箱内和主控室断路器测控屏上均设置有"远方/就地"控制把手，但二者有区别。断路器电气控制箱内"远方/就地"控制把手的作用是当把手选在"远方"位置时，将接通远方合闸（重合闸）和远方跳闸回路，断开就地合闸和分闸回路，此时可由远方（主控室监控机或监控中心）进行手动电气合闸（重合闸）和手动电气分闸；当把手选在"就地"位置时，将断开远方合闸（重合闸）和远方跳闸回路，接通就地合闸和跳闸回路，此时可在就地进行手动电气合闸和手动电气分闸。需要说明的是，保护跳闸回路未经过"远方/就地"控制把手控制，因此无论把手在任何状态，均不影响保护的跳闸。断路器测控屏上"远方/就地"控制把手当选在"就地"位置，只能用于检修人员检修断路器时就地进行操作，正常运行时，此把手必须放在"远方"位置，否则在远方（主控室监控机或监控中心）无法对断路器进行分、合操作。

(5) 断路器进行检修时，必须断开该断路器二次回路所有电源（包括直流电源、电机电源和储能电源灯）或取下熔断器，停用相应的母差保护及断路器失灵保护连接片。

(6) 油断路器由于系统容量增大，运行地点的短路电流达到其额定开断电流的80%时，应停用自动重合闸，在短路故障开断后禁止强送。

(7) 断路器实际故障开断次数仅比允许故障开断次数少一次时，应停用该断路器的自动重合闸。

高压断路器如图 3-2 所示。

二、手车式断路器的操作

(1) 手车式断路器允许停留在运行、试验、检修位置，不得停留在其他位置。检修后，应推至试验位置，进行传动试验，试验良好后方可投入运行。

(2) 手车式断路器无论在工作位置还是在试验位置，均应用机械联锁把手车锁定。

(3) 当手车式断路器推入柜内时，应保持垂直缓缓推进。处于试验位置时，必须将二次插头插入二次插座，断开合闸电源，释放弹簧储能。

图 3-2 高压断路器

(4) 手车式断路器拉出后，需观察隔离挡板是否可靠封闭。

(5) 操作开关柜时，应严格按照规定的程序进行，防止由于程序错误造成闭锁、二次插头、隔离挡板和接地刀闸等元件损坏。

三、隔离开关的操作

1. 隔离开关的用途

(1) 拉开或合上无故障的电压互感器和避雷器。

(2) 拉开或合上无故障的空载母线。

(3) 拉开或合上无接地故障时变压器中性点接地刀闸。

(4) 拉开或合上励磁电流不超过 2A 的空载变压器。

(5) 拉开或合上电容电流不超过 5A 的空载线路（10.5kV 以下）。

(6) 拉开或合上 10kV、70A 以下的环路均衡电流。

(7) 拉开或合上无阻抗等电位的并联支路。

2. 隔离开关操作注意事项

（1）操作隔离开关时，断路器必须在分闸位置，并需核对设备编号无误后，方可开始操作。

（2）手动操作隔离开关前，应先合上该隔离开关的控制电源，操作后及时断开，以防止隔离开关出现带负荷分合的误操作造成事故。若电动操作失灵而改手动操作时，应在手动操作前短路隔离开关的控制电源。

（3）合隔离开关时，当动触头进入固定触头时应迅速果断，但不可用力过猛，以免发生冲击。隔离开关操作完毕后，应检查是否合上，隔离开关动触头应完全进入固定触头，并检查接触是否良好。

（4）拉开隔离开关时，开始时应缓慢而谨慎，当动触头离开固定触头时应迅速果断，以便消弧。拉开隔离开关后，应检查隔离开关三相均在断开位置，并应使动触头尽量拉到头。

（5）操作中误合隔离开关时，即使合错，甚至在合闸中发生电弧，也不准将隔离开关再拉开。因为带负荷合隔离开关，将造成三相弧光短路事故。

（6）误拉隔离开关时，在刀片刚要离开固定触头时，便发生电弧，这时，应立即合上以消灭电弧，避免事故。如果隔离开关已经全部拉开，则绝不允许将误拉的隔离开关再合上。

如果是单极隔离开关，操作一相后发现误拉，对其他两相则不允许继续操作。

（7）允许用隔离开关进行下列操作：

1）拉合无故障的电压互感器和避雷器。

2）拉合母线和直接连接在母线上设备的电容电流。

3）拉合变压器中性点接地刀闸。

4）与断路器并联的旁路隔离开关，当断路器在合闸位置时，可拉合断路器的旁路电流。

5）拉合励磁电流不超过2A的空载变压器和电容电流不超过5A的无负荷线路，但当电压为20kV以上时，应使用户外垂直分合式的三联隔离开关。

6）用户外三联动隔离开关可合电压10kV以下，电流15A以下的负荷电流。

7）拉合电压10kV及以下，电流70A以下的环路均衡电流。

8）用户外三联动隔离开关可合电压10kV以下，电流15A以下的负荷电流。

9）拉合电压10kV及以下，电流70A以下的环路均衡电流。

（8）禁止用隔离开关进行下列操作：

1）当断路器在合闸状态时，用隔离开关接通或断开负荷电流。

2）系统发生一相接地时，用隔离开关断开故障点的接地电流。

3）拉合规程允许操作范围外的变压器环路或系统环路。

4）在双母线中，当母联断路器断开母线运行时，用母线侧隔离开关将电压不相等的两母线系统并列或解列。

5）拉合隔离开关时，断路器必须在断开位置，并经核对名称和编号无误后，方可操作。

6）双母线和带旁路母线的接线，还应检查有关母线隔离开关的位置，以防误操作，拉合隔离开关前，还必须拉开断路器的合闸电源保险。

7）隔离开关经拉合后，应到现场检查其实际位置，合闸后应检查触头是否紧密，接触良好，拉闸后，检查张开的角度或拉开的距离应符合要求。

8）隔离开关操动机构的扣锁是否扣稳，电动操作的隔离开关，在操作完成后，应拉开隔离开关操作电源。

隔离开关如图 3-3 所示。

四、验电器的操作

（1）验明确无电压时应采用电压等级相符且合格的专用验电器进行，操作前检查验电器外观是否完好、试验周期是否合格、声光信号是否正确，确认验电器完好。验明确无电压时应先在有电设备上验明确无电压，再次确认验电器完好，然后在准备接地的设备上各相分别验明确无电压。

（2）验电器在现场使用时，若同一操作任务，出现多个验明确无电压接地项目，在第一次操作完

图 3-3　隔离开关

毕后，应将验电器平放在干燥的地面上。注意，不能放在草地上或靠在其他物体上。在进行下项操作验明确无电压时，可不必再到有电设备上验明确无电压。

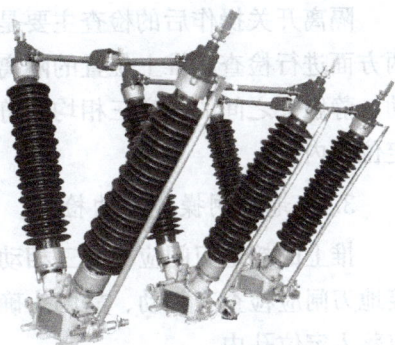

五、挂接地线的操作

在验明确无电压前应先将接地线固定在接地棒上，并将接地端与专用接地栓连接并压紧，在验明确无电压后立即将接地线挂上并检查卡口紧固。

六、保护压板的操作

（1）操作保护压板时应穿绝缘鞋，操作前应检查核对压板的名称，编号无误，操作时应小心谨慎，不得造成压板接地。

（2）加用压板时应将连片压在两个垫片之间压接紧固，停用压板时应保证断开部分有足够的距离，固定端压接紧固，连片无松动现象。

（3）操作压板时，应单手进行，另一只手不得接触设备外壳。

七、操作后的检查

1. 断路器操作后的检查

进行断路器的分、合闸位置的检查，应从几个方面按顺序检查：

（1）指示仪表指示的检查，包括电流表、有功功率表、无功功率表。

（2）位置灯指示情况检查。

（3）机械分合指示器的检查。

（4）开关传动机构变位的检查。

（5）当上述检查无法判断断路器的分合情况时，可从电能表的转动情况辅助判断断路器位置，有转动时可认为断路器在合闸位置，无转动时不一定就说明断路器已断开。

（6）在上述检查中任何一个方面的检查均不能作为开关实际状态的唯一数据，但如果有一个方面与实际状态不一致时则要经过进一步检查确认，必要时请专业人员进行检查。

2. 隔离开关操作后的检查

隔离开关操作后的检查主要是从隔离开关动、静触头的离合情况和定位销落位情况两方面进行检查，推上位置的隔离开关动、静触头三相均应接触良好，拉开的隔离开关动、静触头之间的距离三相均应符合要求，推上或拉开的隔离开关机构定位销均应落入定位孔内。

3. 接地刀闸操作后的检查

推上的接地刀闸应检查三相动、静触头接触良好，触头插入深度符合要求，拉开的接地刀闸应检查三相动、静触头确已分离，接地导电杆（片）已回原定位置，定位销均应落入定位孔内。

八、 取下 （装上） 二次回路保险方法

（1）装取二次回路保险前要核对保险编号，严禁凭记忆印象确定保险位置。

（2）严禁带负荷装取动力回路的保险。

（3）装上直流控制保险应先装负极，后装正极，装上后要检查保险固定牢靠无松动，接触良好，并检查相应的灯光等指示正确。

（4）取下直流控制保险应先取正极，后取负极，取下后应检查相应的灯光指示熄灭。

（5）装取直流控制保险时应干脆利落，不得造成反复的接通和断开。

（6）目前很多场站已经改保险为空气断路器，空气断路器不存在正负极问题，但操作时还是要注意核对空气断路器编号。

九、 倒闸操作中需要重点防止的误操作

（1）误拉、误合断路器。

（2）误拉、误合隔离开关。

（3）带负荷拉合隔离开关。

（4）带电挂接地线或带电误合接地刀闸。

（5）带接地线或接地刀闸合闸。

（6）误入带电间隔。

（7）非同期并列。

任务实施

根据倒闸操作的基本原则，通过以上任务分析，正确写出 220kV 凤关线 267 断路器由运行转检修倒闸操作步骤，结合《电力安全工作规定》、各级调度规程和其他相关规定，在仿真机上进行倒闸操作。

1. 任务分析

（1）变电站 220kV 凤关线进行断路器转检修操作前的运行方式。220kV 一次系统采用双母线接线方式，Ⅰ母线与Ⅱ母线通过 212 断路器并列运行，关巡一回和凤关线接于Ⅰ母线上，关巡二回和关珞线接于Ⅱ母线上。

（2）断路器转检修操作一般原则。

1）操作断路器前，应检查断路器本体、操动机构及控制回路完好，有关继电保护及自动装置已按规定投退。

2）断路器由运行转检修操作中，应先断开断路器，后拉开其负荷侧隔离开关，再拉开其电源侧隔离开关，最后在断路器两侧验明三相无电后，再挂接地线（或合上接地刀闸），并将该断路器的合闸电源与控制电源断开。

（3）保护配置情况分析。220kV 线路保护为高频保护、距离保护、零序保护以及综合自动重合闸。其中综合自动重合闸为单相重合闸工作方式。

（4）需要进行的操作。220kV 凤关线由运行转检修时，一次部分操作如下：

1）断开 220kV 凤关线 267 断路器。

2）拉开 220kV 凤关线 2676 隔离开关。

3）拉开 220kV 凤关线 2671 隔离开关。

4）在 220kV 凤关线 267 断路器两侧验明三相确无电后合上 220kV 凤关线 26730 接地刀闸和 26740 接地刀闸，并做好安全措施。

2. 220kV 凤关线 267 断路器由运行转检修倒闸操作步骤

（1）得令。

（2）检查凤关线 267 断路器三相均在合闸位置。

（3）检查凤关线 2671 隔离开关三相均在合闸位置。

（4）检查凤关线 2676 隔离开关三相均在合闸位置。

（5）将凤关线保护Ⅰ屏重合闸方式开关切至停用位置。

（6）将凤关线保护Ⅱ屏重合闸方式开关切至停用位置。

（7）停用凤关线保护Ⅰ屏"重合闸出口"压板 1LP6。

（8）停用凤关线保护Ⅰ屏"启动重合闸出口"压板 1LP10。

（9）停用凤关线保护Ⅱ屏"重合闸出口"压板 1LP17。

（10）断开凤关线 267 断路器。

（11）检查凤关线 267 断路器三相在分闸位置。

（12）断开凤关线 267 断路器端子箱内储能电源空气断路器。

（13）断开凤关线 267 断路器 B 相操作箱内电机电源空气断路器。

（14）断开凤关线 267 断路器 B 相操作箱内直流电源空气断路器。

（15）合上凤关线断路器端子箱内三相交流电源空气断路器。

（16）拉开凤关线 2676 隔离开关。

（17）检查凤关线 2676 隔离开关三相在分闸位置。

（18）拉开凤关线 2671 隔离开关。

（19）检查凤关线 2671 隔离开关三相在分闸位置。

（20）检查 220kV 凤关线保护Ⅰ屏上电压切换箱Ⅰ母线灯已熄灭。

（21）检查 220kV 母线保护屏上凤关线Ⅰ母线灯已熄灭。

（22）检查 220kV 失灵保护屏上凤关线Ⅰ母线灯已熄灭。

（23）断开凤关线断路器端子箱内三相交流电源空气断路器。

（24）停用凤关线保护Ⅰ屏"A 相跳闸启动失灵"压板 1LP7。

（25）停用凤关线保护Ⅰ屏"B 相跳闸启动失灵"压板 1LP8。

（26）停用凤关线保护Ⅰ屏"C 相跳闸启动失灵"压板 1LP9。

（27）停用凤关线保护Ⅰ屏"失灵启动母差"压板 15LP13。

（28）停用凤关线保护Ⅱ屏"A 相跳闸启动失灵"压板 1LP11。

（29）停用凤关线保护Ⅱ屏"B 相跳闸启动失灵"压板 1LP12。

（30）停用凤关线保护Ⅱ屏"C 相跳闸启动失灵"压板 1LP13。

（31）断开凤关线单相电压互感器二次熔断器。

（32）验明凤关线 267 断路器靠 2676 隔离开关处三相确无电压。

（33）推上凤关线 26740 接地刀闸。

（34）检查凤关线 26740 接地刀闸三相在合闸位置。

（35）验明凤关线 267 断路器靠 2671 隔离开关处三相确无电压。

（36）推上凤关线 26730 接地刀闸。

（37）检查凤关线 26730 接地刀闸三相在合闸位置。

（38）断开凤关线保护Ⅱ屏背面 FCX - 12HP 电源 1。

（39）断开凤关线保护Ⅱ屏背面 FCX - 12HP 电源 2。

（40）布置安全措施。

（41）汇报调度。

任务 3.1.2　220kV 凤关线 267 断路器由检修转运行

📱 教学目标

知识目标

（1）熟悉变电站 220kV 凤关线 267 断路器进行检修转运行操作前的运行方式。

（2）掌握变电站断路器进行检修转运行操作的基本原则及要求。

（3）熟悉变电站 220kV 凤关线 267 断路器进行检修转运行操作顺序。

（4）掌握变电站 220kV 凤关线 267 断路器进行检修转运行的操作流程。

能力目标

（1）能说出变电站 220kV 凤关线 267 断路器进行检修转运行操作前的运行方式。

（2）能正确填写变电站 220kV 凤关线 267 断路器进行检修转运行操作的倒闸操作票。

（3）能够在仿真机上熟练进行 220kV 凤关线 267 断路器进行检修转运行操作。

素质目标

（1）能主动学习，在完成 220kV 凤关线 267 断路器进行检修转运行操作的过程中发现问题、分析问题和解决问题。

（2）能严格遵守专业相关规程标准及规章制度，与小组成员协商、交流配合，按标准化作业流程完成 220kV 凤关线 267 断路器进行检修转运行操作。

相关知识

（1）断路器送电操作注意事项。

1）断路器投运前，应检查接地线是否全部拆除，防误闭锁装置是否正常。

2）操作前应检查控制回路和辅助回路的电源正常，检查操动机构正常，各种信号正确、表计指示正常，对于油断路器检查其油位、油色正常，对于真空断路器检查其灭弧室无异常，对于 SF₆ 断路器检查其气体压力在规定的范围内。如果发现运行中的油断路器严重缺油、真空断路器灭弧室异常，或者 SF₆ 断路器气体压力低发出闭锁操作信号，禁止操作。

3）停运超过 6 个月的断路器，在正式执行操作前应通过远方控制方式进行试操作 2～3 次，无异常后方能按操作票拟定的方式操作。

4）操作前，检查相应隔离开关和断路器的位置，并确认继电保护已按规定投入。

（2）220kV 凤关线 267 断路器处于检修状态时，其储能电源自动空气断路器、电机电源自动空气断路器、直流控制电流自动空气断路器均已退出，应在恢复 267 断路器送电之前投入。

（3）220kV 凤关线 267 断路器在由运行转检修时，267 断路器两侧接地刀闸均闭合，为避免带接地刀闸合闸的误操作，应在送电操作时首先将接地刀闸断开。

（4）接地线确已拆除的检查。除对刚拆除的接地线检查其是否完全拆除外，还应检查该回路上的所有部位，检查是否还有接地线存在（包括临时短路线）或是否还有接地刀闸正在推上位置。

任务实施

根据倒闸操作的基本原则，通过任务分析，正确写出 220kV 凤关线 267 断路器由检修转运行倒闸操作步骤，结合《电力安全工作规定》、各级调度规程和其他相关规定，在仿真机上进行倒闸操作。

1. 任务分析

（1）变电站 220kV 凤关线 267 断路器进行检修转运行操作前的运行方式。220kV 一次系统采用双母线接线方式，Ⅰ母线与Ⅱ母线通过 212 断路器并列运行，关巡一回接于Ⅰ母线上，关巡二回和关珞线接于Ⅱ母线上。

（2）断路器进行检修转运行操作一般原则。

1）恢复送电前，应检查断路器三相确已断开，再合上电源侧隔离开关，后合上负荷侧隔离开关，最后合上断路器。

2）操作断路器前，应检查断路器本体、操动机构及控制回路完好，有关继电保护及自动装置已按规定投退。

（3）需要进行的操作。

220kV 凤关线 267 断路器由检修转运行，使其恢复至Ⅰ母线运行。一次部分操作如下：

1）拆除安全措施，拉开凤关线 26730 和 26740 接地刀闸。

2）合上 220kV 凤关线 2671 隔离开关。

3）220kV 凤关线 2676 隔离开关。

4）合上 220kV 凤关线 267 断路器。

2.220kV 凤关线 267 断路器由检修转运行倒闸操作步骤

（1）得令。

（2）收回工作票，拆除标示牌。

（3）检查 220kV 凤关线 267 断路器三相均在分闸位置。

（4）检查 220kV 凤关线 2671 隔离开关三相均在分闸位置。

（5）检查 220kV 凤关线 2676 隔离开关三相均在分闸位置。

（6）检查 220kV 凤关线 26730 接地刀闸三相均在分闸位置。

（7）检查 220kV 凤关线 26740 接地刀闸三相均在分闸位置。

（8）拆除安全措施。

（9）合上凤关线保护Ⅱ屏背面 FCX - 12HP 电源 1。

（10）合上凤关线保护Ⅱ屏背面 FCX - 12HP 电源 2。

（11）拉开凤关线 26730 接地刀闸。

（12）检查凤关线 26730 接地刀闸三相在分闸位置。

（13）拉开凤关线 26740 接地刀闸。

（14）检查凤关线 26740 接地刀闸三相在分闸位置。

（15）合上凤关线电压互感器二次小开关。

（16）投入凤关线保护Ⅰ屏"A 相跳闸启动失灵"压板 1LP7。

（17）投入凤关线保护Ⅰ屏"B 相跳闸启动失灵"压板 1LP8。

（18）投入凤关线保护Ⅰ屏"C 相跳闸启动失灵"压板 1LP9。

（19）投入凤关线保护Ⅰ屏"失灵启动母差"压板 15LP13。

（20）投入凤关线保护Ⅱ屏"A 相跳闸启动失灵"压板 1LP11。

（21）投入凤关线保护Ⅱ屏"B 相跳闸启动失灵"压板 1LP12。

（22）投入凤关线保护Ⅱ屏"C 相跳闸启动失灵"压板 1LP13。

（23）合上凤关线断路器端子箱内三相交流电源空气断路器。

（24）合上凤关线 2671 隔离开关。

（25）检查凤关线 2671 隔离开关三相在合闸位置。

（26）检查 220kV 凤关线保护Ⅰ屏上电压切换箱Ⅰ母线灯已点亮。

（27）检查 220kV 母线保护屏上凤关线Ⅰ母线灯已点亮。

（28）检查 220kV 失灵保护屏上凤关线Ⅰ母线灯已点亮。

（29）合上凤关线 2676 隔离开关。

（30）检查凤关线 2676 隔离开关三相在合闸位置。

（31）断开凤关线断路器端子箱内三相交流电源空气断路器。

（32）合上凤关线 267 断路器端子箱内储能电源空气断路器。

（33）合上凤关线 267 断路器 B 相操作箱内电机电源空气断路器。

（34）合上凤关线 267 断路器 B 相操作箱内直流电源空气断路器。

（35）合上凤关线 267 断路器。

（36）检查凤关线 267 断路器三相在合闸位置。

（37）将凤关线保护Ⅰ屏重合闸方式开关切至投入位置。

（38）将凤关线保护Ⅱ屏重合闸方式开关切至投入位置。

（39）投入凤关线保护Ⅰ屏"重合闸出口"压板 1LP6。

（40）投入凤关线保护Ⅰ屏"启动重合闸出口"压板 1LP10。

（41）投入凤关线保护Ⅱ屏"重合闸出口"压板 1LP17。

（42）汇报调度。

任务 3.2　变电站线路停送电操作

电力线路具有传输电能的作用，由于电力线路运行环境复杂，可能出现各种缺陷和故障，因此在固定的周期内需要对其进行检修，即进行停送电操作。

任务 3.2.1　220kV 凤关线由运行转检修

教学目标

知识目标

（1）熟悉变电站 220kV 凤关线进行由运行转检修操作前的运行方式。

输电线路停送电操作顺序及注意事项

（2）掌握变电站线路进行由运行转检修操作的基本原则及要求。

（3）熟悉变电站 220kV 凤关线由运行转检修操作顺序。

（4）掌握变电站 220kV 凤关线由运行转检修的操作流程。

能力目标

（1）能说出变电站 220kV 凤关线进行由运行转检修操作前的运行方式。

（2）能正确填写变电站 220kV 凤关线由运行转检修操作的倒闸操作票。

（3）能够在仿真机上熟练进行 220kV 凤关线由运行转检修操作。

素质目标

（1）能主动学习，在完成 220kV 凤关线由运行转检修操作的过程中发现问题、分析问题和解决问题。

（2）能严格遵守专业相关规程标准及规章制度，与小组成员协商、交流配合，按标准化作业流程完成 220kV 凤关线由运行转检修操作。

相关知识

（1）线路由运行转检修时，应将线路单相电压互感器的二次熔断器取下。

（2）500kV 一般采用一个半断路器的主接线方式，在进行线路停电操作时，应先断开中间断路器，再断开母线侧断路器。隔离开关的操作应先拉开停电侧断路器两侧隔离开关，再拉开非停电断路器两侧隔离开关。

（3）操作隔离开关之前，必须检查断路器位置，应当紧接在隔离开关操作之前进行。在操作过程中，发现误合隔离开关时，不准把误合的隔离开关再拉开，发现误拉隔离开关时，不准把拉开的隔离开关重新合上。只有用手动蜗姆轮传动的隔离开关，在动触头未离开静触头刀刃之前，允许将误拉的隔离开关重新合上，不再操作。上述规定的制定，是由于隔离开关无灭弧装置，不能用于带负荷接通或断开电路，否则，操作隔离开关时，将会在隔离开关的触头间产生电弧，引起三相短路事故。而断路器有灭弧装置，只能用断路器接通或断开有负荷电流的电路。

（4）装设临时接地线或推上接地刀闸之前，必须验明三相确无电压。分相操作的接地刀闸，在操作票中应分相列相操作。

（5）操作电抗器倒闸或推上线路侧接地刀闸之前，必须检查线路确无电压，这种操作必须在线路电压互感器二次小开关（保险）合上的条件下进行。只有在电抗器倒闸已经拉开，线路侧接地刀闸已经推上之后，才能断开线路电压互感器二次小开关，送电时相反。

（6）在线路侧装设临时接地线，必须先验明确无电压。

任务实施

根据倒闸操作的基本原则，通过任务分析，正确写出 220kV 凤关线由运行转检修倒闸操作步骤，结合《电力安全工作规定》、各级调度规程和其他相关规定，在仿真机上进行倒闸操作。

1. 任务分析

(1) 变电站 220kV 凤关线进行停电操作前的运行方式。220kV 一次系统采用双母线接线方式，Ⅰ母线与Ⅱ母线通过 212 断路器并列运行，关巡一回和凤关线接于Ⅰ母线上，关巡二回和关路线接于Ⅱ母线上。

(2) 线路停电操作一般原则。

一次部分操作：①断开线路断路器；②拉开线路侧隔离开关；③拉开母线侧隔离开关；④在线路侧验明三相确无电后挂接地线（或合上接地刀闸），并做好安全措施。

二次部分操作：线路停电时一般先停用远切压板，再停用重合闸、失灵保护出口压板。

(3) 需要进行的操作。220kV 凤关线由运行转检修时，一次部分操作如下：①断开 220kV 凤关线 267 断路器；②拉开 220kV 凤关线 2676 隔离开关；③拉开 220kV 凤关线 2671 隔离开关；④在 220kV 凤关线 2676 隔离开关外侧验明三相确无电后合上 220kV 凤关线 26760 接地刀闸，并做好安全措施。

2. 220kV 凤关线由运行转检修倒闸操作步骤

(1) 得令。

(2) 检查凤关线 267 断路器三相均在合闸位置。

(3) 检查凤关线 2671 隔离开关三相均在合闸位置。

(4) 检查凤关线 2676 隔离开关三相均在合闸位置。

(5) 将凤关线保护Ⅰ屏重合闸方式开关切至停用位置。

(6) 将凤关线保护Ⅱ屏重合闸方式开关切至停用位置。

(7) 停用凤关线保护Ⅰ屏"重合闸出口"压板 1LP6。

(8) 停用凤关线保护Ⅰ屏"启动重合闸出口"压板 1LP10。

(9) 停用凤关线保护Ⅱ屏"重合闸出口"压板 1LP17。

(10) 断开凤关线 267 断路器。

(11) 检查凤关线 267 断路器三相在分闸位置。

(12) 断开凤关线 267 断路器端子箱内储能电源空气断路器。

(13) 断开凤关线 267 断路器 B 相操作箱内电机电源空气断路器。

(14) 断开凤关线 267 断路器 B 相操作箱内直流电源空气断路器。

(15) 合上凤关线断路器端子箱内三相交流电源空气断路器。

(16) 拉开凤关线 2676 隔离开关。

(17) 检查凤关线 2676 隔离开关三相在分闸位置。

(18) 拉开凤关线 2671 隔离开关。

(19) 检查凤关线 2671 隔离开关三相在分闸位置。

(20) 检查 220kV 凤关线保护Ⅰ屏上电压切换箱Ⅰ母线灯已熄灭。

(21) 检查 220kV 母线保护屏上凤关线Ⅰ母线灯已熄灭。

(22) 检查 220kV 失灵保护屏上凤关线Ⅰ母线灯已熄灭。

（23）断开凤关线断路器端子箱内三相交流电源空气断路器。

（24）停用凤关线保护Ⅰ屏"A相跳闸启动失灵"压板1LP7。

（25）停用凤关线保护Ⅰ屏"B相跳闸启动失灵"压板1LP8。

（26）停用凤关线保护Ⅰ屏"C相跳闸启动失灵"压板1LP9。

（27）停用凤关线保护Ⅰ屏"失灵启动母差"压板15LP13。

（28）停用凤关线保护Ⅱ屏"A相跳闸启动失灵"压板1LP11。

（29）停用凤关线保护Ⅱ屏"B相跳闸启动失灵"压板1LP12。

（30）停用凤关线保护Ⅱ屏"C相跳闸启动失灵"压板1LP13。

（31）断开凤关线单相电压互感器二次熔断器。

（32）验明凤关线路侧三相确无电压。

（33）推上凤关线26760接地刀闸。

（34）检查凤关线26760接地刀闸三相在合闸位置。

（35）断开凤关线保护Ⅱ屏背面FCX-12HP电源1。

（36）断开凤关线保护Ⅱ屏背面FCX-12HP电源2。

（37）布置安全措施。

（38）汇报调度。

任务 3.2.2　220kV 凤关线由检修转运行

教学目标

知识目标

（1）熟悉变电站220kV凤关线进行送电操作前的运行方式。

（2）掌握变电站线路进行送电操作的基本原则及要求。

（3）熟悉变电站220kV凤关线送电操作顺序。

（4）掌握变电站220kV凤关线送电的操作流程。

能力目标

（1）能说出变电站220kV凤关线进行送电操作前的运行方式。

（2）能正确填写变电站220kV凤关线送电操作的倒闸操作票。

（3）能够在仿真机上熟练进行220kV凤关线送电操作。

素质目标

（1）能主动学习，在完成220kV凤关线送电操作的过程中发现问题、分析问题和解决问题。

（2）能严格遵守专业相关规程标准及规章制度，与小组成员协商、交流配合，按标准化作业流程完成发电厂厂用电停电操作。

相关知识

（1）为避免出现带地线合闸的误操作，线路恢复送电时，在合上隔离开关之前要拉开所有接地刀闸，并检查线路附近无地线。

（2）为避免出现带负荷合隔离开关的误操作，线路恢复送电时，在合上隔离开关之前要检查断路器是否在分闸位置。

任务实施

根据倒闸操作的基本原则，通过任务分析，正确写出 220kV 凤关线由检修转运行倒闸操作步骤，结合《电力安全工作规定》、各级调度规程和其他相关规定，在仿真机上进行倒闸操作。

1. 任务分析

（1）变电站 220kV 凤关线进行送电操作前的运行方式。

220kV 一次系统采用双母线接线方式，Ⅰ母线与Ⅱ母线通过 212 断路器并列运行，关巡一回接于Ⅰ母线上，关巡二回和关珞线接于Ⅱ母线上。

（2）线路送电操作一般原则。

一次部分操作：①拉开线路侧接地刀闸（或拆除接地线）；②合上母线侧隔离开关；③合上线路侧隔离开关；④合上断路器。

二次部分操作：线路送电时一般先加用重合闸、失灵保护出口压板，再加用远切压板，高频保护在通道检查正常后，按调度令投入。

（3）需要进行的操作。220kV 凤关线由检修转运行，使其恢复至Ⅰ母线运行。一次部分操作如下：

1）拆除安全措施，拉开凤关线 26760 接地刀闸。

2）合上 220kV 凤关线 2671 隔离开关。

3）220kV 凤关线 2676 隔离开关。

4）合上 220kV 凤关线 267 断路器。

2. 220kV 凤关线由检修转运行倒闸操作步骤

（1）得令。

（2）收回工作票，拆除标示牌。

（3）检查凤关线 267 断路器三相均在分闸位置。

（4）检查凤关线 2671 隔离开关三相均在分闸位置。

（5）检查凤关线 2676 隔离开关三相均在分闸位置。

（6）检查凤关线 26760 接地刀闸三相均在合闸位置。

（7）拉开凤关线 26760 接地刀闸。

（8）检查凤关线 26760 接地刀闸三相在分闸位置。

（9）合上凤关线单相电压互感器二次熔断器。

（10）投入凤关线保护Ⅰ屏 "A 相跳闸启动失灵" 压板 1LP7。

（11）投入凤关线保护Ⅰ屏 "B 相跳闸启动失灵" 压板 1LP8。

（12）投入凤关线保护Ⅰ屏 "C 相跳闸启动失灵" 压板 1LP9。

（13）投入凤关线保护Ⅰ屏"失灵启动母差"压板 15LP13。

（14）投入凤关线保护Ⅱ屏"A相跳闸启动失灵"压板 1LP11。

（15）投入凤关线保护Ⅱ屏"B相跳闸启动失灵"压板 1LP12。

（16）投入凤关线保护Ⅱ屏"C相跳闸启动失灵"压板 1LP13。

（17）合上凤关线断路器端子箱内三相交流电源空气断路器。

（18）合上凤关线 2671 隔离开关。

（19）检查凤关线 2671 隔离开关三相在合闸位置。

（20）检查 220kV 凤关线保护Ⅰ屏上电压切换箱Ⅰ母灯已点亮。

（21）检查 220kV 母线保护屏上凤关线Ⅰ母灯已点亮。

（22）检查 220kV 失灵保护屏上凤关线Ⅰ母灯已点亮。

（23）合上凤关线 2676 隔离开关。

（24）检查凤关线 2676 隔离开关三相在合闸位置。

（25）断开凤关线断路器端子箱内三相交流电源空气断路器。

（26）合上凤关线 267 断路器端子箱内储能电源空气断路器。

（27）合上凤关线 267 断路器 B 相操作箱内电机电源空气断路器。

（28）合上凤关线 267 断路器 B 相操作箱内直流电源空气断路器。

（29）合上凤关线 267 断路器。

（30）检查凤关线 267 断路器三相在合闸位置。

（31）将凤关线保护Ⅰ屏重合闸方式开关切至投入位置。

（32）将凤关线保护Ⅱ屏重合闸方式开关切至投入位置。

（33）投入凤关线保护Ⅰ屏"重合闸出口"压板 1LP6。

（34）投入凤关线保护Ⅰ屏"启动重合闸出口"压板 1LP10。

（35）投入凤关线保护Ⅱ屏"重合闸出口"压板 1LP17。

（36）汇报调度。

任务 3.3　变电站母线停送电操作

母线具有汇集和分配电能的作用，是构成电气主接线的主要设备，且由于其在电力系统中的重要地位，为避免可能出现的各种缺陷和故障，在固定的周期内需要对其进行检修，即进行停送电操作。

双母线停送电操作注意事项

任务 3.3.1　220kV 由双母并列运行转为Ⅰ母线检修、Ⅱ母线运行

⚡ 教学目标

知识目标

（1）熟悉变电站 220kV Ⅰ母线进行停电操作前的运行方式。

（2）掌握变电站母线进行停电操作的基本原则及要求。

（3）熟悉变电站 220kV Ⅰ 母线停电操作顺序。

（4）掌握变电站 220kV Ⅰ 母线停电的操作流程。

能力目标

（1）能说出变电站 220kV Ⅰ 母线进行停电操作前的运行方式。

（2）能正确填写变电站 220kV Ⅰ 母线停电操作的倒闸操作票。

（3）能够在仿真机上熟练进行 220kV Ⅰ 母线停电操作。

素质目标

（1）能主动学习，在完成 220kV Ⅰ 母线停电操作的过程中发现问题、分析问题和解决问题。

（2）能严格遵守专业相关规程标准及规章制度，与小组成员协商、交流配合，按标准化作业流程完成 220kV Ⅰ 母线停电操作。

💡 相关知识

一、双母线停电操作的一般原则

（1）运行中的双母线，当一组母线上的部分断路器或全部断路器（包括热备用）倒至另一条线路时（冷备用除外），应确保母联断路器及其隔离开关在合闸状态。

1）对微机型母差保护，在倒母线操作前应作出相应切换（如投入互联方式开关或单母线方式开关等），要注意检查切换后的情况（指示灯及相应光字牌亮），然后短时将母联断路器改为非自动控制。倒母线操作结束后，应自行将母联断路器恢复自动，以及母差保护改为与一次系统运行方式一致。

2）操作隔离开关时，应遵循"先合、后拉"的原则（即热倒）。其操作方法有两种，一种是"先合上全部应合的隔离开关、后拉开全部应拉的隔离开关"，另一种是"先合上一组应合的隔离开关、后拉开相应的一组应拉的隔离开关"。

3）在倒母线操作过程中，要严格检查各回路母线侧隔离开关的位置指示情况（应与现场一次系统运行方式相一致），确保保护回路电压可靠，对于不能自动切换的，应采用手动切换，并做好防止误动作的措施，即切换前停用保护，切换后投入保护。

（2）对于母线上热备用的线路，当需要将热备用线路由一组母线倒至另一组母线时，应先将该线路由热备用转为冷备用，然后再操作调整至另一组母线上热备用，即遵循"先拉、后合"的原则（冷倒），以免发生通过两条母线侧隔离开关合环或解环的误操作事故，这种操作无需将母联断路器改为非自动控制。

（3）运行中的双母线并列、解列操作必须用断路器来完成。倒母线应考虑各组母线负荷和电源分布的合理性。一组运行母线及母联断路器停电，应在倒母线操作结束后，断开母联断路器，再拉开停电母线侧隔离开关，最后拉开运行母线侧隔离开关。

二、 双母线停电操作注意事项

（1）首先必须检查母联回路接通，即确保母联断路器及其隔离开关均在合闸状态，这是倒母线的先决条件。

（2）双母线改为单母运行时，先将母差保护的非选择开关合上（或压板加用），即将母线互联方式开关切换至"投入"位置。

（3）为保证在倒母线操作过程中母联断路器不会断开，造成带负荷拉合隔离开关的情况，需将母联断路器的控制保险取下，这是倒母线的安全措施。

倒母线操作前，取下母联断路器控制熔断器的原因是：若倒母线操作过程中，由于某种原因使母联断路器分闸，此时母线侧隔离开关的拉、合操作实际上是对两组母线进行带负荷解列、并列操作（即带负荷拉、合母线侧隔离开关），此时，因隔离开关无灭弧装置，会造成三相弧光短路。因此，母联断路器在合闸位置取下其控制熔断器，使其不能跳闸，保证倒母线操作过程中，使母线侧隔离开关两侧始终保持等电位操作，避免母线侧隔离开关带负荷拉、合引起弧光短路事故。

（4）隔离开关倒换，每操作完一个，均应检查隔离开关辅助接点指示情况（应与现场一次系统运行方式一致）。

（5）隔离开关的倒换顺序是"先合后拉"，可以采用两种操作方式，一种是先合上所有应合的隔离开关，后拉开所有应拉的隔离开关，另一种是先合上一组应合的隔离开关，后拉开相应的应拉的隔离开关。

（6）在拉开母联断路器之前应检查母联开关上电流表指示为零，防止漏倒设备。

（7）当停用运行双母线中的一组母线时，要做好防止运行母线电压互感器对停用母线电压互感器二次反充电的措施，即母线转热备用后，应先断开该母线上电压互感器的所有二次电压自动空气断路器（或取下断路器），再拉开该母线上电压互感器的高压隔离开关（或取下熔断器）。

（8）双母线的倒母线操作时，应注意线路的继电保护、自动装置及电能表所用的电压互感器电源的相应切换。如不能切换到运行母线的电压互感器上，则在操作前将这些保护停用。

（9）无论是送电的倒母线还是母线停电的倒母线操作，在合上（或拉开）某回路母线侧隔离开关后，及时检查该回路保护电压切换箱所对应的母线指示灯以及微机型母差保护回路的位置指示灯，应指示正确。

（10）母线停电倒母线操作后，在拉开母联断路器之前，再次检查回路是否已全部倒至另一组运行母线上，并检查母联断路器电流指示，电流应为零。

（11）当拉开母联断路器后，检查停电母线上的电压指示，电压应为零。

（12）在母线侧隔离开关的合上（或拉开）过程中，如可能发生较大火花时，应依次先合靠母联断路器最近的母线侧隔离开关，以尽量减少母线侧隔离开关操作时的电位差；拉开的操作顺序相反。

（13）带有电容器的母线停电操作时，停电前应先拉开电容器的断路器，以防母线过电压，危及设备绝缘。

（14）为防止母联断口电容可能与母线上电磁式电压互感器发生串联谐振，母线停电时可先停电压互感器；对电容式电压互感器则仍采用停母线时，母线停电后再停电压互感器。

三、单母线停电顺序及原则

（1）停电操作顺序：停电时先停线路侧，再停主变侧，最后停分段开关。即应先断开停电母线上所有的负荷的断路器及隔离开关，后断开电源的断路器及隔离开关，然后断开分段断路器及两侧隔离开关，再将母线间其他设备（如母线电压互感器、站用变压器等）转为冷备用，最后对母线三相进行验明确无电压，确认三相无电后，合上三相接地刀闸（或挂接地线）。

（2）拉分段开关两侧隔离开关时，先拉停电母线侧的隔离开关，后拉带电母线侧的隔离开关。

（3）停电母线所接电压互感器的操作一般应在拉开分段开关后进行。对于可能产生谐振的，停电时可先停电压互感器。

任务实施

根据倒闸操作的基本原则，通过任务分析，正确写出 220kV Ⅰ 母线由运行转检修倒闸操作步骤，结合《电力安全工作规定》、各级调度规程和其他相关规定，在仿真机上进行倒闸操作。

1. 任务分析

（1）变电站 220kV Ⅰ 母线进行停电操作前的运行方式。220kV 一次系统采用双母线接线方式，Ⅰ 母线与 Ⅱ 母线通过 212 断路器并列运行，关巡一回和凤关线接于 Ⅰ 母线上，关巡二回和关珞线接于 Ⅱ 母线上。

（2）母线保护配置分析。220kV 母线保护为差动保护、低电压保护、断路器失灵保护。

（3）需要进行的操作。由于 220kV Ⅰ 母线由运行转检修，需要将原来 Ⅰ 母线上所带的所有负荷不停电倒母线至 Ⅱ 母线运行，并断开母联 212 断路器及两侧隔离开关，然后将 Ⅰ 母线电压互感器切除，最后对 Ⅰ 母线验明三相无电后挂接地线（或合上接地刀闸），并布置安全措施。

2.220kV Ⅰ 母线由运行转检修倒闸操作步骤

（1）得令。

（2）检查 220kV 母联 212 断路器三相均在合闸位置。

（3）检查 220kV 母线 2121 隔离开关三相均在合闸位置。

（4）检查 220kV 母线 2122 隔离开关三相均在合闸位置。

（5）将 220kV 母线保护屏"互联方式"开关切至投入位置。

（6）断开 220kV 母线 212 断路器控制电源自动空气断路器。

（7）合上关巡一回线 2612 隔离开关。

（8）检查关巡一回线 2612 隔离开关三相确在合闸位置。

（9）检查关巡一回线保护 I 屏电压切换箱内 II 母线灯亮。

（10）检查 220kV 母线保护屏关巡一回线 II 母线灯亮。

（11）检查 220kV 失灵保护屏关巡一回线 II 母线灯亮。

（12）拉开关巡一回线 2611 隔离开关。

（13）检查关巡一回线 2611 隔离开关三相确在分闸位置。

（14）检查关巡一回线保护 I 屏电压切换箱内 I 母线灯灭。

（15）检查 220kV 母线保护屏关巡一回线 I 母线灯灭。

（16）检查 220kV 失灵保护屏关巡一回线 I 母线灯灭。

（17）断开关巡一回线断路器端子箱内三相交流电源空气断路器。

（18）合上凤关线断路器端子箱内三相交流电源空气断路器。

（19）合上凤关线 2672 隔离开关。

（20）检查凤关线 2672 隔离开关三相处在合闸位置。

（21）检查凤关线保护 I 屏电压切换箱内 II 母线灯亮。

（22）检查 220kV 母线保护屏凤关线 II 母线灯亮。

（23）检查 220kV 失灵保护屏凤关线 II 母线灯亮。

（24）拉开凤关线 2671 隔离开关。

（25）检查凤关线 2671 隔离开关三相确在分闸位置。

（26）检查凤关线保护 I 屏电压切换箱内 I 母线灯灭。

（27）检查 220kV 母线保护屏凤关线 I 母线灯灭。

（28）检查 220kV 失灵保护屏凤关线 I 母线灯灭。

（29）断开凤关线断路器端子箱内三相交流电源空气断路器。

（30）合上 1 号主变压器 220kV 侧间隔断路器端子箱内三相交流电源。

（31）合上 1 号主变压器 2012 隔离开关。

（32）检查 1 号主变压器 2012 隔离开关三相确在分闸位置。

（33）检查 220kV 母线保护屏 1 号主变压器 II 母线灯亮。

（34）检查 220kV 失灵保护屏 1 号主变压器 II 母线灯亮。

（35）检查 1 号主变压器保护 B 屏 220kV II 母线灯亮。

（36）拉开 1 号主变压器 2011 隔离开关。

（37）检查 1 号主变压器 2011 隔离开关三相确在分闸位置。

（38）检查 220kV 母线保护屏 1 号主变压器 I 母线灯灭。

（39）检查 220kV 失灵保护屏 1 号主变压器 I 母线灯灭。

（40）检查 1 号主变压器保护 B 屏 220kV I 母线灯灭。

（41）断开 1 号主变压器 220kV 侧间隔断路器端子箱内三相交流电源。

（42）检查母联 212 开关电流为零。

（43）合上 220kV 母线保护屏背面"高压操作箱Ⅰ"空气断路器。

（44）合上 220kV 母线保护屏背面"高压操作箱Ⅱ"空气断路器。

（45）将 220kV 母线保护屏"互联方式"开关切至退出位置。

（46）断开母联 212 开关。

（47）检查母联 212 开关三相确在分闸位置。

（48）合上母联 212 间隔断路器端子箱内三相交流电源空气断路器。

（49）拉开母联 212 间隔 2121 隔离开关。

（50）检查母联 212 间隔 2121 隔离开关三相确在分闸位置。

（51）检查 220kV 母线保护屏母联 212 间隔Ⅰ母线灯灭。

（52）检查 220kV 失灵保护屏母联 212 间隔Ⅰ母线灯灭。

（53）拉开母联 212 间隔 2122 隔离开关。

（54）检查母联 212 间隔 2122 隔离开关三相确在分闸位置。

（55）检查 220kV 母线保护屏母联 212 间隔Ⅱ母线灯灭。

（56）检查 220kV 失灵保护屏母联 212 间隔Ⅱ母线灯灭。

（57）断开母联 212 间隔断路器端子箱内三相交流电源空气断路器。

（58）断开 220kVⅠ母线电压互感器间隔 220kVⅠ段母线电压互感器端子箱内"保护/测量"空气断路器。

（59）断开 220kVⅠ母线电压互感器间隔 220kVⅠ段母线电压互感器端子箱内"计量"空气断路器。

（60）合上 220kVⅠ母线电压互感器间隔 220kVⅠ段母线电压互感器端子箱内"380V 交流"空气断路器。

（61）拉开 220kVⅠ母线电压互感器间隔 218 隔离开关。

（62）检查 220kVⅠ母线电压互感器间隔 218 隔离开关确在分闸位置。

（63）断开 220kVⅠ母线电压互感器间隔 220kVⅠ段母线电压互感器端子箱内"380V 交流"空气断路器。

（64）将 220kV 母线保护屏"Ⅰ母线电压互感器"方式开关切至退出位置。

（65）在 220kV1 号主变压器电压互感器间隔 218 隔离开关靠母线侧三相验无电。

（66）推上 220kVⅠ母线电压互感器间隔 2110 接地刀闸。

（67）检查 220kVⅠ母线电压互感器间隔 2110 接地刀闸三相确在合闸位置。

（68）布置安全措施。

（69）汇报调度。

任务 3.3.2　220kV 由Ⅰ母线检修、Ⅱ母线运行转为双母并列运行

教学目标

知识目标

（1）熟悉变电站 220kVⅠ母线进行送电操作前的运行方式。

（2）掌握变电站母线进行送电操作的基本原则及要求。

（3）熟悉变电站 220kV Ⅰ 母线送电操作顺序。

（4）掌握变电站 220kV Ⅰ 母线送电的操作流程。

能力目标

（1）能说出变电站 220kV Ⅰ 母线进行送电操作前的运行方式。

（2）能正确填写变电站 220kV Ⅰ 母线送电操作的倒闸操作票。

（3）能够在仿真机上熟练进行 220kV Ⅰ 母线送电操作。

素质目标

（1）能主动学习，在完成 220kV Ⅰ 母线送电操作的过程中发现问题、分析问题和解决问题。

（2）能严格遵守专业相关规程标准及规章制度，与小组成员协商、交流配合，按标准化作业流程完成 220kV Ⅰ 母线送电操作。

相关知识

一、 母线送电操作注意事项

（1）拉合母联开关对母线充电时，应检查母联开关位置是否正确，电流表指示是否正确。为防止母联断路器断口均压电容可能与母线上电磁式电压互感器发生串联谐振，可采用母线送电时后送电压互感器的顺序进行；对电容式电压互感器则仍采用送电时先送电压互感器，再给母线送电的顺序进行。

（2）给母线充电时要用开关进行，加用保护。配有充电保护的充电前应启动母线充电保护，充电正常后退出充电保护。

（3）母线充电之前应仔细检查母线设备，在确认无故障情况下进行母线充电。

（4）检修完工的母线在送电前，检查母线设备应完好、无接地点。

（5）用断路器向母线充电前，应将空母线上只能用隔离开关充电的附属设备，如母线电压互感器、避雷器等先行投入。

（6）带有电容器的母线送电操作时，为防止母线过电压，危及设备绝缘，需送电后再合上电容器断路器。

二、 检查待充电母线无明显接地点的主要内容

（1）待充电母线及其相连的所有部位均无接地线（包括推上的接地刀闸）。

（2）待充电母线上应无其他短路线或飘落物存在。

三、 检查母线充电正常的主要内容

（1）母线充电时无异常声音发生。

（2）母线充电后所有带电部位无放电声音和闪络现象。

四、单母线送电顺序及原则

（1）送电操作顺序：送电时先合分段开关，再合线路侧，最后合主变侧。即应先断开接地刀闸，后将母线间隔其他设备（如母线电压互感器、站用变压器等）转为运行，再合上电源侧的断路器隔离开关最后合上送电母线上所有的负荷的断路器及隔离开关。

（2）合分段开关两侧隔离开关时，先合上带电母线侧的隔离开关，后合上负荷侧的隔离开关。

（3）送电母线所接电压互感器的操作一般应在合上分段开关前进行。

任务实施

根据倒闸操作的基本原则，通过任务分析，正确写出 220kV Ⅰ 母线由检修转运行倒闸操作步骤，结合《电力安全工作规定》、各级调度规程和其他相关规定，在仿真机上进行倒闸操作。

1. 任务分析

（1）变电站 220kV Ⅰ 母线进行送电操作前的运行方式。220kV 一次系统采用双母线接线方式，Ⅰ 母线停电检修，母联 212 断路器及两侧隔离开关均分闸状态，关巡一回、关巡二回、凤关线和关珞线均接于 Ⅱ 母线上。

（2）需要进行的操作。220kV Ⅰ 母线由运行转检修时，原本 Ⅰ 母线所带的所有负荷均转移至 Ⅱ 母线运行。在 220kV Ⅰ 母线由检修转运行时，应先将 Ⅰ 母线电压互感器投入运行，再通过合上母联 2122 隔离开关，合上母联 2121 隔离开关，合上母联 212 断路器的方式对 Ⅰ 母线进行充电，充电后再将其所带的负荷从 Ⅱ 母线不停电倒母线转回至 Ⅰ 母线，实现 Ⅰ 母线与 Ⅱ 母线并列运行。

2. 220kV Ⅰ 母线由检修转运行倒闸操作步骤

（1）得令。

（2）收回工作票，拆除标示牌。

（3）拉开 220kV Ⅰ 母线电压互感器间隔 2110 接地刀闸。

（4）检查 220kV Ⅰ 母线电压互感器间隔 2110 接地刀闸三相在分闸位置。

（5）合上 220kV Ⅰ 母线电压互感器间隔 220kV Ⅰ 段母线电压互感器端子箱内 380V 交流空气断路器。

（6）合上 220kV Ⅰ 母线电压互感器间隔 218 隔离开关。

（7）检查 220kV Ⅰ 母线电压互感器间隔 218 隔离开关三相在合闸位置。

（8）断开 220kV Ⅰ 母线电压互感器间隔 220kV Ⅰ 段母线电压互感器端子箱内 380V 交流空气断路器。

（9）合上 220kV Ⅰ 母线电压互感器间隔 220kV Ⅰ 段母线电压互感器端子箱内保护/测量空气断路器。

（10）合上 220kV Ⅰ 母线电压互感器间隔 220kV Ⅰ 段母线电压互感器端子箱内计量

空气断路器。

(11) 将 220kV 母线保护柜上"Ⅰ母电压互感器"方式开关切至投入位置。

(12) 合上母联 212 间隔断路器端子箱内三相交流电源空气断路器。

(13) 合上母联 212 间隔 2122 隔离开关。

(14) 检查母联 212 间隔 2122 隔离开关三相在合闸位置。

(15) 检查 220kV 母线保护柜母联 212 间隔Ⅱ母线灯已亮。

(16) 检查 220kV 失灵保护柜母联 212 间隔Ⅱ母线灯已亮。

(17) 合上母线 212 间隔 2121 隔离开关。

(18) 检查母联 212 间隔 2121 隔离开关三相在合闸位置。

(19) 检查 220kV 母线保护柜母联 212 间隔Ⅰ母线灯已亮。

(20) 检查 220kV 失灵保护柜母联 212 间隔Ⅰ母线灯已亮。

(21) 断开母联 212 间隔断路器端子箱内三相交流电空气断路器。

(22) 合上 220kV 母线保护柜背面电源操作箱Ⅰ空气断路器。

(23) 合上 220kV 母线保护柜背面电源操作箱Ⅱ空气断路器。

(24) 将 220kV 母线保护柜上充电保护方式开关切至充电Ⅰ位置。

(25) 合上母联 212 开关。

(26) 检查母联 212 开关三相在合闸位置。

(27) 将 220kV 母线保护柜上充电保护方式开关切至退出位置。

(28) 将 220kV 母线保护柜上母线互联方式开关切至投入位置。

(29) 断开 220kV 母线保护柜上背面高压侧Ⅰ空气断路器。

(30) 断开 220kV 母线保护柜上背面高压侧Ⅱ空气断路器。

(31) 合上关巡一回间隔断路器端子箱内三相交流电源空气断路器。

(32) 合上关巡一回 2611 隔离开关。

(33) 检查关巡一回 2611 隔离开关三相在分闸位置。

(34) 检查 220kV 关巡一回保护柜电源切换箱Ⅰ母线灯已亮。

(35) 检查 220kV 母线保护柜关巡一回Ⅰ母线灯已亮。

(36) 检查 220kV 失灵保护柜关巡一回Ⅰ母线灯已亮。

(37) 拉开关巡一回 2612 隔离开关。

(38) 检查关巡一回 2612 隔离开关三相在分闸位置。

(39) 检查 220kV 关巡一回保护柜电源切换箱Ⅱ母线灯已灭。

(40) 检查 220kV 母线保护柜关巡一回Ⅱ母线灯已灭。

(41) 检查 220kV 失灵保护柜关巡一回Ⅱ母线灯已灭。

(42) 断开关巡一回间隔断路器端子箱内三相交流电源空气断路器。

(43) 合上凤关线间隔断路器端子箱内三相交流电源空气断路器。

(44) 合上凤关线 2671 隔离开关。

(45) 检查凤关线 2671 隔离开关三相在分闸位置。

(46) 检查 220kV 凤关线保护柜电源切换箱Ⅰ母线灯已亮。

(47) 检查 220kV 母线保护柜凤关线 I 母线灯已亮。

(48) 检查 220kV 失灵保护柜凤关线 I 母线灯已亮。

(49) 拉开凤关线 2672 隔离开关。

(50) 检查凤关线 2672 隔离开关三相在分闸位置。

(51) 检查 220kV 凤关线保护柜电源切换箱 II 母线灯已灭。

(52) 检查 220kV 母线保护柜凤关线 II 母线灯已灭。

(53) 检查 220kV 失灵保护柜凤关线 II 母线灯已灭。

(54) 断开凤关线间隔断路器端子箱内三相交流电源空气开关。

(55) 合上 1 号主变压器 220kV 侧间隔断路器端子箱内三相交流电源空气断路器。

(56) 合上 1 号主变压器 2011 隔离开关。

(57) 检查 1 号主变压器 2011 隔离开关三相在合闸位置。

(58) 检查 220kV1 号主变压器保护 B 柜 1 号主变压器操作箱 I 母线灯已亮。

(59) 检查 220kV 母线保护柜 1 号主变压器 I 母线灯已亮。

(60) 检查 220kV 失灵保护柜 1 号主变压器 I 母线灯已亮。

(61) 拉开 1 号主变压器 2012 隔离开关。

(62) 检查 1 号主变压器 2012 隔离开关三相在分闸位置。

(63) 检查 220kV1 号主变压器保护 B 柜 1 号主变压器操作箱 II 母线灯已灭。

(64) 检查 220kV 母线保护柜 1 号主变压器 II 母线灯已灭。

(65) 检查 220kV 失灵保护柜 1 号主变压器 II 母线灯已灭。

(66) 断开 1 号主变压器 220kV 侧间隔断路器端子箱内三相交流电源空气断路器。

(67) 合上 220kV 母线保护柜背面高压操作箱 I 空气断路器。

(68) 合上 220kV 母线保护柜背面高压操作箱 II 空气断路器。

(69) 将 220kV 母线保护柜上母线互联方式开关切至退出位置。

(70) 检查 220kV I 母线运行正常。

(71) 检查 220kV 各线路运行正常。

(72) 汇报调度。

任务 3.4   变电站变压器停送电操作

电力变压器是发电厂和变电站的主要设备之一，其利用电磁感应原理实现不同电压等级的变化。电力变压器可以分为升压变压器和降压变压器。升压变压器主要用于将低电压升高，以便在远距离输送中，减少线路中功率的损耗和电压的降落。降压变压器用于将高电压降低为低电压，以满足电力用户的需求。由于电力变压器在电力系统中的重要地位，为避免可能出现的各种缺陷和故障，在固定的周期内需要对其进行检修，即进行停送电操作。

任务 3.4.1　1 号主变压器由并列运行转检修

⚡ 教学目标

知识目标

（1）熟悉变电站 1 号主变压器由并列运行转检修操作前的运行方式。

（2）掌握变电站主变压器由并列运行转检修操作的基本原则及要求。

（3）熟悉变电站 1 号主变压器由并列运行转检修操作顺序。

（4）掌握变电站 1 号主变压器由并列运行转检修操作流程。

能力目标

（1）能说出变电站 1 号主变压器由并列运行转检修操作前的运行方式。

（2）能正确填写变电站 1 号主变压器由并列运行转检修操作的倒闸操作票。

（3）能够在仿真机上熟练进行 1 号主变压器由并列运行转检修操作。

素质目标

（1）能主动学习，在完成 1 号主变压器由并列运行转检修操作的过程中发现问题、分析问题和解决问题。

（2）能严格遵守专业相关规程标准及规章制度，与小组成员协商、交流配合，按标准化作业流程完成 1 号主变压器由并列运行转检修操作。

💡 相关知识

1 号主变压器由并列运行转检修操作注意事项。

（1）变压器停电操作顺序：停电时先停负荷侧，再停电源侧。这样操作的原因是：停电时先停负荷侧，在电源侧为多电源的情况下，可以避免变压器反充电。对于小容量变压器，其主保护及后备保护均装在电源侧，若在停电操作过程中，变压器出现故障，保护依然可以正确动作，不会造成越级跳闸或扩大停电范围。对大容量变压器，均装有差动保护，无论从哪一侧开始停电，变压器故障均在其保护范围内，但大容量变压器的后备保护（如过电流保护）均装在电源侧，为保障后备保护，仍然按照先停负荷侧，再停电源侧为好。

（2）凡有中性点接地的变压器，变压器的停用，均应先合上各侧中性点接地刀闸。这样操作的目的是：其一，可以防止单相接地产生过电压和避免某些操作过电压，保护变压器绕组不因过电压而损坏；其二，中性点直接接地刀闸合上后，当发生单相接地时，有接地故障电流流过变压器，使变压器的差动保护和零序电流保护动作，将故障点切除。

（3）两台变压器并列运行，在倒换中性点接地刀闸时，应先合上中性点未接地的接地刀闸，再拉开另一台变压器中性点接地刀闸，并将零序电流保护切换到中性点接地的变压器上。

任务实施

根据倒闸操作的基本原则，通过任务分析，正确写出 1 号主变压器由并列运行转检修倒闸操作步骤，结合《电力安全工作规定》、各级调度规程和其他相关规定，在仿真机上进行倒闸操作。

1. 任务分析

（1）变电站 1 号主变压器由并列运行转检修操作前的运行方式。220kV 一次系统采用双母线接线方式，Ⅰ母线与Ⅱ母线通过 212 断路器并列运行，关巡一回和凤关线接于Ⅰ母线上，关巡二回和关路线接于Ⅱ母线上。

（2）1 号主变压器保护配置分析。1 号主变压器保护为差动保护、过电流保护、零序保护、过负荷保护、绕组过温保护；10kV 侧母联分段开关 900 断路器备用电源自动投入装置投入。

（3）需要进行的操作。由于 220kV 1 号主变压器由运行转检修，对于 220kV 侧和 110kV 侧由于其原本母联断路器处于合闸位置，变压器停电操作对负荷侧并无影响，因此无需操作可直接停电；对于 10kV 侧，由于其为单母分段接线方式，母线分段开关处于分闸位置，为保证 10kV 侧负荷不停电，则需要先合上母线分段开关。

1）合上 2 号主变压器 220kV 侧和 110kV 侧中性点接地刀闸。

2）合上 10kV 侧母线分段开关 900 断路器。

3）拉开 10kV 侧 901 断路器，拉开 10kV 侧变压器侧 9016 隔离开关，拉开 10kV 侧母线侧 9013 隔离开关。

4）拉开 110kV 侧 101 断路器，拉开 110kV 侧变压器侧 1016 隔离开关，拉开 110kV 侧母线侧 1011 隔离开关。

5）拉开 220kV 侧 201 断路器，拉开 220kV 侧变压器侧 2016 隔离开关，拉开 220kV 侧母线侧 2011 隔离开关。

6）在 1 号主变压器低压侧验明无电压后，合上 90160 接地刀闸。

7）在 1 号主变压器中压侧验明无电压后，合上 10160 接地刀闸。

8）在 1 号主变压器高压侧验明无电压后，合上 20160 接地刀闸。

9）断开 1 号主变压器高压侧断开 1 号主变压器 220kV 侧和 110kV 侧中性点接地刀闸。

10）合上 1 号主变压器 220kV 侧 2019 中性点接地刀闸和 110kV 侧 1019 中性点接地刀闸。

需要注意的是，在本仿真变电站中，1 号主变压器 220kV 侧和 110kV 侧中性点直接接地，2 号主变压器 220kV 侧和 110kV 侧中性点不接地，为保证不改变系统运行方式，在进行 1 号主变压器停电操作前，需要先将 2 号主变压器 220kV 侧和 110kV 侧中性点改为直接接地，同时将 2 号主变压器相应后备保护压板进行投退。

2. 1 号主变压器由并列运行转检修倒闸操作步骤

（1）得令。

（2）投入 2 号主变压器保护 A 柜"投高压侧接地零序"压板 1LP3。

（3）投入 2 号主变压器保护 A 柜"投中压侧接地零序"压板 1LP7。

（4）投入 2 号主变压器保护 B 柜"投高压侧接地零序"压板 2LP3。

（5）投入 2 号主变压器保护 B 柜"投中压侧接地零序"压板 2LP7。

（6）推上 2 号主变压器 220kV 侧中性点 2029 接地刀闸。

（7）检查 2 号主变压器 220kV 侧中性点 2029 接地刀闸在合闸位置。

（8）推上 2 号主变压器 110kV 侧中性点 1029 接地刀闸。

（9）检查 2 号主变压器 110kV 侧中性点 1029 接地刀闸在合闸位置。

（10）停用 2 号主变压器保护 A 柜"投高压侧不接地零序"压板 1LP4。

（11）停用 2 号主变压器保护 A 柜"投中压侧不接地零序"压板 1LP8。

（12）停用 2 号主变压器保护 B 柜"投高压侧不接地零序"压板 2LP4。

（13）停用 2 号主变压器保护 B 柜"投中压侧不接地零序"压板 2LP8。

（14）投入 2 号主变压器备用冷却器。

（15）合上 10kV 侧仿 900 开关。

（16）检查 10kV 侧仿 900 开关在合闸位置。

（17）停用 10kV 侧仿 900 开关备自投出口压板。

（18）断开 1 号主变压器低压侧 901 开关。

（19）检查 1 号主变压器低压侧 901 开关在分闸位置。

（20）断开 1 号主变压器中压侧 101 开关。

（21）检查 1 号主变压器中压侧 101 开关三相在分闸位置。

（22）断开 1 号主变压器高压侧 201 开关。

（23）检查 1 号主变压器高压侧 201 开关三相在分闸位置。

（24）合上 1 号主变压器高压侧隔离开关三相交流电源开关。

（25）拉开 1 号主变压器高压侧 2016 隔离开关。

（26）检查 1 号主变压器高压侧 2016 隔离开关三相在分闸位置。

（27）拉开 1 号主变压器高压侧 2011 隔离开关。

（28）检查 1 号主变压器高压侧 2011 隔离开关三相在分闸位置。

（29）断开 1 号主变压器高压侧隔离开关三相交流电源开关。

（30）检查 1 号主变压器中压侧 101 开关三相在分闸位置。

（31）拉开 1 号主变压器中压侧 1016 隔离开关。

（32）检查 1 号主变压器中压侧 1016 隔离开关三相在分闸位置。

（33）拉开 1 号主变压器中压侧 1011 隔离开关。

（34）检查 1 号主变压器中压侧 1011 隔离开关三相在分闸位置。

（35）断开 1 号主变压器中压侧隔离开关三相交流电源开关。

（36）检查 1 号主变压器低压侧 901 开关在分闸位置。

（37）合上 1 号主变压器低压侧 9016 隔离开关三相交流电源开关。

（38）拉开 1 号主变压器低压侧 9016 隔离开关。

（39）检查 1 号主变压器低压侧 9016 隔离开关三相在分闸位置。

（40）断开 1 号主变压器低压侧 9016 隔离开关三相交流电源开关。

（41）拉开 1 号主变压器低压侧 9013 隔离开关。

（42）检查 1 号主变压器低压侧 9013 隔离开关三相在分闸位置。

（43）断开 1 号主变压器高压侧 201 开关操动机构电机电源隔离开关。

（44）断开 1 号主变压器中压侧 101 开关电机电源隔离开关。

（45）拉开 1 号主变压器低压侧 901 断路器电机电源隔离开关。

（46）停用 1 号主变压器保护 A 柜 "跳高压侧开关 201" 压板 1LP19。

（47）停用 1 号主变压器保护 A 柜 "跳中压侧开关 101" 压板 1LP27。

（48）停用 1 号主变压器保护 A 柜 "跳低压侧开关 901" 压板 1LP30。

（49）停用 1 号主变压器保护 B 柜 "跳高压侧开关 201" 压板 2LP20。

（50）停用 1 号主变压器保护 B 柜 "跳中压侧开关 101" 压板 2LP27。

（51）停用 1 号主变压器保护 B 柜 "跳低压侧开关 901" 压板 2LP30。

（52）停用 220kV 失灵保护柜 "201 启动失灵" 压板 18XB。

（53）停用 110kV 母线保护柜 "101 失灵启动" 压板 18XB。

（54）停用 1 号主变压器保护 A 柜 "跳高压侧母联开关一 212 断路器" 压板 1LP25。

（55）停用 1 号主变压器保护 A 柜 "跳高压侧母联开关二 212 断路器" 压板 1LP26。

（56）停用 1 号主变压器保护 A 柜 "跳中压侧母联开关 100 断路器" 压板 1LP27。

（57）停用 1 号主变压器保护 A 柜 "跳低压侧分段开关 900 断路器" 压板 1LP37。

（58）停用 1 号主变压器保护 B 柜 "跳高压侧母联开关一 212 断路器" 压板 2LP25。

（59）停用 1 号主变压器保护 B 柜 "跳高压侧母联开关二 212 断路器" 压板 2LP26。

（60）停用 1 号主变压器保护 B 柜 "跳中压侧母联开关 100 断路器" 压板 2LP29。

（61）停用 1 号主变压器保护 B 柜 "跳低压侧分段开关 900 断路器" 压板 2LP30。

（62）验明 1 号主变压器低压侧 9016 隔离开关靠主变侧三相确无电压。

（63）推上 1 号主变压器低压侧 90160 接地刀闸。

（64）检查 1 号主变压器低压侧 90160 接地刀闸三相在合闸位置。

（65）验明 1 号主变压器中压侧 1016 隔离开关靠主变侧三相确无电压。

（66）推上 1 号主变压器中压侧 10160 接地刀闸。

（67）检查 1 号主变压器中压侧 10160 接地刀闸三相在合闸位置。

（68）验明 1 号主变压器高压侧 2016 隔离开关靠主变侧三相确无电压。

（69）推上 1 号主变压器高压侧 20160 接地刀闸。

（70）检查 1 号主变压器高压侧 20160 接地刀闸三相在合闸位置。

（71）拉开 1 号主变压器 110kV 侧中性点 1019 接地刀闸。

（72）检查 1 号主变压器 110kV 侧中性点 1019 接地刀闸在分闸位置。

（73）拉开 1 号主变压器 220kV 侧中性点 2019 接地刀闸。

（74）检查 1 号主变压器 220kV 侧中性点 2019 接地刀闸在分闸位置。

（75）退出 1 号主变压器保护 A 柜 "投高压侧接地零序" 压板 1LP3。

（76）退出 1 号主变压器保护 A 柜"投中压侧接地零序"压板 1LP7。

（77）退出 1 号主变压器保护 B 柜"投高压侧接地零序"压板 2LP3。

（78）退出 1 号主变压器保护 B 柜"投中压侧接地零序"压板 2LP7。

（79）退出 1 号主变压器 1 号冷却器。

（80）退出 1 号主变压器 3 号冷却器。

（81）退出 1 号主变压器冷却装置电源。

（82）断开 1 号主变压器有载调压分接开关机构箱内电机电源空气断路器。

（83）断开 1 号主变压器有载调压分接开关机构箱内控制电源空气断路器。

（84）布置安全措施。

（85）汇报调度。

任务 3.4.2　1 号主变压器由检修转并列运行

教学目标

知识目标

（1）熟悉变电站 1 号主变压器由检修转并列运行操作前的运行方式。

（2）掌握变电站变压器由检修转并列运行操作的基本原则及要求。

（3）熟悉变电站 1 号主变压器由检修转并列运行操作顺序。

（4）掌握变电站 1 号主变压器由检修转并列运行的操作流程。

能力目标

（1）能说出变电站 1 号主变压器由检修转并列运行操作前的运行方式。

（2）能正确填写变电站 1 号主变压器由检修转并列运行操作的倒闸操作票。

（3）能够在仿真机上熟练进行 1 号主变压器由检修转并列运行停电操作。

素质目标

（1）能主动学习，在完成 1 号主变压器由检修转并列运行操作的过程中发现问题、分析问题和解决问题。

（2）能严格遵守专业相关规程标准及规章制度，与小组成员协商、交流配合，按标准化作业流程完成 1 号主变压器由检修转并列运行操作。

相关知识

一、变压器送电前的准备工作

（1）检查变压器及其相关回路的检修工作已结束，检修工作票终结，并回收。

（2）与检修有关的临时安全措施（短接线、接地线、标示牌）已拆除，接地刀闸已拉开，恢复常设遮栏和标示牌。

（3）测量绝缘电阻。任何变压器送电前必须测量其绝缘电阻合格。测量绝缘之前，应拉开变压器各侧隔离开关、中性点接地刀闸，验明无电后再进行测量，测量时使用合格的绝缘电阻表，测量变压器绕组和各侧之间的绝缘电阻。

（4）检查变压器一次回路。检查范围从母线到变压器出线，包括各电压等级一次回路中的设备。检查项目包括变压器本体、冷却器、有载调压回路、无载调压分解开关的位置、各电压侧断路器、隔离开关、电流互感器及其他部件。所有一次设备均应处于良好备用状态（各项目检查要求按现场规程执行）。

（5）检查冷却器装置并投入运行。变压器投运前，应对变压器的冷却装置进行检查，检查正常，再将冷却装置投入运行。

（6）变压器送电前，其继电保护应全部投入。

二、变压器送电操作注意事项

（1）变压器送电操作顺序：送电时先送电源侧，再送负荷侧。这样操作的原因是：送电时先送电源侧，在变压器有故障的情况下，变压器的保护动作，使断路器切除故障，便于送电范围检查、判断及故障处理；送电时若先送负荷侧，在变压器有故障的情况下，对于小容量变压器，其主保护及后备保护均装在电源侧，此时保护拒动，这将会造成越级跳闸或扩大停电范围。对大容量变压器，均装有差动保护，无论从哪一侧开始送电，变压器故障均在其保护范围内，但大容量变压器的后备保护（如过电流保护）均装在电源侧，为保障后备保护，仍然按照先送电源侧，再送负荷侧为好。

（2）凡有中性点接地的变压器，变压器的投入，均应先合上各侧中性点接地刀闸。这样操作的目的是：其一，可以防止单相接地产生过电压和避免某些操作过电压，保护变压器绕组不因过电压而损坏；其二，中性点直接接地刀闸合上后，当发生单相接地时，有接地故障电流流过变压器，使变压器的差动保护和零序电流保护动作，将故障点切除。

（3）两台变压器并列运行，在倒换中性点接地刀闸时，应先合上中性点未接地的接地刀闸，再拉开另一台变压器中性点接地刀闸，并将零序电流保护切换到中性点接地的变压器上。

三、变压器充电后检查

对主变压器充电后应进行检查充电是否正常的检查，其检查的主要内容为：

（1）主变压器充电后，声音是否正常。

（2）检查电流表指示是否正常。

（3）检查主变压器本体无异常现象。

（4）为了更好地检查主变压器充电后声音是否正常，在充电前可以将主变压器风扇或冷却器全部停用，待充电检查正常后再投入。

📄 任务实施

根据倒闸操作的基本原则，通过任务分析，正确写出 1 号主变压器由检修转并列运行倒闸操作步骤，结合《电力安全工作规定》、各级调度规程和其他相关规定，在仿真机上进行倒闸操作。

1. 任务分析

（1）变电站 1 号主变压器由检修转并列运行操作前的运行方式。变电站 2 号主变压器 220kV 侧接于 220kV Ⅱ母线，中性点采用直接接地方式运行，110kV 侧接于 110kV Ⅰ母线，中性点采用直接接地方式运行，10kV 侧接于 10kV Ⅰ段母线运行。变电站正常运行状态为变电站 1 主变压器 220kV 侧接于 220kV Ⅰ母线，中性点采用直接接地方式运行，110kV 侧接于 110kV Ⅱ母线，中性点采用直接接地方式运行，10kV 侧接于 10kV Ⅰ段母线运行；变电站 2 号主变压器 220kV 侧接于 220kV Ⅱ母线，中性点采用不接地方式运行，110kV 侧接于 110kV Ⅱ母线，中性点采用不接地方式运行，10kV 侧接于 10kV Ⅱ段母线运行。220kV 侧和 110kV 侧Ⅰ母线与Ⅱ母线并列运行，10kV 侧Ⅰ段母线与Ⅱ段母线分列运行。1 号主变压器送电需将所有设备恢复至正常运行状态。

（2）需要进行的操作。由于 1 号主变压器由检修转并列运行，即将变电站恢复至原来的运行方式。

1）合上 1 号主变压器 220kV 侧 2019 中性点接地刀闸和 110kV 侧 1019 中性点接地刀闸。

2）断开 1 号主变压器高压侧 20160 接地刀闸。

3）断开 1 号主变压器高压侧 10160 接地刀闸。

4）断开 1 号主变压器高压侧 90160 接地刀闸。

5）合上 220kV 侧母线侧 2011 隔离开关，合上 220kV 侧变压器侧 2016 隔离开关，合上 220kV 侧 201 断路器。

6）合上 110kV 侧母线侧 1011 隔离开关，合上 110kV 侧变压器侧 1016 隔离开关，合上 110kV 侧 101 断路器。

7）合上 10kV 侧母线侧 9016 隔离开关，合上 10kV 侧变压器侧 9013 隔离开关，合上 10kV 侧 901 断路器。

8）断开 10kV 侧母线分段开关 900 断路器。

9）断开 2 号主变压器 220kV 侧 2029 中性点接地刀闸和 110kV 侧 1029 中性点接地刀闸。

2. 1 号主变压器由检修转并列运行倒闸操作步骤

（1）得令。

（2）收回工作票，拆除标示牌。

（3）合上 1 号主变压器有载调压分接开关机构箱内电机电源空气断路器。

（4）合上 1 号主变压器有载调压分接开关机构箱内控制电源空气断路器。

（5）将 1 号主变压器有载调压控制方式切至"远方"位置。

（6）将 1 号主变压器挡位调至 11 挡。

（7）检查 1 号主变压器挡位确在 11 挡。

（8）投入 1 号主变压器风冷控制箱内交流电源空气断路器。

（9）投入 1 号主变压器风冷控制箱内直流电源空气断路器。

（10）将 1 号主变压器冷控柜内冷控方式切至"Ⅰ工作Ⅱ备用"位。

（11）将 1 号主变压器冷控柜内 1 号冷却器切至"工作"位。

（12）将 1 号主变压器冷控柜内 3 号冷却器切至"工作"位。

（13）将 1 号主变压器冷控柜内 2 号冷却器切至"辅助"位。

（14）将 1 号主变压器冷控柜内 4 号冷却器切至"备用"位。

（15）投入 1 号主变压器保护 A 屏"高压侧跳闸解除失灵复压"1LP35。

（16）投入 1 号主变压器保护 A 屏"跳高压侧母联开关一 212"压板 1LP25。

（17）投入 1 号主变压器保护 A 屏"跳高压侧母联开关二 212"压板 1LP26。

（18）投入 1 号主变压器保护 A 屏"跳中压侧母联开关 100"压板 1LP29。

（19）投入 1 号主变压器保护 A 屏"跳低压侧分段开关 900"压板 1LP37。

（20）投入 1 号主变压器保护 B 屏"高压侧跳闸解除失灵复压"2LP35。

（21）投入 1 号主变压器保护 B 屏"启动失灵"8LP23。

（22）投入 1 号主变压器保护 B 屏"失灵联跳三侧"8LP24。

（23）投入 1 号主变压器保护 B 屏"高压侧跳闸启动联跳三侧"2LP36。

（24）投入 1 号主变压器保护 B 屏"跳高压侧母联开关一 212"压板 2LP25。

（25）投入 1 号主变压器保护 B 屏"跳高压侧母联开关二 212"压板 2LP26。

（26）投入 1 号主变压器保护 B 屏"跳中压侧母联开关 100"压板 2LP29。

（27）投入 1 号主变压器保护 B 屏"跳低压侧分段开关 900"压板 2LP30。

（28）退出 1 号主变压器保护 B 屏"置检修状态"8LP1。

（29）投入 1 号主变压器保护 A 屏"投高压侧接地零序"压板 1LP3。

（30）投入 1 号主变压器保护 A 屏"投中压侧接地零序"压板 1LP7。

（31）投入 1 号主变压器保护 B 屏"投高压侧接地零序"压板 1LP3。

（32）投入 1 号主变压器保护 B 屏"投中压侧接地零序"压板 1LP7。

（33）推上 1 号主变压器 220kV 侧中性点 2019 接地刀闸。

（34）检查 1 号主变压器 220kV 侧中性点 2019 接地刀闸在合闸位置。

（35）推上 1 号主变压器 220kV 侧中性点 1019 接地刀闸。

（36）检查 1 号主变压器 220kV 侧中性点 1019 接地刀闸在合闸位置。

（37）退出 1 号主变压器保护 A 屏"投高压侧不接地零序"压板 1LP4。

（38）退出 1 号主变压器保护 A 屏"投中压侧不接地零序"压板 1LP8。

（39）退出 1 号主变压器保护 B 屏"投高压侧不接地零序"压板 1LP4。

（40）退出 1 号主变压器保护 B 屏"投中压侧不接地零序"压板 1LP8。

（41）拉开 1 号主变压器 10kV 侧 90160 接地刀闸。

（42）检查 1 号主变压器 10kV 侧 90160 接地刀闸三相在分闸位置。

（43）拉开 1 号主变压器 110kV 侧 10160 接地刀闸。

（44）检查 1 号主变压器 110kV 侧 10160 接地刀闸三相在分闸位置。

（45）拉开 1 号主变压器 220kV 侧 20160 接地刀闸。

（46）检查 1 号主变压器 220kV 侧 20160 接地刀闸三相在分闸位置。

（47）合上 1 号主变压器 220kV 侧间隔断路器端子箱内三相交流电源空气断路器。

（48）合上 1 号主变压器 220kV 侧 2011 隔离开关。

（49）检查 1 号主变压器 220kV 侧 2011 隔离开关三相在合闸位置。

（50）合上 1 号主变压器 220kV 侧 2016 隔离开关。

（51）检查 1 号主变压器 220kV 侧 2016 隔离开关三相在合闸位置。

（52）断开 1 号主变压器 220kV 侧间隔断路器端子箱内三相交流电源空气断路器。

（53）检查 220kV 母线保护屏 2011 隔离开关辅助接点灯亮。

（54）检查 220kV 失灵保护屏 2011 隔离开关辅助接点灯亮。

（55）合上 1 号主变压器 110kV 侧间隔断路器端子箱内三相交流电源空气断路器。

（56）合上 1 号主变压器 110kV 侧 1011 隔离开关。

（57）检查 1 号主变压器 110kV 侧 1011 隔离开关三相在合闸位置。

（58）合上 1 号主变压器 110kV 侧 1016 隔离开关。

（59）检查 1 号主变压器 110kV 侧 1016 隔离开关三相在合闸位置。

（60）断开 1 号主变压器 110kV 侧间隔断路器端子箱内三相交流电源空气断路器。

（61）检查 110kV 失灵保护屏 1011 隔离开关辅助接点灯亮。

（62）将 1 号主变压器 10kV 侧 9013 柜 9013 隔离开关摇至"工作"位置。

（63）合上 1 号主变压器 10kV 侧 9016 隔离开关操作箱内操作电源空气断路器。

（64）合上 1 号主变压器 10kV 侧 9016 隔离开关。

（65）检查 1 号主变压器 10kV 侧 9016 隔离开关三相在合闸位置。

（66）断开 1 号主变压器 10kV 侧 9016 隔离开关操作箱内操作电源空气断路器。

（67）检查 1 号主变压器 220kV 侧中性点 2019 接地刀闸在合闸位置。

（68）检查 1 号主变压器 110kV 侧中性点 1019 接地刀闸在合闸位置。

（69）合上 1 号主变压器 220kV 侧 201 开关 B 相操作箱内电机电源空气断路器。

（70）合上 1 号主变压器 220kV 侧 201 开关。

（71）检查 1 号主变压器 220kV 侧 201 开关三相在合闸位置。

（72）合上 1 号主变压器 110kV 侧 101 开关。

（73）检查 1 号主变压器 110kV 侧 101 开关三相在合闸位置。

（74）检查 1 号主变压器 10kV 侧 901 开关已储能。

（75）合上 1 号主变压器 10kV 侧 901 开关。

（76）检查 1 号主变压器 10kV 侧 901 开关三相在合闸位置。

（77）断开 10kV 侧仿 900 开关。

（78）检查 10kV 侧仿 900 开关在分闸位置。

（79）投入 10kV 高压室Ⅰ内分段开关柜上备自投压板。

（80）将 2 号主变压器 2 号冷却器切至辅助位置。

（81）将 2 号主变压器 4 号冷却器切至备用位置。

（82）投入 2 号主变压器保护 A 柜"投高压侧不接地零序"压板 1LP4。

（83）投入 2 号主变压器保护 A 柜"投中压侧不接地零序"压板 1LP8。

（84）投入 2 号主变压器保护 B 柜"投高压侧不接地零序"压板 2LP4。

(85) 投入 2 号主变压器保护 B 柜"投中压侧不接地零序"压板 2LP8。

(86) 拉开 2 号主变压器 220kV 侧中性点 2029 接地刀闸。

(87) 检查 2 号主变压器 220kV 侧中性点 2029 接地刀闸在分闸位置。

(88) 推上 2 号主变压器 110kV 侧中性点 1029 接地刀闸。

(89) 检查 2 号主变压器 110kV 侧中性点 1029 接地刀闸在分闸位置。

(90) 停用 2 号主变压器保护 A 柜"投高压侧接地零序"压板 1LP3。

(91) 停用 2 号主变压器保护 A 柜"投中压侧接地零序"压板 1LP7。

(92) 停用 2 号主变压器保护 B 柜"投高压侧接地零序"压板 2LP3。

(93) 停用 2 号主变压器保护 B 柜"投中压侧接地零序"压板 2LP7。

(94) 汇报调度。

任务 3.5　变电站互感器停送电操作

互感器包括电流互感器和电压互感器,电流互感器将一次侧的大电流变为二次侧标准的小电流(1A 或 5A),电压互感器将一次侧的高电压变为二次侧标准的低电压(100V 或 $100/\sqrt{3}$ V)。互感器作为一次侧与二次侧之间的联络元件,既可以向二次回路供电,又可以正确反映一次系统的运行状态,作为测量和保护之用。

由于电流互感器安装在线路断路器附近中,或安装在变压器各侧断路器附近,电流互感器的停送电操作可以参考线路断路器停送电操作及变压器停送电操作。本节重点讲解电压互感器由运行转检修、由检修转运行的操作。

任务 3.5.1　220kV Ⅰ号母线电压互感器由运行转检修

⚡👤 **教学目标**

知识目标

(1) 熟悉变电站 220kV Ⅰ号母线电压互感器由运行转检修前的运行方式。

(2) 掌握变电站 220kV Ⅰ号母线电压互感器由运行转检修操作的基本原则及要求。

(3) 熟悉变电站 220kV Ⅰ号母线电压互感器由运行转检修操作顺序。

(4) 掌握变电站 220kV Ⅰ号母线电压互感器由运行转检修操作流程。

能力目标

(1) 能说出变电站 220kV Ⅰ号母线电压互感器由运行转检修操作前的运行方式。

(2) 能正确填写变电站 220kV Ⅰ号母线电压互感器由运行转检修操作的倒闸操作票。

(3) 能够在仿真机上熟练进行 220kV Ⅰ号母线电压互感器由运行转检修操作。

素质目标

(1) 能主动学习,在完成 220kV Ⅰ号母线电压互感器由运行转检修操作的过程中发现问题、分析问题和解决问题。

（2）能严格遵守专业相关规程标准及规章制度，与小组成员协商、交流配合，按标准化作业流程完成 220kV Ⅰ号母线电压互感器由运行转检修操作。

相关知识

一、 电压互感器操作的一般原则

（1）对于双母线或单母线分段接线，两组电压互感器各接在相应的母线上运行，正常情况下二次不并列。当任一母线电压互感器停电时，因线路保护的交流电压取自其所接的母线电压互感器，所以二次应作相应切换，并将双母线改为单母线运行即可。但二次不能切换的母线电压互感器停用时，其所在母线就需要同时停用。

（2）两组电压互感器二次并列时，必须先并一次，后并二次，以防止电压互感器二次对一次进行反充电，造成二次熔丝熔断或自动空气断路器跳闸。

（3）只有一组母线电压互感器时，一般情况下，电压互感器和母线同时进行停送电操作；若单独停用电压互感器时，应考虑继电保护及自动装置进行相应的变动。

二、 电压互感器的操作注意事项

（1）两组电压互感器二次电压回路并列时，对电压并列回路是经母联或分段断路器回路运行启动的，母联或分段断路器应改为非自动，且微机型母线差动保护应改为互联或单母线运行方式。

（2）若两组电压互感器二次电压回路不能并列时，对于将失去电压闭锁的微机型母线差动保护，仍可继续运行，但此时不得在母线差动保护二次回路上工作。

（3）为防止反充电，母线电压互感器由运行转冷备用时，必须先断开该电压互感器的所有二次电压自动空气断路器，再拉开高压隔离开关；相反由冷备用转运行时，必须先合上高压隔离开关，再合上其所有二次电压自动空气断路器。

任务实施

根据倒闸操作的基本原则，通过任务分析，正确写出 220kV Ⅰ号母线电压互感器由运行转检修倒闸操作步骤，结合《电力安全工作规定》、各级调度规程和其他相关规定，在仿真机上进行倒闸操作。

1. 任务分析

（1）变电站 220kV Ⅰ号母线电压互感器由运行转检修操作前的运行方式。220kV一次系统采用双母线接线方式，Ⅰ母线与Ⅱ母线通过 212 断路器并列运行，Ⅰ母线电压互感器通过 218 隔离开关与Ⅰ母线连接，处于运行状态，Ⅱ母线电压互感器通过 228 隔离开关与Ⅱ母线连接，处于运行状态，关巡一回和凤关线接于Ⅰ母线上，关巡二回和关路线接于Ⅱ母线上。

（2）需要进行的操作。220kV Ⅰ号母线电压互感器由运行转检修，需要将原来Ⅰ母

线上所带的所有负荷及Ⅰ号主变压器不停电倒母线至Ⅱ母线运行，并断开母联 212 断路器及两侧 2121 和 2122 隔离开关，再断开电压互感器 218 隔离开关，并对 218 隔离开关靠近电压互感器侧进行验明确无电压后，合上 2180 接地刀闸，布置安全措施。完成 220kVⅠ号母线电压互感器由运行转检修后，还需将原本Ⅰ母线上所带的负荷转移回Ⅰ母线继续运行，此时将Ⅱ母线电压互感器投入并列运行状态，同时监测Ⅰ母线和Ⅱ母线电压。

2. 220kVⅠ号母线电压互感器由运行转检修倒闸操作步骤

（1）得令。

（2）检查 220kV 母联 212 断路器三相均在合闸位置。

（3）检查 220kV 母线 2121 隔离开关三相均在合闸位置。

（4）检查 220kV 母线 2122 隔离开关三相均在合闸位置。

（5）将 220kV 母线保护屏"互联方式"开关切至投入位置。

（6）断开 220kV 母线 212 断路器控制电源自动空气断路器。

（7）合上关巡一回线 2612 隔离开关。

（8）检查关巡一回线 2612 隔离开关三相确在合闸位置。

（9）检查关巡一回线保护Ⅰ屏电压切换箱内Ⅱ母线灯亮。

（10）检查 220kV 母线保护屏关巡一回线Ⅱ母线灯亮。

（11）检查 220kV 失灵保护屏关巡一回线Ⅱ母线灯亮。

（12）拉开关巡一回线 2611 隔离开关。

（13）检查关巡一回线 2611 隔离开关三相确在分闸位置。

（14）检查关巡一回线保护Ⅰ屏电压切换箱内Ⅰ母线灯灭。

（15）检查 220kV 母线保护屏关巡一回线Ⅰ母线灯灭。

（16）检查 220kV 失灵保护屏关巡一回线Ⅰ母线灯灭。

（17）断开关巡一回线断路器端子箱内三相交流电源空气断路器。

（18）合上凤关线断路器端子箱内三相交流电源空气断路器。

（19）合上凤关线 2672 隔离开关。

（20）检查凤关线 2672 隔离开关三相处在合闸位置。

（21）检查凤关线保护Ⅰ屏电压切换箱内Ⅱ母线灯亮。

（22）检查 220kV 母线保护屏凤关线Ⅱ母线灯亮。

（23）检查 220kV 失灵保护屏凤关线Ⅱ母线灯亮。

（24）拉开凤关线 2671 隔离开关。

（25）检查凤关线 2671 隔离开关三相确在分闸位置。

（26）检查凤关线保护Ⅰ屏电压切换箱内Ⅰ母线灯灭。

（27）检查 220kV 母线保护屏凤关线Ⅰ母线灯灭。

（28）检查 220kV 失灵保护屏凤关线Ⅰ母线灯灭。

（29）断开凤关线断路器端子箱内三相交流电源空气断路器。

（30）合上 1 号主变压器 220kV 侧间隔断路器端子箱内三相交流电源。

（31）合上 1 号主变压器 2012 隔离开关。

（32）检查 1 号主变压器 2012 隔离开关三相确在分闸位置。

（33）检查 220kV 母线保护屏 1 号主变压器 Ⅱ 母线灯亮。

（34）检查 220kV 失灵保护屏 1 号主变压器 Ⅱ 母线灯亮。

（35）检查 1 号主变压器保护 B 屏 220kV Ⅱ 母线灯亮。

（36）拉开 1 号主变压器 2011 隔离开关。

（37）检查 1 号主变压器 2011 隔离开关三相确在分闸位置。

（38）检查 220kV 母线保护屏 1 号主变压器 Ⅰ 母线灯灭。

（39）检查 220kV 失灵保护屏 1 号主变压器 Ⅰ 母线灯灭。

（40）检查 1 号主变压器保护 B 屏 220kV Ⅰ 母线灯灭。

（41）断开 1 号主变压器 220kV 侧间隔断路器端子箱内三相交流电源。

（42）检查母联 212 开关电流为零。

（43）合上 220kV 母线保护屏背面"高压操作箱 Ⅰ"空气断路器。

（44）合上 220kV 母线保护屏背面"高压操作箱 Ⅱ"空气断路器。

（45）将 220kV 母线保护屏"互联方式"开关切至退出位置。

（46）断开母联 212 开关。

（47）检查母联 212 开关三相确在分闸位置。

（48）合上母联 212 间隔断路器端子箱内三相交流电源空气断路器。

（49）拉开母联 212 间隔 2121 隔离开关。

（50）检查母联 212 间隔 2121 隔离开关三相确在分闸位置。

（51）检查 220kV 母线保护屏母联 212 间隔 Ⅰ 母线灯灭。

（52）检查 220kV 失灵保护屏母联 212 间隔 Ⅰ 母线灯灭。

（53）拉开母联 212 间隔 2122 隔离开关。

（54）检查母联 212 间隔 2122 隔离开关三相确在分闸位置。

（55）检查 220kV 母线保护屏母联 212 间隔 Ⅱ 母线灯灭。

（56）检查 220kV 失灵保护屏母联 212 间隔 Ⅱ 母线灯灭。

（57）断开母联 212 间隔断路器端子箱内三相交流电源空气断路器。

（58）断开 220kV Ⅰ 号母线电压互感器间隔 220kV Ⅰ 段母线电压互感器端子箱内"保护/测量"空气断路器。

（59）断开 220kV Ⅰ 号母线电压互感器间隔 220kV Ⅰ 段母线电压互感器端子箱内"计量"空气断路器。

（60）合上 220kV Ⅰ 号母线电压互感器间隔 220kV Ⅰ 段母线电压互感器端子箱内"380V 交流"空气断路器。

（61）拉开 220kV Ⅰ 号母线电压互感器间隔 218 隔离开关。

（62）检查 220kV Ⅰ 号母线电压互感器间隔 218 隔离开关确在分闸位置。

（63）断开 220kV Ⅰ 号母线电压互感器间隔 220kV Ⅰ 段母线电压互感器端子箱内"380V 交流"空气断路器。

（64）将 220kV 母线保护屏"Ⅰ母线电压互感器"方式开关切至退出位置。

（65）在 220kV 1 号主变压器电压互感器间隔 218 隔离开关靠电压互感器侧三相验无电。

（66）推上 220kV Ⅰ母线电压互感器间隔 2180 接地刀闸。

（67）检查 220kV Ⅰ母线电压互感器间隔 2180 接地刀闸三相确在合闸位置。

（68）在 220kV Ⅰ母线电压互感器侧悬挂标示牌。

（69）将 220kV 母线保护屏"电压互感器并列"方式开关切至投入位置。

（70）合上母联 212 间隔断路器端子箱内三相交流电源空气断路器。

（71）合上母联 212 间隔 2122 隔离开关。

（72）检查母联 212 间隔 2122 隔离开关三相在合闸位置。

（73）检查 220kV 母线保护柜母联 212 间隔Ⅱ母线灯已亮。

（74）检查 220kV 失灵保护柜母联 212 间隔Ⅱ母线灯已亮。

（75）合上母线 212 间隔 2121 隔离开关。

（76）检查母联 212 间隔 2121 隔离开关三相在合闸位置。

（77）检查 220kV 母线保护柜母联 212 间隔Ⅰ母线灯已亮。

（78）检查 220kV 失灵保护柜母联 212 间隔Ⅰ母线灯已亮。

（79）断开母联 212 间隔断路器端子箱内三相交流电空气断路器。

（80）合上 220kV 母线保护柜背面电源操作箱Ⅰ空气断路器。

（81）合上 220kV 母线保护柜背面电源操作箱Ⅱ空气断路器。

（82）将 220kV 母线保护柜上充电保护方式开关切至充电Ⅰ位置。

（83）合上母联 212 开关。

（84）检查母联 212 开关三相在合闸位置。

（85）将 220kV 母线保护柜上充电保护方式开关切至退出位置。

（86）将 220kV 母线保护柜上母线互联方式开关切至投入位置。

（87）断开 220kV 母线保护柜上背面高压侧Ⅰ空气断路器。

（88）断开 220kV 母线保护柜上背面高压侧Ⅱ空气断路器。

（89）合上关巡一回间隔断路器端子箱内三相交流电源空气断路器。

（90）合上关巡一回 2611 隔离开关。

（91）检查关巡一回 2611 隔离开关三相在分闸位置。

（92）检查 220kV 关巡一回保护柜电源切换箱Ⅰ母线灯已亮。

（93）检查 220kV 母线保护柜关巡一回Ⅰ母线灯已亮。

（94）检查 220kV 失灵保护柜关巡一回Ⅰ母线灯已亮。

（95）拉开关巡一回 2612 隔离开关。

（96）检查关巡一回 2612 隔离开关三相在分闸位置。

（97）检查 220kV 关巡一回保护柜电源切换箱Ⅱ母线灯已灭。

（98）检查 220kV 母线保护柜关巡一回Ⅱ母线灯已灭。

（99）检查 220kV 失灵保护柜关巡一回Ⅱ母线灯已灭。

（100）断开关巡一回间隔断路器端子箱内三相交流电源空气断路器。

（101）合上凤关线间隔断路器端子箱内三相交流电源空气断路器。

（102）合上凤关线 2671 隔离开关。

（103）检查凤关线 2671 隔离开关三相在分闸位置。

（104）检查 220kV 凤关线保护柜电源切换箱Ⅰ母线灯已亮。

（105）检查 220kV 母线保护柜凤关线Ⅰ母线灯已亮。

（106）检查 220kV 失灵保护柜凤关线Ⅰ母线灯已亮。

（107）拉开凤关线 2672 隔离开关。

（108）检查凤关线 2672 隔离开关三相在分闸位置。

（109）检查 220kV 凤关线保护柜电源切换箱Ⅱ母线灯已灭。

（110）检查 220kV 母线保护柜凤关线Ⅱ母线灯已灭。

（111）检查 220kV 失灵保护柜凤关线Ⅱ母线灯已灭。

（112）断开凤关线间隔断路器端子箱内三相交流电源空气断路器。

（113）合上 1 号主变压器 220kV 侧间隔断路器端子箱内三相交流电源空气断路器。

（114）合上 1 号主变压器 2011 隔离开关。

（115）检查 1 号主变压器 2011 隔离开关三相在合闸位置。

（116）检查 220kV 1 号主变压器保护 B 柜 1 号主变压器操作箱Ⅰ母线灯已亮。

（117）检查 220kV 母线保护柜 1 号主变压器Ⅰ母线灯已亮。

（118）检查 220kV 失灵保护柜 1 号主变压器Ⅰ母线灯已亮。

（119）拉开 1 号主变压器 2012 隔离开关。

（120）检查 1 号主变压器 2012 隔离开关三相在分闸位置。

（121）检查 220kV 1 号主变压器保护 B 柜 1 号主变压器操作箱Ⅱ母线灯已灭。

（122）检查 220kV 母线保护柜 1 号主变压器Ⅱ母线灯已灭。

（123）检查 220kV 失灵保护柜 1 号主变压器Ⅱ母线灯已灭。

（124）断开 1 号主变压器 220kV 侧间隔断路器端子箱内三相交流电源空气断路器。

（125）合上 220kV 母线保护柜背面高压操作箱Ⅰ空气断路器。

（126）合上 220kV 母线保护柜背面高压操作箱Ⅱ空气断路器。

（127）将 220kV 母线保护柜上母线互联方式开关切至退出位置。

（128）检查 220kV Ⅰ母线运行正常。

（129）检查 220kV 各线路运行正常。

（130）汇报调度。

任务 3.5.2　220kV Ⅰ号母线电压互感器由检修转运行

⚡👤 **教学目标**

知识目标

（1）熟悉变电站 220kV Ⅰ号母线电压互感器由检修转运行前的运行方式。

（2）掌握变电站 220kV Ⅰ号母线电压互感器由检修转运行操作的基本原则及要求。

（3）熟悉变电站 220kV Ⅰ号母线电压互感器由检修转运行操作顺序。

（4）掌握变电站 220kV Ⅰ号母线电压互感器由检修转运行操作流程。

能力目标

（1）能说出变电站 220kV Ⅰ号母线电压互感器由检修转运行操作前的运行方式。

（2）能正确填写变电站 220kV Ⅰ号母线电压互感器由检修转运行操作的倒闸操作票。

（3）能够在仿真机上熟练进行 220kV Ⅰ号母线电压互感器由检修转运行操作。

素质目标

（1）能主动学习，在完成 220kV Ⅰ号母线电压互感器由检修转运行操作的过程中发现问题、分析问题和解决问题。

（2）能严格遵守专业相关规程标准及规章制度，与小组成员协商、交流配合，按标准化作业流程完成 220kV Ⅰ号母线电压互感器由检修转运行操作。

相关知识

220kV Ⅰ号母线电压互感器由检修转运行操作原则。

（1）需进行倒母线操作，将 220kV Ⅰ母线所带的所有负荷及主变压器都倒至Ⅱ母线上运行。

（2）母联断路器的保护要加用。

（3）将 220kV Ⅰ母线停电后，检修后的Ⅰ号母线电压互感器投入运行。

（4）将Ⅱ号母线电压互感器退出并列运行。

（5）将原本Ⅰ母线所带的所有负荷恢复至Ⅰ母线运行。

任务实施

根据倒闸操作的基本原则，通过任务分析，正确写出 220kV Ⅰ号母线电压互感器由检修转运行倒闸操作步骤，结合《电力安全工作规定》、各级调度规程和其他相关规定，在仿真机上进行倒闸操作。

1. 任务分析

（1）变电站 220kV Ⅰ号母线电压互感器由检修转运行操作前的运行方式。220kV 一次系统采用双母线接线方式，Ⅰ母线与Ⅱ母线通过 212 断路器并列运行，Ⅱ母线电压互感器投入并列运行，关巡一回和凤关线接于Ⅰ母线上，关巡二回和关路线接于Ⅱ母线上。

（2）需要进行的操作。220kV Ⅰ号母线电压互感器由检修转运行，需要将原来Ⅰ母线上所带的所有负荷及Ⅰ号主变压器不停电倒母线至Ⅱ母线运行，并断开母联 212 断路器及两侧 2121 和 2122 隔离开关，断开电压互感器 2180 接地刀闸，合上电压互感器 218 隔离开关。220kV Ⅰ号母线电压互感器由检修转运行后，还需通过母联 212 断路器对Ⅰ母线进行充电，并将原本Ⅰ母线上所带的其他负荷转移回Ⅰ母线继续运行。Ⅰ母线恢复正常运行状态后，再将Ⅱ母线电压互感器退出并列运行状态。

2.220kV Ⅰ号母线电压互感器由运行转检修倒闸操作步骤

（1）得令。

（2）检查 220kV 母联 212 断路器三相均在合闸位置。

（3）检查 220kV 母线 2121 隔离开关三相均在合闸位置。

（4）检查 220kV 母线 2122 隔离开关三相均在合闸位置。

（5）将 220kV 母线保护屏"互联方式"开关切至投入位置。

（6）断开 220kV 母线 212 断路器控制电源自动空气断路器。

（7）合上关巡一回线 2612 隔离开关。

（8）检查关巡一回线 2612 隔离开关三相确在合闸位置。

（9）检查关巡一回线保护Ⅰ屏电压切换箱内Ⅱ母线灯亮。

（10）检查 220kV 母线保护屏关巡一回线Ⅱ母线灯亮。

（11）检查 220kV 失灵保护屏关巡一回线Ⅱ母线灯亮。

（12）拉开关巡一回线 2611 隔离开关。

（13）检查关巡一回线 2611 隔离开关三相确在分闸位置。

（14）检查关巡一回线保护Ⅰ屏电压切换箱内Ⅰ母线灯灭。

（15）检查 220kV 母线保护屏关巡一回线Ⅰ母线灯灭。

（16）检查 220kV 失灵保护屏关巡一回线Ⅰ母线灯灭。

（17）断开关巡一回线断路器端子箱内三相交流电源空气断路器。

（18）合上凤关线断路器端子箱内三相交流电源空气断路器。

（19）合上凤关线 2672 隔离开关。

（20）检查凤关线 2672 隔离开关三相处在合闸位置。

（21）检查凤关线保护Ⅰ屏电压切换箱内Ⅱ母线灯亮。

（22）检查 220kV 母线保护屏凤关线Ⅱ母线灯亮。

（23）检查 220kV 失灵保护屏凤关线Ⅱ母线灯亮。

（24）拉开凤关线 2671 隔离开关。

（25）检查凤关线 2671 隔离开关三相确在分闸位置。

（26）检查凤关线保护Ⅰ屏电压切换箱内Ⅰ母线灯灭。

（27）检查 220kV 母线保护屏凤关线Ⅰ母线灯灭。

（28）检查 220kV 失灵保护屏凤关线Ⅰ母线灯灭。

（29）断开凤关线断路器端子箱内三相交流电源空气断路器。

（30）合上 1 号主变压器 220kV 侧间隔断路器端子箱内三相交流电源。

（31）合上 1 号主变压器 2012 隔离开关。

（32）检查 1 号主变压器 2012 隔离开关三相确在分闸位置。

（33）检查 220kV 母线保护屏 1 号主变压器Ⅱ母线灯亮。

（34）检查 220kV 失灵保护屏 1 号主变压器Ⅱ母线灯亮。

（35）检查 1 号主变压器保护 B 屏 220kV Ⅱ母线灯亮。

（36）拉开 1 号主变压器 2011 隔离开关。

（37）检查 1 号主变压器 2011 隔离开关三相确在分闸位置。

（38）检查 220kV 母线保护屏 1 号主变压器 I 母线灯灭。

（39）检查 220kV 失灵保护屏 1 号主变压器 I 母线灯灭。

（40）检查 1 号主变压器保护 B 屏 220kV I 母线灯灭。

（41）断开 1 号主变压器 220kV 侧间隔断路器端子箱内三相交流电源。

（42）检查母联 212 开关电流为零。

（43）合上 220kV 母线保护屏背面"高压操作箱 I"空气断路器。

（44）合上 220kV 母线保护屏背面"高压操作箱 II"空气断路器。

（45）将 220kV 母线保护屏"互联方式"开关切至退出位置。

（46）断开母联 212 开关。

（47）检查母联 212 开关三相确在分闸位置。

（48）合上母联 212 间隔断路器端子箱内三相交流电源空气断路器。

（49）拉开母联 212 间隔 2121 隔离开关。

（50）检查母联 212 间隔 2121 隔离开关三相确在分闸位置。

（51）检查 220kV 母线保护屏母联 212 间隔 I 母线灯灭。

（52）检查 220kV 失灵保护屏母联 212 间隔 I 母线灯灭。

（53）拉开母联 212 间隔 2122 隔离开关。

（54）检查母联 212 间隔 2122 隔离开关三相确在分闸位置。

（55）检查 220kV 母线保护屏母联 212 间隔 II 母线灯灭。

（56）检查 220kV 失灵保护屏母联 212 间隔 II 母线灯灭。

（57）断开母联 212 间隔断路器端子箱内三相交流电源空气断路器。

（58）将 220kV 母线保护屏"电压互感器并列"方式开关切至退出位置。

（59）撤除 220kV I 母线电压互感器侧标示牌。

（60）拉开 220kV I 母线电压互感器间隔 2180 接地刀闸。

（61）检查 220kV I 母线电压互感器间隔 2180 接地刀闸三相确在分闸位置。

（62）将 220kV 母线保护屏"I 母线电压互感器"方式开关切至投入位置。

（63）合上 220kV I 母线电压互感器间隔 220kV I 母线电压互感器端子箱内"380V 交流"空气断路器。

（64）合上 220kV I 母线电压互感器间隔 218 隔离开关。

（65）检查 220kV I 母线电压互感器间隔 218 隔离开关确在分闸位置。

（66）断开 220kV I 母线电压互感器间隔 220kV I 母线电压互感器端子箱内"380V 交流"空气断路器。

（67）合上 220kV I 母线电压互感器间隔 220kV I 母线电压互感器端子箱内"保护/测量"空气断路器。

（68）合上 220kV I 母线电压互感器间隔 220kV I 母线电压互感器端子箱内"计量"空气断路器。

（69）合上母联 212 间隔断路器端子箱内三相交流电源空气断路器。

（70）合上母联 212 间隔 2122 隔离开关。

（71）检查母联 212 间隔 2122 隔离开关三相在合闸位置。

（72）检查 220kV 母线保护柜母联 212 间隔Ⅱ母线灯已亮。

（73）检查 220kV 失灵保护柜母联 212 间隔Ⅱ母线灯已亮。

（74）合上母线 212 间隔 2121 隔离开关。

（75）检查母联 212 间隔 2121 隔离开关三相在合闸位置。

（76）检查 220kV 母线保护柜母联 212 间隔Ⅰ母线灯已亮。

（77）检查 220kV 失灵保护柜母联 212 间隔Ⅰ母线灯已亮。

（78）断开母联 212 间隔断路器端子箱内三相交流电空气断路器。

（79）合上 220kV 母线保护柜背面电源操作箱Ⅰ空气断路器。

（80）合上 220kV 母线保护柜背面电源操作箱Ⅱ空气断路器。

（81）将 220kV 母线保护柜上充电保护方式开关切至充电Ⅰ位置。

（82）合上母联 212 开关。

（83）检查母联 212 开关三相在合闸位置。

（84）将 220kV 母线保护柜上充电保护方式开关切至退出位置。

（85）将 220kV 母线保护柜上母线互联方式开关切至投入位置。

（86）断开 220kV 母线保护柜上背面高压侧Ⅰ空气断路器。

（87）断开 220kV 母线保护柜上背面高压侧Ⅱ空气断路器。

（88）合上关巡一回间隔断路器端子箱内三相交流电源空气断路器。

（89）合上关巡一回 2611 隔离开关。

（90）检查关巡一回 2611 隔离开关三相在分闸位置。

（91）检查 220kV 关巡一回保护柜电源切换箱Ⅰ母线灯已亮。

（92）检查 220kV 母线保护柜关巡一回Ⅰ母线灯已亮。

（93）检查 220kV 失灵保护柜关巡一回Ⅰ母线灯已亮。

（94）拉开关巡一回 2612 隔离开关。

（95）检查关巡一回 2612 隔离开关三相在分闸位置。

（96）检查 220kV 关巡一回保护柜电源切换箱Ⅱ母线灯已灭。

（97）检查 220kV 母线保护柜关巡一回Ⅱ母线灯已灭。

（98）检查 220kV 失灵保护柜关巡一回Ⅱ母线灯已灭。

（99）断开关巡一回间隔断路器端子箱内三相交流电源空气断路器。

（100）合上凤关线间隔断路器端子箱内三相交流电源空气断路器。

（101）合上凤关线 2671 隔离开关。

（102）检查凤关线 2671 隔离开关三相在分闸位置。

（103）检查 220kV 凤关线保护柜电源切换箱Ⅰ母线灯已亮。

（104）检查 220kV 母线保护柜凤关线Ⅰ母线灯已亮。

（105）检查 220kV 失灵保护柜凤关线Ⅰ母线灯已亮。

(106) 拉开凤关线 2672 隔离开关。

(107) 检查凤关线 2672 隔离开关三相在分闸位置。

(108) 检查 220kV 凤关线保护柜电源切换箱 II 母线灯已灭。

(109) 检查 220kV 母线保护柜凤关线 II 母线灯已灭。

(110) 检查 220kV 失灵保护柜凤关线 II 母线灯已灭。

(111) 断开凤关线间隔断路器端子箱内三相交流电源空气断路器。

(112) 合上 1 号主变压器 220kV 侧间隔断路器端子箱内三相交流电源空气断路器。

(113) 合上 1 号主变压器 2011 隔离开关。

(114) 检查 1 号主变压器 2011 隔离开关三相在合闸位置。

(115) 检查 220kV1 号主变压器保护 B 柜 1 号主变压器操作箱 I 母线灯已亮。

(116) 检查 220kV 母线保护柜 1 号主变压器 I 母线灯已亮。

(117) 检查 220kV 失灵保护柜 1 号主变压器 I 母线灯已亮。

(118) 拉开 1 号主变压器 2012 隔离开关。

(119) 检查 1 号主变压器 2012 隔离开关三相在分闸位置。

(120) 检查 220kV 1 号主变压器保护 B 柜 1 号主变压器操作箱 II 母线灯已灭。

(121) 检查 220kV 母线保护柜 1 号主变压器 II 母线灯已灭。

(122) 检查 220kV 失灵保护柜 1 号主变压器 II 母线灯已灭。

(123) 断开 1 号主变压器 220kV 侧间隔断路器端子箱内三相交流电源空气断路器。

(124) 合上 220kV 母线保护柜背面高压操作箱 I 空气断路器。

(125) 合上 220kV 母线保护柜背面高压操作箱 II 空气断路器。

(126) 将 220kV 母线保护柜上母线互联方式开关切至退出位置。

(127) 检查 220kV I 母线运行正常。

(128) 检查 220kV 各线路运行正常。

(129) 汇报调度。

项目4

变电站异常及事故处理

📝 项目描述

本项目主要学习变压器、母线、互感器、补偿装置、交直流系统等设备的异常及事故处理。

⚡ 教学目标

知识目标

（1）掌握变电站事故的主要原因和故障现象。

（2）掌握事故处理的主要任务、要求、处理程序及有关规定。

（3）熟悉变电站事故处理的注意事项。

能力目标

（1）能正确叙述变压器、母线、互感器、补偿装置、交直流系统等设备的异常及故障现象，并进行具体分析和查找原因。

（2）严格遵守各地现场运行规程，在仿真机上熟练进行变压器、母线、互感器、补偿装置、交直流系统等设备的异常及事故处理。

素质目标

（1）养成安全第一的职业习惯。

（2）养成理论联系实际的能力。

（3）养成团结协作的能力。

📋 教学环境

变电站异常及事故处理在 220kV 变电运行仿真实训室进行一体化教学，机位要求能满足每个学生一台计算机；变电运行仿真系统相关资料齐全，配备规范的一体化教材和相应的多媒体课件等教学资源。

✏️ 知识背景

电气设备工作状态有电气设备正常状态、电气设备异常状态、电气设备故障状态。电气设备正常状态是指电气设备在规定的外部环境条件，如额定电压、电流、介质、环境温度下，保证连续正常地达到额定工作能力的状态。电气设备异常状态即不正常工作状态，是相对于电气设备正常工作状态而言的，电气设备在规定的外部条件下部分或全部失去额定工作能力的状态，如变压器过负荷。电气设备故障状态是指异常状态逐渐发展到设备丧失部分机能或全部机能，不能维持运行的状态，如变电站发生的各种短路故障。

如受到不可抗拒的外力、设备缺陷、继电保护误动、运行人员误操作等诸多因素的破坏，电力系统不可避免地会发生设备故障或事故，如主变压器在运行中发生过负荷、漏油，断路器运行中发出闭锁信号，母线发生短路，电压互感器高压熔断器熔丝熔断等。电气设备的异常运行或故障，都可能引起事故。电力系统事故是指由于电力系统设备故障或人员工作失误而影响电能供应数量或质量超过规定范围的事件，事故分为人身事故、电网事故和设备事故三大类，其中设备和电网事故又可分为特大事故、重大事故和一般事故。当电力系统发生事故时，变电站运行人员应根据断路器跳闸情况、保护动作情况、表计指示变化情况、监控后台信息和设备故障等现象，迅速准确地判断事故性质，尽快处理，以控制事故范围，减少损失和危害。

事故处理是指在发生危及人身、电网及设备安全的紧急状况或发生电网和设备事故时，为迅速解救人员、隔离故障设备、调整运行方式，以便迅速恢复正常运行的操作过程。变电站电气设备异常及事故处理是变电站运行值班人员一项重要的基本职责和技能。如果异常及事故能得到正确及时的处理，损失就会降到最低程度。处理电气设备故障或事故是一件很复杂的工作，它要求值班员具有良好的技术素质，并且熟悉变电站运行方式和电气设备的性能、结构、工作原理、运行参数以及电气事故处理规程等专业知识。运行经验证明，严格执行电气事故处理规程，掌握处理故障或事故的基本原则，能够正确判断和及时处理变电站发生的各种故障或事故。

一、设备缺陷处理流程

变电站的设备缺陷处理流程如图 4-1 所示。

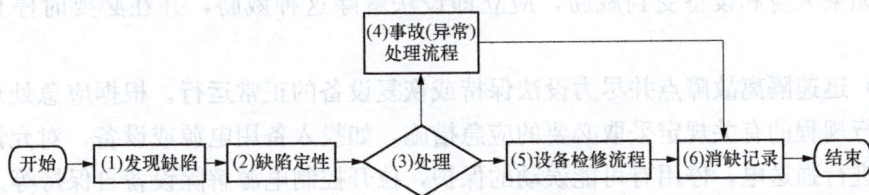

图 4-1　变电站的设备缺陷处理流程

流程说明如下。

（1）发现缺陷：通过巡视、检修和试验发现设备缺陷。

（2）缺陷定性：运行单位根据缺陷的危急程度准确进行分类定性。

（3）根据缺陷的危急程度分别进行处理：对于重大、紧急性缺陷，生产单位应立即汇报生产管理部门，并组织人员进行处理。

（4）事故（异常）处理流程。

（5）设备检修流程。

（6）消缺记录：记录缺陷处理情况。

二、变电站事故处理原则及步骤

（一）引起电力系统事故的原因

引起电力系统事故的原因主要有下面三类：

（1）自然灾害引起的有大风、雷击、污闪、覆冰、树障、山火等。

（2）设备原因引起的有设计、产品制造质量、安装检修工艺、设备缺陷等。

（3）人为因素引起的有设备检修后验收不到位、外力破坏、维护管理不当、运行方式不合理、继电保护定值错误和装置损坏、运行人员误操作、设备事故处理不当等。

（二）事故处理的主要任务

（1）尽快限制事故的发展，消除事故的根源，解除对人身和设备的威胁。

（2）用一切可能的方法保持对用户的正常供电，保证站用电源正常。

（3）尽快对已停电用户恢复供电，对重要用户应优先恢复供电。

（4）及时调整系统的运行方式，使其恢复正常运行。

（三）事故处理的一般步骤

（1）系统发生故障时，变电站运行人员初步判断事故性质和停电范围后迅速向调度汇报故障发生时间、跳闸断路器、继电保护和自动装置的动作情况及其故障后的状态、相关设备潮流变化情况、现场天气情况。

（2）根据初步判断检查保护范围内的所有一次设备故障和异常现象及保护、自动装置动作信息，综合分析判断事故性质，作好相关记录，复归保护信号，把详细情况报告调度。如果人身和设备受到威胁，应立即设法解除这种威胁，并在必要时停止设备的运行。

（3）迅速隔离故障点并尽力设法保持或恢复设备的正常运行。根据应急处理预案和现场运行规程的有关规定采取必要的应急措施，如投入备用电源或设备，对允许强送电的设备进行强送电，停用有可能误动的保护，拉开控制电源解除设备自保持等。

（4）进行检查和试验，判明故障的性质、地点及其范围（在绝大多数的情况下，处理事故的快慢取决于判明事故原因或设备是否完整的迅速程度。电气部分发生的事故常常只是由于系统中的某个元件发生了事故，故应力求直接判明事故的原因，使停电部分迅速恢复送电）。如果运行人员不能检查出或处理损坏的设备时，应立即通知检修或有关专业人员（如试验、继保等专业人员）前来处理。在检修人员到达之前，运行人员应做好工作现场的安全措施（如将设备停电、安装接地线、装设围栏和悬挂标示牌等）。

（5）除必要的应急处理以外，事故处理的全过程应在调度的统一指挥下进行。

（6）做好事故全过程的详细记录，事故处理结束后编写现场事故报告。

（四）事故处理的组织原则

（1）各级当值调度员是领导事故处理的指挥者，应对事故处理的正确性、及时性负责。变电站当班值长是现场事故、异常处理的负责人，应对汇报信息和事故操作处理的正确性负责。因此，变电站运行人员要和值班调度员密切配合，迅速果断地处理事故。在事故处理和异常中必须严格遵守安全工作规程、事故处理规程、调度规程、运行规程及其他有关规定。

（2）发生事故和异常时，运行人员应坚守岗位，服从调度指挥，正确执行当值调度员和值长的命令。值长要将事故和异常现象准确无误地汇报给当值调度员，并迅速执行调度命令。

（3）运行人员如果认为调度命令有误时，应先指出，并作必要解释。但当值班调度员认为自己的命令正确时，变电站运行人员应该立即执行。如果值班调度员的命令直接威胁人身或设备的安全，则在任何情况下均不得执行。当值值长接到此类命令时，应该把拒绝执行命令的理由报告值班调度员和本单位的总工程师，并记载在值班日志中。

（4）如果在交接班时发生事故，而交接班的签字手续尚未完成，交班人员应留在自己的岗位上进行事故处理，接班人员可在上一值值长的领导下协助处理事故。

（5）事故处理时，除有关领导和相关专业人员以外，其他人员均不得进入主控制室和事故地点，事前已进入的人员均应迅速离开，便于事故处理。发生事故和异常时，运行人员应及时向站长（工区主任）汇报。站长可以临时代理值长工作，指挥事故处理，但应立即报告值班调度员。

（6）发生事故时，如果不能与值班调度员取得联系，则应按调度规程和现场事故处理规程中有关规定处理。这些规定应经本单位的总工程师批准。

（五）事故处理的要求和有关规定

（1）变电站事故处理必须严格遵守电力安全工作规程、事故处理规程、调度规程、现场运行规程、反事故措施以及其他有关规定。

（2）事故和异常处理过程中，运行人员应认真监视监控画面和表计、信号指示。事故及处理过程应在值班日志、事故障碍记录及断路器跳闸等记录簿上做好详细记录。

（3）对设备的检查要认真、仔细，正确判断故障的范围及性质，汇报术语准确并简明扼要，所有电话联系均应录音。

（4）事故处理可以不用操作票，但为了提高操作的正确性，可参考典型操作票操作。操作中应严格执行操作监护制并认真核对设备的位置、名称、编号和拉合方向，防止误操作。事故抢修、试验可以不用工作票，但应使用事故抢修单。所有事故抢修、试验均应履行工作许可手续。事故处理后恢复送电的操作应填写倒闸操作票。

（5）下列各项操作现场运行人员可不待调度指令而自行进行：

1）将直接威胁人身或设备安全的设备停电。

2）确知无来电可能性时，将已损坏的设备隔离。

3）当站用电源部分或全部停电时，恢复其电源。

4）交流电压回路断线或交流电流回路断线时，按规定将有关保护或自动装置停用，防止保护盒自动装置误动。

5）单电源负荷线路断路器由于误碰跳闸，将跳闸断路器立即合上。

6）当确认电网频率、电压等参数达到自动装置整定动作值而断路器未动作时，立即手动断开应跳的断路器。

7）当母线失压时，将连接该母线上的断路器断开（除调度指定保留的断路器外）。

除自行管辖的站用变压器停电处理以外，以上事故紧急处理以后应立即向调度汇报。

（6）发生事故后应将事故的详细情况及时汇报给本单位生产领导。发生重大事故或者有人员责任的事故，在事故处理结束以后，运行人员应将事故处理的全过程的资料进行汇总，汇总资料应完整、准确、明了。编写出详细的现场事故报告，以便专业人员对事故进行分析。现场事故报告应包括以下内容：

1）发生事故的时间、事故前后的负荷情况等。

2）中央信号、表计指示、断路器跳闸情况和设备告警信息。

3）保护、自动装置动作情况。

4）微机保护的打印报告并对其进行的分析。

5）故障录波器打印报告及测距。

6）现场设备的检查情况。

7）事故的处理过程和时间顺序。

8）人员和设备存在的问题。

9）事故初步分析结论。

（六）事故处理的注意事项

1. 准确判断事故的性质和影响范围

（1）运行人员在处理故障时应沉着、冷静、果断、有序地将各种故障现象，如断路器动作情况、潮流变化情况、信号告警情况、保护及自动装置动作情况、设备的异常情况，以及事故的处理过程做好记录，并及时向调度汇报。

（2）运行人员在平时应了解全站保护的相互配合和保护范围，充分利用保护和自动装置提供信息，便于准确分析和判断事故的范围和性质。

（3）运行人员要全面了解保护和自动装置的动作情况，在检查保护和自动装置动作情况时应依次检查，做好记录，防止漏查、漏记信号影响对事故的判断。

（4）为准确分析事故原因和故障查找，在不影响事故处理和停送电的情况下，应尽可能保留事故现场和故障设备的原状。

2. 限制事故的发展和扩大

（1）故障初步判断后，运行人员应到相应的设备处进行仔细地查找和检查，找出故障点和导致故障发生的直接原因。若出现着火、持续异味等危及设备或人身安全的情况，应迅速进行处理，防止事故的进一步扩大。确认故障点后，运行人员要对故障进行有效的隔离，然后在调度的指令下进行恢复送电操作。

（2）发生越级跳闸事故，要及时拉开保护拒动的断路器和断路器两侧隔离开关。在操作两侧隔离开关前，一般需要解除五防闭锁，因而应提前做好准备，以便缩短事故停电时间。在拉隔离开关前，必须检查向该拒动断路器供电的回路中其他断路器在断开位置，防止带负荷拉隔离开关。

（3）对于事故紧急处理中的操作，应注意防止系统解列或非同期并列。对于联络线，应经过并列装置合闸，确认线路无电时方可解除同期闭锁合闸。

（4）用控制开关操作合闸，若合闸不成功，不能简单地判断为合闸失灵，应注意在合闸过程中监视表计指示和保护动作信息，防止多次合闸于故障线路或设备，导致事故的扩大。

（5）加强监视故障后线路、变压器的负荷状况，防止因故障致使负荷转移，造成其他设备长期过负荷运行，及时联系调度消除过负荷。

3. 恢复送电时防止误操作

（1）恢复送电时应在调度的统一指挥下进行，运行人员应根据调度命令，考虑运行方式变化时本站自动装置、保护的投退和定值的更改，满足新方式的要求。

（2）恢复送电和调整运行方式时要考虑不同电源系统的操作顺序。

（3）运行人员在恢复送电时要分清故障设备的影响范围，先隔离故障设备，对于经判断无故障的设备，按调度命令恢复送电，防止误操作导致故障的扩大。

4. 事故时应保证站用电交直流系统的正常运行

站用交直流系统是变电站正常运行、操作、监控、通信的保证。交直流系统异常会造成失去保护自动装置、操作、通信、变压器冷却系统电源，将使得事故处理更困难，若短时间内交直流系统不能恢复，会使事故范围扩大，甚至造成电网事故和大面积停电事故。因而事故处理时，应设法保证交直流系统正常运行。

事故处理
基本原则

任务 4.1　变压器异常及事故处理

教学目标

知识目标

（1）熟悉变压器的运行方式和保护配置。

（2）熟悉变压器的故障现象。

（3）掌握变压器事故处理流程和处理步骤。

能力目标

（1）能说出变压器的运行方式和保护配置。

（2）能根据故障现象查找故障。

（3）能在仿真机上熟练进行变压器的事故处理。

素质目标

（1）能主动学习，在完成任务过程中发现问题、分析问题和解决问题。

（2）能严格遵守专业相关规程标准及规章制度，与小组成员协商、交流配合，按标准化作业流程完成学习任务。

💡 **相关知识**

一、变压器异常及现象

变电站变压器的异常主要表现在运行声音、运行温度、变压器油位、外部连接部件和辅助设备上。

1. 变压器声音异常及现象

（1）变压器声音明显增大，内部有爆裂声。温度表指示明显升高，油位随温度升高而升高，自动化显示遥测温度明显升高。

（2）变压器运行中发出的"嗡嗡"声有变化，声音时大、时小，但无杂音，规律正常。变压器油位计、温度表指示正常。

（3）变压器运行中除"嗡嗡"声外，内部有时发出"哇哇"声。变压器油位计、温度表指示正常。

（4）变压器运行中发出的"嗡嗡"声音变闷、变大。告警，自动化信息显示"某变电站某号变压器过负荷"。

（5）运行中变压器声音"尖""粗"而频率不同，规律的"嗡嗡"声中有"尖声""粗声"。告警，自动化信息显示"交流系统某段母线绝缘降低"。

（6）变压器音响夹有放电的"吱吱""噼啪"声。把耳朵贴近变压器油箱，则可能听到变压器内部由于有局部放电或电接触不良而发出的"吱吱"或"噼啪"声。

（7）变压器声响中夹有"咕嘟咕嘟"的沸腾声，严重时会有巨大轰鸣声。同时油位计指示升高、温度表指示数值急剧升高。

（8）变压器内部有振动或部件松动的声音。变压器油位计、温度表指示正常。

2. 变压器油位异常及现象

（1）油位降低。告警，自动化信息显示"某变电站某号变压器油位降低""某变电站某号变压器轻瓦斯动作"。变压器油位计指示严重降低或看不见油位、变压器漏油（或变压器无漏油）。

（2）油位升高。告警，自动化信息显示"某变电站某号变压器油位升高""遥测温度升高""某变电站某号变压器过负荷"。变压器油位计指示升高、变压器冷却效果不良。

3. 变压器温度异常及现象

（1）告警，自动化工作站信息显示"某变电站某号变压器温度升高"，变压器负荷正常。油位计指示升高，变压器风冷投入正常、冷却效果良好。

（2）告警，自动化工作站信息显示"某变电站某号变压器温度升高""某变电站某号变压器过负荷"。变压器油位计指示升高，变压器风冷投入不足、冷却效果不好。

4. 变压器过负荷异常及现象

告警，自动化工作站信息显示"某变电站某变压器过负荷"，遥测温度升高、变压器负荷电流指示超额定电流。变压器发出沉重的"嗡嗡"声，变压器温度表指示升高、油位计指示升高，对变压器进行红外测温与温度表指示相同。

5. 变压器冷却系统异常及现象

（1）告警，自动化工作站信息显示"某变电站某号变压器冷却器全停""某变电站某号变压器工作电源一故障""某变电站某号变压器工作电压二故障"，遥测变压器温度指示升高、负荷正常、站内交流 380V 母线电压为零。变压器冷却器全停，变压器温度表指示升高，油位计指示升高，变压器风冷控制箱工作电源一、工作电源二电源灯熄灭，站内交流屏 380V 母线失电、电压表指示均为零；风冷全停跳变压器三侧的压板在退出。

（2）告警，自动化信息显示"某变电站某号变压器冷却器全停""某变电站某号变压器工作电源二故障"，遥测变压器温度指示升高、负荷正常、站内交流 380V 母线电压正常。变压器冷却器全停、变压器温度表指示升高、油位计指示升高；站内交流屏 380V 母线电压表指示正常、变压器风冷控制箱工作电源二电源低压断路器跳开；变压器风冷控制箱工作电源二电源灯熄灭、电源一、二切换接触器冒烟。风冷全停跳变压器三侧的压板在退出。

（3）告警，自动化工作站信息显示"某变电站某号变压器备用冷却器投入"，遥测变压器温度、负荷正常；变压器温度表、油位计指示正常，原运行的冷却器停用、备用的冷却器运行灯亮。

（4）告警，自动化工作站信息显示"某变电站某号变压器备用冷却器投入"，风冷箱内某号辅助冷却器运行灯亮。

（5）告警，自动化工作站信息显示"某变电站某号变压器工作电源二故障""某变电站某号变压器工作电源一投入"，遥测温度正常、变压器负荷正常、站内交流 380V 母线电压正常。现场检查变压器冷却器运行正常、变压器温度表指示正常；变压器风冷控制箱工作电源二故障光字牌亮，电源灯熄灭；站内交流屏 380V 电压表指示正常，变压器风冷控制箱工作电源二低压断路器跳开。

6. 变压器轻瓦斯保护动作异常及现象

（1）告警，自动化工作站信息显示"某变电站某号变压器轻瓦斯动作"。遥测温度指示正常、变压器负荷正常。气体继电器内有气体，变压器保护装置显示"轻瓦斯动作"；变压器温度表、油位计指示正常。

（2）告警，自动化工作站信息显示"某变电站某号变压器轻瓦斯动作""某变电站1号变压器油位降低"，遥测温度正常。气体继电器内无油，变压器保护装置显示"轻瓦斯动作"。

（3）告警，自动化工作站信息显示"某变电站某号变压器轻瓦斯动作"，遥测温度升高、变压器负荷正常。气体继电器内有气体，变压器保护装置显示"轻瓦斯动作"。

7. 变压器套管异常及现象

（1）油位降低，看不见油位。

（2）变压器套管严重污秽。异常天气有"吱吱"放电声，发出蓝色、橘红色的电晕。

（3）接头接触电阻增大。告警，自动化工作站信息显示"某变电站某号变压器过负荷""遥测温度升高"。变压器套管接头温度异常升高，变压器温度计指示升高，变压器冷却系统正常。

（4）套管异音。套管部位有放电的"吱吱""噼啪"声。

二、主变压器跳闸处理原则

（1）主变压器的断路器跳闸时，应首先根据保护的动作情况和跳闸时的外部现象，判明故障原因后再进行处理。

（2）检查相关设备有无过负荷现象。一台主变压器跳闸后应严格监视其他运行中的主变压器负荷。

（3）主变压器主保护（差动、气体保护）动作，在未查明原因、消除故障前不得送电。

（4）如果只是过电流等后备保护动作，检查主变压器无问题后可以送电。

（5）当主变压器跳闸时，应尽快转移负荷、改变运行方式，同时查明故障是何种保护动作。在检查主变压器跳闸原因时，应查明主变压器有无明显的异常现象，有无外部短路。线路故障，有无明显的异常声响、喷油等现象。如果确实证明主变压器各侧断路器跳闸不是由内部故障引起，而是由外部短路或包含装置误动造成的，则可以申请试送一次。

（6）如因线路故障，保护越级动作引起主变压器跳闸，则在故障线路隔离后，即可恢复主变压器运行。

（7）主变压器跳闸后应首先考虑确保站用电的供电。

（8）主变压器在运行中发生下列严重异常情况时，应立即停止运行：

1）主变压器内部声响异常或声响明显增大，并伴随有爆裂声。

2）压力释放装置动作（同时伴有其他保护动作）。

3）主变压器冒烟、着火、喷油。

4）在正常负荷和冷却条件下，主变压器温度不正常并不断上升超过允许运行值（应确定温度计正常）。

5）主变压器严重漏油使油位降低，并低于油位计的指示限度。

6）套管有严重破损和放电现象。

任务实施

一、根据变压器异常处理基本原则、调度和现场运行规程，运行值班人员对变压器异常进行原因分析及处理

（一）变压器异常声音产生原因分析及处理

1. 变压器异常声音产生原因分析

（1）变压器声音明显增大，内部有爆裂声。可能是变压器的器身内部绝缘油击穿现象。

（2）变压器运行中发出的"嗡嗡"声有变化，声音时大、时小，但无杂音，规律正常。这是因为有较大的负荷变化造成的声音变化，无故障。

（3）变压器运行中除"嗡嗡"声外，内部有时发出"哇哇"声。这是因为大容量动力设备启动所致。另外变压器如接有电弧炉、晶闸管整流器设备，在电弧炉引弧和晶闸管整流过程中，电网产生高次谐波过电压，变压器绕组产生谐波过电流。若高次谐波分量很大，变压器内部也会出现"哇哇"声，这就是人们所说的晶闸管、电弧炉高次谐波对电网波形的污染。

（4）变压器运行中发出的"嗡嗡"声音变闷、变大。这是由于变压器过负荷，铁芯磁通密度过大造成的声音变闷，但振荡频率不变。

（5）运行中变压器声音"尖""粗"而频率不同，规律的"嗡嗡"声中有"尖声""粗声"。这是由于中性点不接地系统发生单相金属性接地，系统中产生铁磁饱和过电压，使铁芯磁路发生畸变，造成振荡和声音不正常。

（6）变压器音响夹有放电的"吱吱""噼啪"声。这可能是变压器内部有局部放电或接触不良。

（7）变压器声响中夹有"咕嘟咕嘟"的沸腾声，严重时会有巨大轰鸣声。这可能是绕组匝间短路或分接开关接触不良而局部严重过热引起的。

（8）变压器内部有振动或部件松动的声音，可能是变压器铁芯、夹件松动。

2. 变压器声音异常处理

（1）负荷变化造成的声音变化，变压器可继续运行。

（2）大容量动力设备启动引起的声音异常，应减少大容量动力设备启动次数。

（3）变压器过负荷引起的声音异常按变压器过负荷处理。

（4）单相金属性过电压引起的声音异常，应汇报调度，查找、处理接地故障。

（5）声响明显增大，内部有爆裂声，大且不均匀；变压器声响中有"咕嘟咕嘟"的沸腾声，应汇报调度，立即将变压器停电。

（6）声响夹有放电的"吱吱""噼啪"声，应汇报调度，停止变压器运行。

（7）变压器声响较大而嘈杂，应上报停电计划，尽快将变压器停运。

（二）变压器油位异常原因分析及处理

1. 变压器油位异常原因分析

（1）油位降低，原因可能是变压器漏油，也可能是假油位。如果是备用变压器在温度低时油位过低，没有渗漏油，应是变压器油枕容积不符合要求（+40℃满载状态下油不溢出，在-30℃未投入运行时，观察油位计应指示有油）或以前填油不足。

（2）油位异常升高，原因可能是假油位、负荷增加冷却器投入不足或效果不良，也可能是变压器内部绕组、铁芯过热性故障引起的。怀疑是内部故障时，对变压器进行红外热像测温，检查变压器过热发生的部位，安排进行油色谱分析，进一步判断。

2. 变压器油位异常处理

（1）当油位降低时，应进行补油。补油时应汇报调度将重瓦斯保护改信号。当运行变压器因漏油造成轻瓦斯动作时，应联系调度立即停电处理。

（2）当油位异常升高，综合判断为内部故障并根据试验结论确定故障有发展，应立即将变压器停电。如果油位过高是因冷却器运行不正常引起，则应检查冷却器表面有无积灰，油管道上、下阀门是否打开，管道是否堵塞，风扇、潜油泵运转是否正常合理，根据情况采取措施提高冷却效果，并应放油，使油位降至当时油温相对应的高度，以免溢油或将油位计损坏。放油前应先汇报调度将重瓦斯改投信号。当确认是假油位，需打开放气或放油阀时，也应先汇报调度将重瓦斯保护改信号。

（三）变压器温度异常原因分析及处理

1. 变压器温度异常原因分析

（1）自动启动风冷的定值设定错误或投入数量不足。负荷增加备用风冷未启动、达不到与负荷相对应的冷却器投入组数。

（2）变压器内部过热性或放电异常。如分接开关接触不良、绕组匝间短路、铁芯硅钢片间短路、变压器缺油。在正常负载和冷却条件下，变压器油温不正常并不断上升，且经检查证明温度指示正确，则认为变压器已发生内部异常。此外应检查变压器的气体继电器内是否积聚了可燃气体，联系相关单位进行色谱分析判断。对变压器进行红外测温，确定引发温度异常重点部位。

（3）冷却效果不良。变压器室的通风不良、散热器有关蝶阀未开启、散热管堵塞或有脏污杂物附着在散热器上。

（4）冷却系统异常。部分冷却器异常停运、损坏或冷却器全停。

2. 变压器温度异常处理

（1）自动启动风冷的定值设定错误或投入数量不足。应手动投入冷却器并联系相关专业调整定值。

（2）变压器内部过热性或放电异常。应联系调度，尽快将变压器停运。如色谱分析判断故障有发展，应立即汇报调度将变压器停运。

（3）冷却效果不良。启动通风、联系相关专业进行水冲洗、开启阀门或停电处理管路堵塞。

（4）冷却系统异常。手动启动备用冷却器后通知相关专业处理，冷却器全停按照冷却器全停处理方案进行处理。

（四）变压器过负荷原因分析及处理

1. 变压器过负荷异常原因分析

（1）由于负荷突然增加、运行方式改变或变压器容量选择不合理而造成。

（2）当一台变压器跳闸后，由于没有过负荷联切装置或备自投动作未联切负荷而造成运行的变压器过负荷。

2. 变压器过负荷异常处理

（1）风冷变压器过负荷运行时，应投入全部冷却器。

（2）及时调整运行方式，调整负荷的分配，如有备用变压器，应立即投入。

（3）在变压器过负荷时，应加强温度、油色谱及接点红外测温等的监视、检查和特训，发现异常立即汇报调度。

（4）变压器的过负荷倍数和持续时间要视变压器热特性参数、绝缘状况、冷却系统能力等因素来确定。变压器有严重缺陷、绝缘有弱点时，不允许过负荷运行。变压器不允许长时间连续过负荷运行，对正常或施工过负荷可能超过 1.3 倍额定电流的变压器可加装过负荷联切装置。

（5）若变压器过负荷运行引起油温高告警，在顶层油温超过 105℃时，应立即按照事先做好的预案或规定拉路降低负荷。

（五）变压器冷却系统异常原因分析及处理

1. 变压器冷却系统异常原因分析

（1）冷却器全停。可能是运行的站用变压器失电，交流屏电源切换装置故障；变压器冷却器运行回路电缆、空气断路器、熔断器、把手损坏，风冷控制箱内电源切换装置故障或备用电源已经处于故障状态；风冷箱或交流屏烧损；站用变压器全停。

（2）备用冷却器启动。可能是冷却器某组风冷电机、潜油泵、二次回路异常或损坏，造成风冷停运。

（3）备用冷却器启动后故障。可能是冷却器某组风冷、潜油泵电机、二次回路异常或损坏，造成风冷停运。备用冷却器投入后由于上述某原因又停运。

（4）辅助冷却器启动。可能是变压器过负荷、外温高、冷却效果不良等原因造成温度高达到启动定值，温度表接点接通，冷却器启动。

2. 变压器冷却系统异常处理

（1）变压器冷却器全停。运行的站用变压器失电，交流屏备用电源切换装置故障，应手动进行切换，如切换不了，将有关情况及时汇报调度，通知有关专业尽快处理；变

133

压器冷却器运行回路电缆、空气断路器、熔断器、把手损坏，风冷控制箱内备用电源切换装置故障，应手动进行切换，如切换不了，将有关情况及时汇报调度，通知有关专业尽快处理；风冷箱或交流屏烧损，将有关情况及时汇报调度，通知有关专业尽快处理。油浸（自然循环）风冷变压器，风扇停止工作时，允许的负载和运行时间，应按制造厂的规定；强油循环风冷变压器允许带额定负载运行20min，如20min后顶层油温尚未达到75℃，则运行上升到75℃，但这种状态下运行的最长时间不得超过1h。根据变压器温度、负荷和运行时间及时联系调度转移负荷或按照事先做好的事故预案规定拉路降低负荷。做好退出该变压器运行的准备。

（2）备用冷却器启动。将故障冷却器把手切至停用，将备用冷却器把手切至运行，通知有关人员处理。如仍有备用变压器，将其把手切至备用。

（3）备用冷却器启动后故障。如仍有备用冷却器，将其投入；如没有应监视变压器温度、负荷、油位，汇报，通知有关专业尽快处理。

（4）辅助冷却器启动。将启动的辅助冷却器把手切至运行，如果是变压器过负荷按过负荷异常处理执行，如果是冷却效果不良，汇报，通知有关专业立即处理。

（六）变压器轻瓦斯保护动作原因分析及处理

1. 变压器轻瓦斯动作原因分析

（1）因滤油、加油、换油或冷却系统不严密，空气进入变压器。

（2）检修、安装后空气未排净。

（3）二次回路故障造成。

（4）可能是漏油使油面降低到气体继电器以下。

（5）可能由于内部严重过热、短路引发变压器油少量汽化而使轻瓦斯动作。

2. 变压器轻瓦斯动作异常处理

（1）气体继电器内无气体，应是继电器等二次回路有异常，通知相关专业处理。

（2）气体继电器内有气体，如气体继电器内有气体，则应记录气体量，取气方法如下：操作人员将乳胶套管在气体继电器的气嘴上，乳胶管另一头夹上弹簧夹，将注射器针头刺入乳胶管拔出抽空，再重复一次，最后将插入乳胶管取出20~30mL气体，拔下针头用胶布密封，不要让变压器油进入注射器的气体中。取气后观察气体的颜色交相关单位进行分析。

（3）若气体继电器内的气体为无色、无臭且不可燃，色谱分析判断为空气，则放气后变压器可继续运行。

（4）若信号动作是因剩余气体逸出或强油循环系统吸入空气而动作，而且信号动作间隔逐次缩短，将造成跳闸时应将重瓦斯改投信号。

（5）漏油引起的动作应安排补油，补油前应汇报调度将重瓦斯保护改投信号，并进行渗漏处理，如带电无法处理应申请将变压器停电处理。

（6）如果轻瓦斯动作发信后经分析已判为变压器内部存在故障，且发信间隔时间逐次缩短，则说明故障正在发展，汇报调度，立即将该变压器停运。

（七）变压器套管异常原因分析及处理

1. 变压器套管异常原因分析

（1）油位降低，看不见油位。可能是套管裂纹、油标、接线端子、末屏等密封破坏，造成渗漏油，也可能是长时间取油样试验而没有及时补油。

（2）套管严重污秽。可能是环境恶劣，造成表面严重脏污或长时间未清扫。若电晕不断延长，说明外部污秽程度不断增强。

（3）接点过热。施工工艺不良，接触面紧固不到位，接触压力不够；材料质量不良，螺纹公差配合不合理，接触面不够；在负荷增大或过负荷时，可能会出现接点发红。

（4）套管异音。可能是套管末屏接地不良或套管发生表面污秽放电。

2. 变压器套管异常处理

（1）油位降低，看不见油位。油位在油标以下不再渗油，申请计划停电处理。绝缘子破裂油位已经在储油柜以下应立即联系调度停电处理。

（2）套管严重污秽。重新测试污秽等级，检查爬距是否已不满足所在地区的污秽等级要求，避免污闪事故的发生。如电晕现象比较严重，应汇报，尽快安排处理。如无明显放电现象，应汇报，安排计划停电处理。

（3）接点过热。接点已经发红，应汇报调度，降低负荷，申请变压器立即停电处理。接点发热，汇报调度，降低负荷，根据测温异常性质，尽快安排停电处理。

（4）套管异音。末屏接地不良而放电。应汇报调度，立即将变压器停电处理。

二、根据变压器故障处理基本原则、调度和现场运行规程，运行值班人员对变压器故障进行原因分析及处理

（一）主变压器差动保护动作

1. 差动保护动作跳闸的原因

（1）主变压器引出线及变压器绕组发生多相短路。

（2）单相严重的匝间短路。

（3）在大电流接地系统中绕组及引出线上的接地故障。

（4）保护二次回路问题引起保护误动作。

（5）差动保护用电流互感器二次回路故障。

2. 差动保护动作跳闸现象

告警，自动化工作站信息显示主变压器"差动保护"动作，主变压器各侧断路器闪烁，相应的电流、有功功率、无功功率等指示为零。根据接线形式和备用电源装置配置的不同，可能发"备自投装置动作""TV断线信号"信号。

3. 巡视检查

（1）巡视检查保护室，主变压器保护屏显示"差动保护动作"信号，微机保护打印出详细的报告，经两人确认无误后复归保护信号。

（2）到现场检查差动保护范围内的所有设备有无接地、短路、闪络后破裂的痕迹等。检查主变压器本体有无异常，包括油面、油温、油色是否正常等。

4. 分析判断

（1）检查发现主变压器本身有异常和故障迹象或差动保护范围内一次设备故障现象，可以判断是主变压器差动保护范围内设备故障引起主变压器保护动作。

（2）检查未发现任何异常及故障迹象，但有气体保护动作，即使只是报出轻瓦斯保护信号，属主变压器内部故障的可能性极大。

（3）检查主变压器及差动保护范围内一次设备，未发现异常及故障迹象，主变压器气体保护未动作，其他设备和线路保护均无动作信号，应通过对主变压器进行试验后才能准确判断是保护误动还是一次设备存在故障。

（4）检查主变压器及差动保护范围内一次设备，未发现异常及故障迹象，主变压器气体保护未动作，其他设备和线路保护均无动作信号，但直流系统有"直流接地"信号出现，可能是因为直流多点接地造成保护误动。

5. 处理步骤

（1）检查发现主变压器本身有异常、故障迹象或差动保护范围内一次设备有故障现象，应根据调度指令将故障点隔离或主变压器转检修，由相关专业人员进行检查、试验、处理。试验合格后方可投入运行。

（2）检查未发现任何异常及故障迹象，但有气体保护动作，即使只是报出轻瓦斯保护信号，属主变压器内部故障的可能性极大，应经过内部检查并经试验合格后方可投入运行。

（3）检查主变压器及差动保护范围内一次设备，未发现异常及故障迹象，主变压器气体保护未动作，其他设备和线路保护均无动作信号，根据调度指令将主变压器转检修，测量主变压器绝缘，若无问题，根据调度指令试送一次。

（4）检查主变压器及差动保护范围内一次设备，未发现异常及故障迹象，主变压器气体保护未动作，其他设备和线路保护均无动作信号，但直流系统有"直流接地"信号出现，可能是因为直流多点接地造成保护误动，根据调度指令将主变压器转检修，由专业人员进行检查。

（5）如果中低压侧没有备自投或备自投未动作，断开失压母线上的所有断路器，并检查是否确实断开，发现未断开的，应在确保没有电压的情况下断开其两侧隔离开关（对手车式断路器，按下紧急分闸按钮，将断路器拉开，后将手车断路器拉至试验位置进行隔离）。根据其他运行变压器的负荷情况向调度申请通过合上中、低压侧分段断路器恢复中、低压侧母线及全部或部分线路运行。

（6）如果运行中的主变压器出现过负荷，应根据现场运行规程的过负荷倍数和允许运行时间等规定，向调度申请转移负荷或进行压负荷。

（二）主变压器重瓦斯保护动作处理

1. 重瓦斯保护动作跳闸的原因

（1）主变压器内部严重故障。

（2）保护二次回路问题引起保护误动作。

（3）某些情况下，由于油枕内的隔膜安装不良，造成呼吸器堵塞，油温发生变化后，呼吸器突然冲开，油流冲动使重瓦斯保护误动作。

（4）外部发生穿越性短路故障（浮筒式气体继电器可能误动）。

（5）主变压器附件有较强的振动。

2. 重瓦斯保护动作跳闸现象

告警，自动化工作站信息显示主变压器"重瓦斯保护"动作，主变压器各侧断路器闪烁，相应的电流、有功功率、无功功率等指示为零。中、低压侧备自投装置投入时，备自投装置动作。

3. 巡视检查

（1）巡视检查保护室，主变压器保护屏显示"重瓦斯保护动作"信号，微机保护打印出详细的报告，经两人确认无误后复归保护信号。

（2）到现场检查主变压器本体有无异常，检查的主要内容有：油温、油位、油色情况、有无着火、爆炸、喷油、漏油等情况，外壳是否有变形，气体继电器内有无气体，防爆管隔膜是否冲破等。

4. 分析判断

（1）若主变压器差动保护、气体保护等同时动作，说明主变压器内部有故障。

（2）若主变压器外部检查有明显异常和故障痕迹（如喷油），说明主变压器内部故障。

（3）取气检查分析，如果气体继电器内的气体有色、有味、可燃，则无论主变压器外部检查有无明显的异常或故障现象，都应判定为内部故障。

（4）检查主变压器本体未发现异常及故障迹象，气体继电器内充满油，无气体，其他设备和线路保护均无动作信号，但直流系统有"直流接地"信号出现，可能是因为直流多点接地造成保护误动。

5. 处理步骤

（1）根据调度指令将跳闸主变压器转检修，等待专业人员进行检查、试验。试验合格后方可投入运行。

（2）如果中低压侧没有备自投或备自投未动作，断开失压母线上的所有断路器。并检查是否确实断开，发现未断开的，应在确保没有电压的情况下断开其两侧隔离开关（对手车式断路器，按下紧急分闸按钮，将断路器拉开，后将手车断路器拉至试验位置进行隔离）。根据其他运行变压器的负荷情况向调度申请通过合上中、低压侧分段断路器恢复中、低压侧母线及全部或部分线路运行。

（3）如果运行中的主变压器出现过负荷，应根据现场运行规程的过负荷倍数和允许运行时间等规定，向调度申请转移负荷或进行压负荷。

变压器内部严重的故障，气体保护和差动保护可能同时动作。

（三）主变压器着火处理

1. 主变压器着火现象

主变压器有冒烟或燃烧现象，主变压器油温出现异常升高，主变压器差动保护（外部出现短路或接地故障）或重瓦斯保护（内部故障）可能动作。

2. 主变压器着火处理

（1）主变压器起火时，如果保护没有动作跳开主变压器各侧断路器，应立即断开主变压器各侧断路器，并立即停止冷却装置运行。

（2）立即切除主变压器所有二次控制电源。

（3）立即到现场检查主变压器起火是否对周围其他设备有影响。

（4）立即向消防部门告警。

（5）在确保人身安全的情况下迅速采取灭火措施，防止火势蔓延。

（6）立即将情况向调度及有关部门汇报。

（7）必要时开启事故排油阀排油；若油溢在主变压器顶盖上着火，则应打开下部油门，放油至适当油位；若主变压器内部故障引起着火，则不能放油，以防主变压器爆炸；处理时，应首先保证人身安全。

变压器检修
触电事故

（8）消防人员灭火时，必须指定专人监护，并指明带电部分及注意事项。

（9）火情消除后，根据其他运行变压器的负荷情况向调度申请通过合 10kV 侧母线分段断路器，恢复 10kV 侧母线所带全部或部分线路运行。

任务 4.2　高压断路器异常及事故处理

教学目标

知识目标

熟悉 GIS 的异常运行及事故处理过程。

能力目标

（1）能够进行真空断路器的异常运行及处理。

（2）能够进行 SF_6 断路器的异常运行及处理。

素质目标

（1）能主动学习，在完成任务过程中发现问题、分析问题和解决问题。

（2）能严格遵守专业相关规程标准及规章制度，与小组成员协商、交流配合，按标准化作业流程完成学习任务。

☀ 相关知识

GIS 的异常运行及事故处理。根据 GIS 的运行情况，可能有下列常见故障出现：

1.气体泄漏

这种故障在我国较为常见，轻者会使 GIS 经常补气，重者可能使 GIS 被迫停止运行。GIS 向外泄漏气体通常发生在密封面、焊缝和管路连接处；内部泄漏常发生在盆式绝缘裂纹和 SF_6 气体与油的交界面（SF_6 电缆头）。

2.SF_6 气体的含水量太高

SF_6 气体含水量太高引起的故障几乎都是绝缘子或其他绝缘件闪络，表面闪络的绝缘子需要彻底清洗或更换。这种故障常发生在气温突变或设备补气之后。

3.杂质使 GIS 闪络

GIS 安装后，其内部可能留有一些导电杂质，这给运行带来不利影响，消除导电杂质影响的有效办法是：当 GIS 安装完毕后，采用小容量电源施加高于运行电压的交流电压，如果杂质很少，它可能在放电中烧毁；如果杂质较多，在交流电压作用下，它会运动到低场强区。运行中的 GIS，如果闪络多次重复发生，通常是由自由导电杂质引起的，特别是在母线的水平与垂直部分的交叉处更是如此。这类故障的处理方法是清扫或更换受影响的部件。

4.电接触不良

GIS 内部有些金属部件是用来改善电场分布的，在实际运行中，这些部件并不通过负荷电流。这些部件经常使用铝质的弹性触头与外壳或高压导体进行电气连接，运行中可能因松动而导致接触不良。这些接触不良部件的电位取决于它与导电体间的耦合电容，这样，该部件与外壳或导体间的微小间隙便会很快被击穿。多次放电不仅会侵蚀触头弹簧，也会因产生金属微粒、氟化铝及其他杂质等，而导致 GIS 的内部闪络。

对于 50Hz（或 60Hz）交流系统，这种故障的放电频率为 100 次/s（或 120 次/s），从设备的外部可听到"嗡嗡"声，因而易于发现此类故障。

5.绝缘子击穿

GIS 中支撑绝缘子的使用场强是一个重要的设计参数。目前，环氧树脂浇注绝缘子的使用场强可高达 6kV/mm 而不致发生击穿，如果使用场强高达 10kV/mm，由于绝缘子使用场强太高，起初可能无局部放电现象，但运行几年后，便可能会发生击穿。

6. 相对地击穿

由于插接式触头未完全插入触座，可能会造成故障。一旦触头有问题，大多可导致相对地击穿。

7. 操作不当

在 GIS 的运行中，操作不当引起的故障是多方面的，如将接地刀闸合到带电相上，如果故障电流很大，即使是快速接地刀闸也会损坏。因此，出现这类误操作后，应检查触头，如果需要，应更换某些部件。

低速接地刀闸开断距离不够或带负荷拉闸，电弧可能持续到断路器断开为止。如果故障电流很大（10kA 以上），不仅触头会损坏，而且整台接地刀闸也需更换或彻底检修。

📋 任务实施

一、根据真空断路器异常运行及处理基本原则、调度和现场运行规程，运行值班人员对高压断路器异常进行原因分析及处理

1. 真空灭弧室的真空度失常

真空断路器运行时，正常情况下，其灭弧室的屏蔽罩颜色应无异常变化，真空度正常。若运行中或合闸之前真空灭弧室出现红色或乳白色辉光，说明真空度下降，影响灭弧性能，应更换灭弧室。

2. 真空断路器运行中断相

真空断路器接通高压电动机时，有时会出现断相，使电动机断相运行而烧坏电动机。真空断路器出现合闸断相的可能原因是：

（1）断路器超行程（触头弹簧被压缩的数值）不满足要求，影响该相触头的正常接触。这时应调节绝缘拉杆的长度，并重复测量多次，才能保证其超行程的正确性和接触的稳定性。

（2）断路器行程不满足要求。在保证超行程的前提下，可通过调节分间定位件的垫片，使三相行程均满足要求，使三相同步。

（3）由于真空断路器的触头为对接式，触头材料较软，在分、合数百次后触头易变形，使断路器超行程变化，影响触头的正常接触。

3. 真空断路器合闸失灵

合闸失灵的原因如下，应处理完缺陷后再合闸。

（1）电气方面的故障。电气方面的故障主要有：合闸电压过低（操作电压低于0.85 倍额定电压）或合闸电源整流部分故障，合闸电源容量不够，合闸线圈断线或匝间短路，二次接线接错等。

（2）操动机构故障，主要有：合闸过程中分闸锁扣未扣住；分闸锁扣的尺寸不对；辅助开关的行程调得过大，使触片变形弯曲，接触不良。

4. 真空断路器分闸失灵

分闸失灵的原因如下。

（1）电气方面的故障。主要故障有分闸电压过低（操作电压低于 0.85 倍额定电压），分闸线圈断线，辅助开关接触不良。

（2）操动机构故障。主要故障有分闸铁芯的行程调整不当，分闸锁扣扣住过量，分闸锁扣销子脱落。

上述缺陷应逐一检查消除。

二、 根据 SF$_6$ 断路器的异常运行及处理基本原则， 调度和现场运行规程， 运行值班人员对 SF$_6$ 断路器的异常运行进行原因分析及处理

一般来说，SF$_6$ 断路器运行可靠，维护工作量小，检修周期长。但运行中有时也会出现一些异常运行和故障情况，可能发生的异常运行及故障分述如下。

1. 液压机构油压过高或过低

SF$_6$ 断路器运行时，其液压机构的油压有时过高或过低。油压过高的原因主要是：液压机构的微动开关失灵，当油泵起动、油压升至额定值时，微动开关不能切断油泵电动机电源，造成油泵持续打压；储能筒的活塞密封不严或筒壁磨损，液压油中进入氮气，使油压升高；液压机构压力表失灵或指示数据不真实。处理时，应调整或更换微动开关，检查并检修储能罐，检查校验压力表。

2. 油泵起动频繁和打压时间过长

由于液压机构的高压油系统漏油（如管路接头漏油、高压放油阀关闭不严、合阀内部漏油、工作缸活塞不严等），油泵本身有缺陷，引起液压油压力降低，使油泵频繁起动打火。遇到有油泵频繁起动，应立即查漏，消除起动现象。有时油泵打压时间过长（超过 3～5min），应检查高压放油阀是否关严，安全是否动作，机构是否有内漏、外泄，油面是否过低，吸油管有无变形，油泵低压侧有无气体等，针对以上缺陷进行相应处理。

3. 液压机构无法建立油压

断路器投入运行前，其液压机构应建立正常油压。有时，油压建立不起来，其原因可能是：

（1）油泵内各阀体高压密封圈损坏，或单向阀阀口密封不严（此时用手摸油泵，油泵可能发热）；油泵柱塞间隙配合过大；油泵柱塞组装时没注入适量的液压油或柱塞及柱塞座没擦干净，影响油泵出力，甚至使油泵打压件磨损。

（2）油泵低压侧有空气存在。

（3）油箱过滤网有脏物，油路堵塞。

（4）高压放油阀没有关严，高压油泄漏到油箱中。

（5）合闸阀一、二级阀口密封不严，高压油通过排油孔泄掉。

消除上述缺陷后，再打压。

4. 断路器 SF₆ 气体泄漏

运行中的 SF_6 断路器有时发出"补气"信号，这说明断路器漏气。漏气的原因可能是断路器安装时遗留有漏气点（连接座内拉杆、气管坡口、本体、密度继电器、气压表接头连接密封处等易形成漏气点）。当断路器发出"补气"信号时，处理方式如下：

（1）检查气体压力。若属断路器气体压力降低，则需将断路器停电补气。

（2）检查密度继电器。SF_6 断路器运行时，由密度继电器监视其气体的运行压力，当气体压力降低到第一告警值时，其触头闭合并发出"补气"信号。此时，可用压力检测专用工具，检测密度继电器动作值是否正确。

（3）确认 SF_6 气体泄漏时，应联系检修人员检修处理。

5. 断路器合后即分

当操作断路器合闸时，可能出现"合后即分"现象。合后即分的原因可能是：合闸阀的二级阀杆不能自保持；分闸阀的阀杆卡涩，不能很快复位。

6. 断路器拒动

操作断路器分、合闸时，可能出现断路器拒动。拒动的原因主要有：分、合电磁铁线圈断线，匝间短路或线圈线头接触不良；电磁铁行程太小，使分、合闸阀钢球无法打开；操作回路故障，如断线、熔断器熔断、端子排接头和辅助开关触头接触不良或接线错误；二线杆锈死；灭弧室动、静触头没对准；中间机构箱卡涩；操作电压过低等。

断路器不能合闸故障

上述缺陷必须消除后，断路器才允许投入运行。

任务 4.3　隔离开关异常及故障处理

教学目标

知识目标

（1）熟悉隔离开关触头过热的现象及可能原因。

（2）熟悉隔离开关绝缘子损坏或闪络现象及处理步骤。

能力目标

（1）能对母线隔离开关触头过热进行处理。

（2）能对隔离开关无法分、合闸进行处理。

（3）能对误拉、合隔离开关进行处理。

素质目标

（1）能主动学习，在完成任务过程中发现问题、分析问题和解决问题。

（2）能严格遵守专业相关规程标准及规章制度，与小组成员协商、交流配合，按标准化作业流程完成学习任务。

相关知识

一、 隔离开关触头过热的现象及可能原因

1. 隔离开关触头过热现象

触头过热时，刀片和导体接头变色发暗，接触部分变色或试温片变色、软化、位移、发亮或熔化；户外隔离开关触头过热，在雨雪天气可观察到接头处有冒汽或落雪立即融化现象；若触头严重过热，刀口可能烧红，甚至发生熔焊现象。

2. 隔离开关运行时触头过热的可能原因

（1）合闸不到位。

（2）因触头紧固件松动，刀片或刀嘴的弹簧锈蚀或过热，使弹簧压力降低；或操作时用力不当，使接触位置不正。

（3）刀口合得不严，使触头表面氧化、脏污；拉合过程中触头被电弧烧伤，各连动部件磨损或变形等。

（4）隔离开关过负荷，引起触头过热。

二、 隔离开关绝缘子损坏或闪络

运行中的隔离开关，有时发生绝缘子表面破损、龟裂、脱釉，绝缘子胶合部位因胶合剂自然老化或质量欠佳引起松动，以及绝缘子严重积污等现象。若绝缘子损坏和严重积污，当出现过电压时，它将发生闪络、放电、击穿接地，轻者使绝缘子表面引起烧伤痕迹，严重时将发生短路、绝缘子爆炸、断路器跳闸。

运行中，若绝缘子损坏程度不严重或出现不严重的放电痕迹时，可暂时不停电，但应报告调度尽快处理。处理之前，应加强监视。如果绝缘子破损严重，或发生对地击穿、触头熔焊等现象，则应立即停电处理。

三、 用手动或电动操作隔离开关时， 发生无法分、 合闸的可能原因

（1）操动机构故障。

（2）电气回路故障。

（3）误操作或防误装置失灵。

（4）隔离开关触头熔焊或触头变形，使刀片与刀嘴相抵触，会使隔离开关无法分、合闸。

任务实施

1. 根据隔离开关异常处理基本原则、调度和现场运行规程，运行值班人员对母线

隔离开关触头过热进行处理

（1）用红外测温仪测量过热点的温度，来判断发热程度。

（2）如果母线过热，应根据过热的程度和部位，调配负荷，减小发热点电流，必要时汇报调度协助调配负荷。

（3）若隔离开关触头因接触不良而过热，可用相应电压等级的绝缘棒推动触头，使触头接触良好，但不得用力过猛，以免滑脱，扩大事故。

（4）若隔离开关因过负荷引起过热，应向调度汇报，将负荷降至额定值或以下运行。

（5）在双母线接线中，若某一母线隔离开关过热，可将该回路倒换到另一母线上运行，然后拉开过热的隔离开关。待母线停电时再检修该过热隔离开关。

（6）在单母线接线中，若母线隔离开关过热，则只能降低负荷运行，并加强监视，也可加装临时通风装置，加强冷却。

（7）在具有旁路母线的接线中，母线隔离开关或线路隔离开关过热，可以倒至旁路运行，使过热的隔离开关退出运行或停电检修。无旁路接线的线路隔离开关过热，可以减负荷运行，但应加强监视。

（8）在3/2接线中，若某隔离开关过热，可开环运行，将过热隔离开关拉开。

（9）若隔离开关发热不断恶化，威胁安全运行时，应立即停电处理。不能停电的隔离开关，可带电进行处理。

2. 根据隔离开关异常处理基本原则、调度和现场运行规程，运行值班人员对隔离开关无法分、合闸进行处理

（1）操动机构故障时，如属冰冻或其他原因拒动，不得用强力冲击操作，应检查支持销子及操作杆各部位，找出阻力增加的原因。如是生锈、机械卡死、部件损坏、主触头受阻或熔焊，应检修处理。

（2）如果是电气回路故障，应查明故障原因并做相应处理。

（3）确认不是误操作而是防误操作闭锁回路故障，应查明原因，消除防误操作闭锁回路故障。或按闭锁要求的条件，严格检查相应的断路器、隔离开关位置状态，核对无误后，解除防误操作闭锁回路的闭锁再行操作。

3. 根据隔离开关异常处理基本原则、调度和现场运行规程，运行值班人员对误拉、合隔离开关进行处理

当发生带负荷误拉、合隔离开关时，根据隔离开关传动机构装置形式的不同，分别按下列方法处理：

（1）对手动传动机构的隔离开关，当带负荷误拉闸时，若动触头刚离开静触头便有异常弧光产生，此时应立即将触头合上，电弧便可熄灭，避免发生事故。若动触头已全部拉开，则不允许将动触头再合上。若再合上，会造成带负荷合闸，产生三相弧光短路扩大事故。

（2）对电动传动机构的隔离开关，因这种隔离开关的分闸时间短（如GW6－200型只需6s），比人力直接操作快，当带负荷误拉闸时，应继续最初的操作直至完成，操

作严禁中断，禁止再合闸。

（3）对手动蜗轮型的传动机构，则拉开过程很慢，在主触头断开不大时（2～3mm 及以下）就能发现火花。这时应迅速进行反方向操作，可立即熄灭电弧，避免发生事故。

（4）当带负荷误合隔离开关时，即使错合，甚至在合闸时产生电弧，也不允许再拉开隔离开关。否则，会形成带负荷拉闸，造成三相弧光短路，扩大事故。只有在采取措施后，先用断路器将该隔离开关回路断开，才可再拉开误合的隔离开关。

任务 4.4 母线异常及事故处理

⚡ **教学目标**

知识目标

（1）熟悉母线异常现象。

（2）熟悉母线异常的原因。

（3）掌握母线故障的类型及主要原因。

能力目标

（1）能够按照母线异常的处理步骤在仿真机上熟练进行母线的异常处理。

（2）能够按照母线故障的处理步骤在仿真机上熟练进行母线的故障处理。

素质目标

（1）能主动学习，在完成任务过程中发现问题、分析问题和解决问题。

（2）能严格遵守专业相关规程标准及规章制度，与小组成员协商、交流配合，按标准化作业流程完成学习任务。

💡 **相关知识**

母线故障在电力系统的故障中所占比例不大，资料统计母线故障大约占系统所有线路故障的 6%～7%。但母线上连接多条回路，发生失电压故障时对整个系统影响较大，会造成送电线路失去电源，从而造成大面积停电，甚至系统解列，后果十分严重。所以，母线失电压故障应根据现象准确、迅速地隔离故障点，并恢复其他回路的运行。

一、母线异常现象

母线、母线设备一般常见异常及现象主要有：

1. 声音异常及现象

（1）管母线振动。

（2）开关柜封闭母线室内有放电声。

（3）SF₆封闭母线气室内有"咝咝"声。

（4）SF₆封闭母线气室内部放电有类似小雨点落在金属外壳的声音。

（5）SF₆封闭母线气室内振动过大。

（6）SF₆封闭母线气室内有励磁声，并且不同于变压器正常的励磁声。

（7）母线绝缘子有放电声。恶劣天气绝缘子有"吱吱"放电声，发出蓝色或橘红色的电晕。

2. 母线设备发热异常及现象

（1）接点颜色变化。

（2）示温蜡片、温度在线装置显示温度高或塑封等外敷部件受热变形。

（3）冬天雪后触头、接头处融化较快并冒气。

（4）红外测温发现接点温度异常升高。

（5）接头发红。

（6）母线穿过的金属板过热。

3. SF₆封闭母线气室压力异常及现象

（1）告警，自动化工作站信息显示"某变电站某母线某气室SF₆压力低补气"。压力表指示低于额定补气压力，检漏仪监测有漏气告警。

（2）防爆膜变形，可听到某气室内部有轻微放电声，SF₆压力表指示高于额定压力，尚未造成漏气。

4. 母线绝缘子外观异常及现象

（1）支持瓷绝缘子严重裂纹。

（2）支持瓷绝缘子断裂。

（3）母线瓷绝缘子表面有破损，损坏2片瓷面。

（4）管母线塌陷。

（5）母线绝缘子表面污秽严重。恶劣天气绝缘子有"吱吱"放电声，发出蓝色或橘红色的电晕。

二、 母线设备常见的异常分析

1. 声音异常分析

（1）管母线振动。可能是管母线内部阻尼线脱落，由于风的频率与管母线固有频率相同，而引发共振。

（2）开关柜封闭母线室内有放电声。这可能是母线绝缘设备绝缘降低引发放电。

（3）SF₆封闭母线气室内有"咝咝"声，压力表压力逐渐降低，是漏气造成的。

（4）SF₆封闭母线气室内部放电有类似小雨点落在金属外壳的声音。这是由于局部放电声音频率比较低，且音质与其噪声也有不同之处，但如果放电声微弱，分不清放电声来自电器内部还是外部，或者无法判断是否放电声，可通过局部放电监测、噪声分析方法，定期对设备进行检查。

（5）SF₆封闭母线气室内振动过大。这是因为部件有松动现象，振动声可能会伴随过热，需要配合对振动处的外壳进行温度检查与出厂说明中的温升比较。

（6）SF₆封闭母线气室内有励磁声，并且不同于变压器正常的励磁声。说明存在螺栓松动等情况，需要进一步检查，综合判断。

（7）母线绝缘子有放电声。这可能是绝缘子表面有裂纹或严重污秽造成绝缘降低。

2. 母线设备发热异常分析

（1）接头过热可能是紧固不良接触面积不足、接头老化、接头表面涂抹的导电膏等老化或质量不良、过负荷造成。

（2）在大负荷、新设备投运、方式变化时没安排测温工作。

（3）母线穿过的金属板等过热。这可能是由于母线电流大而在其穿过的金属板上产生涡流而引起过热。

3. SF₆封闭母线气室压力异常分析

（1）气室漏气发出补气信号，主要原因有：

1）振动对密封的破坏是漏气的主要原因。

2）焊缝渗漏。

3）密封阀和压力表的结合部位。

4）法兰处静态密封由于罐体中心不对位而产生的裂纹、凹陷、突起等或表面光洁度不够，运行中移位体现在外法兰处或内部或出厂质量不良，在运行中受到连续运行电压的环境影响和缺陷得到发展。

（2）气室SF₆压力低闭锁。这是由于上述漏气原因，漏气点比较大，一般现场可听到"咝咝"声。

（3）气室SF₆压力升高。这应是内部有低能放电所致。可能是GIS内部金属微粒、粉尘、水分引起的放电情况加剧。气室内放电声，是由于气室内金属颗粒、尘埃、气体中的水分引发的，能量低时不易听清楚，当气体中微粒增加，放电能量不断加大时，可听到，说明故障的概率增大。可听到某气室内部有轻微放电声，其放电能量不断放大，伴随防爆膜变形、SF₆压力表指示升高，说明异常有发展成故障的可能。

4. 母线绝缘子外观异常分析

（1）支持瓷绝缘子严重裂纹、断裂。主要由以下几个方面原因造成：

1）制造质量不良。

2）涂防水胶等反措落实不到位，气候恶劣。

3）安装不当造成异常受力。

（2）母线瓷绝缘子表面有破损，可能是受外力打击造成。

（3）管母线塌陷。可能是安装工艺不符合要求、质量不良、跨度大造成。

（4）母线绝缘子表面污秽严重。这可能是所处地区污秽程度加剧或长期未清扫造成的。

三、 母线故障的类型及主要原因

1. 母线故障的类型

（1）母线单相接地故障。

（2）母线相间故障。

2. 母线故障的主要原因

（1）误操作（如带电合接地刀闸或悬挂接地线等）或操作时设备损坏（如母线侧隔离开关的绝缘子断裂等）。

（2）母线及连接设备的绝缘子发生闪络，引起母线接地或短路。

（3）母线上设备发生故障，如母线上设备引线接头松动造成接地，断路器、隔离开关、互感器、避雷器等发生接地或短路故障。

（4）外力破坏、悬浮物等引起母线接地或短路等。

任务实施

1. 根据母线异常处理基本原则、调度和现场运行规程，运行值班人员对母线声音异常进行处理

（1）管母线振动。汇报，尽快安排停电处理。

（2）开关柜封闭母线室内有放电声。汇报调度，立即停电处理。

（3）SF_6封闭母线气室内有"咝咝"声，应查明漏气部位，根据漏气性质和速率决定处理办法，如带电无法处理，汇报，申请停电处理。

（4）SF_6封闭母线气室内部放电有类似小雨点落在金属外壳的声音。如判断为放电引起，汇报调度，立即停电处理。

（5）SF_6封闭母线气室内振动过大。汇报，尽快安排停电处理。

（6）SF_6封闭母线气室内有励磁声，并且不同于变压器正常的励磁声。汇报，如确认是螺栓松动，尽快安排停电处理。

（7）母线绝缘子有放电声。汇报，尽快安排停电清扫、涂刷防污涂料、调整爬电距离。

2. 根据母线异常处理基本原则、调度和现场运行规程，运行值班人员对母线设备发热异常进行处理

（1）接头过热已明显可见过热发红。汇报调度，应立即停电处理。

（2）母线穿过的金属板等过热。应将金属板更换为非磁性材料，如不锈钢等，将隔板切割出避免涡流流通的切口。

3. 根据母线异常处理基本原则、调度和现场运行规程，运行值班人员对母线压力异常进行处理

（1）气室SF_6压力降低，发出补气信号，而无明显的"咝咝"声或使用漏检仪未检测到漏气点，可在保证安全的情况下，用合格的 SF₆ 气体做补气处理。

（2）当 SF₆ 压力低，断路器已经闭锁时，应汇报调度，将断路器停电处理。

（3）气室压力升高。汇报调度，立即停电处理。

4. 根据母线异常处理基本原则、调度和现场运行规程，运行值班人员对母线绝缘子外观异常进行处理

（1）支持瓷绝缘子严重裂纹、断裂。汇报，立即停电更换。如对绝缘子影响严重应尽快停电处理；在天气异常可能发生绝缘事故应立即停电处理。

（2）母线瓷绝缘子表面有破损。汇报，安排停电更换。如对绝缘影响严重应尽快停电处理，在天气异常可能发生绝缘事故应立即停电处理。

（3）管母线塌陷。汇报，尽快安排处理。

（4）母线绝缘子表面污秽严重。汇报，安排停电清扫、涂防污闪涂料或更换。

5. 根据母线故障处理基本原则、调度和现场运行规程，运行值班人员对母线故障进行处理

（1）复归事故音响，记录故障时间，检查自动化故障信息显示，确认后复归信号。

（2）根据事故前运行方式及事故后继电保护和安全自动装置动作情况、自动化信息显示、断路器跳闸等情况，综合判明故障性质及故障发生的范围。若站用电消失，应根据本站站用电接线情况（如利用站备变压器）恢复站用电，特别是夜间时应投入事故照明。

（3）到保护室检查保护动作信号，确认后复归保护信号。

（4）到现场母线及连接设备上检查有无故障迹象。

（5）拉开失压母线上的所有断路器，并检查是否确实拉开，发现未拉开的，应在确保没有电压的情况下拉开其两侧隔离开关。

（6）若高压侧母线失压，造成中、低压侧母线失压，经现场确认中、低压侧母线无故障象征（如主变压器中、低压侧没有保护动作信号，在中、低压侧母线上，无分路保护动作信号，现场检查没有发现中、低压侧母线上设备有故障点等），可以利用备用电源或合上母线分段断路器，先恢复中、低压侧母线运行（应考虑其他运行主变压器的负荷情况），再处理高压侧母线故障。

（7）采取以上措施后，根据保护动作情况、母线及连接设备上有无故障，故障能够迅速隔离，按不同情况，采取相应的措施处理。

任务 4.5 互感器异常处理

⚡👤 **教学目标**

知识目标

熟悉变电站互感器异常现象。

149

能力目标

能够在仿真机上熟练进行互感器的异常处理。

素质目标

（1）能主动学习，在完成任务过程中发现问题、分析问题和解决问题。

（2）能严格遵守专业相关规程标准及规章制度，与小组成员协商、交流配合，按标准化作业流程完成学习任务。

💡 **相关知识**

互感器异常及现象

1. 互感器油位异常及现象

（1）油位降低。从油位指示器中看不到油位。

（2）油位升高。油标已满，金属膨胀器异常膨胀变形。

2. 互感器异常声音及现象

（1）互感器设备内部有放电、振动声响。

（2）树脂浇注互感器出现表面严重裂纹，有放电"吱吱"声音。

（3）互感器外绝缘污秽严重，气候恶劣时发出强烈的"吱吱"放电声和蓝色火花、橘红色的电晕。

3. SF_6 互感器压力异常及现象

SF_6 互感器密度表在表盘上有三种颜色区，绿色区表示正常工作压力区，黑色指针在该区内表示压力正常，绿色区与橙色区交界处表示互感器最小的运行压力，当压力值小于该压力值时，告警，自动化工作站信息显示"电压互感器 SF_6 气体低补气"，SF_6 互感器密度表指针指向橙色区。

4. 互感器外绝缘异常及现象

（1）瓷套出现严重裂纹。

（2）瓷套破损。

5. 互感器过热异常及现象

（1）互感器本体严重过热。

（2）引线端子有发热或发红。

6. 电压互感器高压侧熔断器熔断异常及现象

（1）一相熔断：告警，自动化工作站信息显示"变压器保护 TV 断线""母线接地"。遥测一相相电压降低很多，另外两相接近相电压。电压互感器高压侧一相熔断器熔断，二次开关正常，互感器温度正常、外观无异常。电能表显示电压异常。

（2）两相熔断：告警，自动化工作站信息显示"变压器保护 TV 断线""母线接地""某变压器母线 TV 失压"。遥测两相相电压降低很多，另外一相接近相电压。现场检查电压互感器高压侧两相熔断器熔断、二次开关正常，互感器温度正常、外观无异常。绝缘监察装置绝缘降低告警，电能表显示电压异常。

7. 电压互感器二次断线异常及现象

告警，自动化工作站信息显示"母线 TV 失压""变压器保护 TV 断线"。断线相相电压严重降低或到零，完好相相电压指示正常，断线相与完好相之间电压降低，完好相之间电压为线电压，相应的有功、无功表指示降低或到零，电能表跑慢。

8. 电流互感器二次开路异常及现象

告警，自动化工作站信息显示保护装置发出"电流回路断线""装置异常"等信号。开路处发生火花放电，电流互感器本体发出"嗡嗡"声音，不平衡电流增大，相应的电流表，功率表，有功、无功表指示降低或摆动，电能表转慢或不转。

任务实施

一、 根据电压互感器异常处理基本原则、 调度和现场运行规程， 运行值班人员对互感器油位异常进行分析及处理

1. 油位异常分析

（1）油位降低。这可能是互感器胶圈老化、密封部件工艺不良、油箱有砂眼、长期取油样而未补油或套管裂纹造成互感器渗漏油。漏油严重后会将线圈暴露在空气中引发受潮、绝缘降低，造成接地等事故。

（2）油位升高。油位异常升高，可能是内部放电性故障，造成油过热或产生气体而膨胀，严重时会使金属膨胀器异常膨胀变形。

2. 油位异常处理

（1）油位降低。漏油应汇报，尽快安排计划停电处理；如漏油不断发展并已经造成看不见油位或电容式电压互感器漏油，应汇报调度，申请停电处理。

（2）油位升高。在油位升高后如没有造成膨胀器变形，应立即进行油色谱分析，如确定内部已经有故障，应汇报，申请停电处理。如内部故障造成膨胀器变形，应汇报调度，申请停电处理。

二、 根据电压互感器异常处理基本原则、 调度和现场运行规程， 运行值班人员对互感器异常声音进行分析及处理

1. 异常声音分析

（1）互感器设备内部有放电、振动异常声响。可能是铁芯或零件松动、过负荷、电场屏蔽不当、二次开路、接触不良或绝缘损坏放电；也可能是末屏接地开路，造成末屏产生悬浮电位而放电。铁芯穿心螺杆松动，硅钢片松弛，随着铁芯里交变磁通的变化，硅钢片振动幅度增大而引起铁芯异音；严重过载或二次开路磁通急剧增加引起非正弦波，使硅钢片振动极不均匀，从而发出较大噪声。

（2）树脂浇注互感器出现表面严重裂纹，可能是制造质量原因造成外绝缘损坏，绝

缘降低放电，发出"吱吱"声音。

（3）互感器外绝缘污秽严重，造成表面绝缘降低，气候恶劣时发出强烈的"吱吱"放电声和蓝色火花、橘红色的电晕放电，可能会引发放电故障。互感器外绝缘污秽严重的原因可能是未及时清扫、所处地区的污秽等级升高、瓷套爬距不满足要求，在天气潮湿时会产生放电声，并产生蓝色火花或橘红色电晕放电，存在故障的危险。

2. 异常声音处理

（1）互感器内部有振动声，如果是穿心螺杆松动，硅钢片松弛造成的，应汇报，尽快安排停电处理。

（2）树脂浇注互感器出现表面严重裂纹，应汇报调度，立即安排停电处理。

（3）互感器外绝缘污秽严重，应汇报，尽快安排停电检修，清扫、涂防污涂料或更换。

三、根据电压互感器异常处理基本原则、调度和现场运行规程，运行值班人员对互感器压力异常进行分析及处理

1. 压力异常分析

（1）互感器 SF_6 气体压力表偏出绿色区域或指示在红区，达到需要补气的压力。互感器 SF_6 气体压力表指示异常可能的原因有：密封不良、焊缝渗漏、瓷套管裂纹或破损。

（2）互感器 SF_6 气体压力表指示达到橙色区或指示为零，可能是严重泄漏造成的。此时互感器绝缘能力严重降低，可能会造成放电故障。

2. 压力异常处理

（1）互感器 SF_6 气体达到补气的压力，但无明显漏气现象，可进行补气。

（2）互感器 SF_6 气体压力表指示进入橙色区，且压力继续降低，应汇报调度，申请停电处理。

四、根据电压互感器异常处理基本原则、调度和现场运行规程，运行值班人员对互感器过热异常进行分析及处理

1. 电流互感器过热异常分析

这可能是内、外接头松动，一次过负荷，二次开路，绝缘介损升高或绝缘损坏放电造成的。长时间过热会将内部绝缘损坏而引发事故。

2. 互感器过热异常处理

（1）接线端子发热应汇报，尽快安排停电处理。

（2）严重过热应汇报调度，降低负荷或立即安排停电处理。

五、根据电压互感器异常处理基本原则、调度和现场运行规程，运行值班人员对外绝缘异常进行分析及处理

1. 外绝缘异常分析

套管出现严重破损、裂纹。这可能是瓷套受到外力作用造成，还可能是由于瓷套质

量不良造成的。由于裂纹处绝缘降低，会引起放电，同时也有漏油，严重漏油的危险。

2. 外绝缘异常处理

（1）互感器瓷套出现严重裂纹。应汇报调度，尽快安排停电处理。

（2）互感器瓷套出现破损，应根据破损的大小和对瓷套强度影响情况。汇报，安排计划停电或汇报调度立即停电。

六、根据电压互感器异常处理基本原则、调度和现场运行规程，运行值班人员对电压互感器高压侧熔断器熔断异常进行分析及处理

1. 电压互感器高压侧熔断器熔断异常分析

可能是系统发生雷击，雷电窜入熔断器回路；电压互感器本身发生故障；系统发生谐振使电压互感器电流增大；系统接地并伴随间歇过电压造成回路瞬间电流增大均可能造成高压侧熔断器熔断。

2. 电压互感器高压侧熔断器熔断异常处理

当判明高压熔断器熔断时，应拉开二次开关，拉开一次隔离开关，将二次负载切换至另一台电压互感器，做好安全措施，更换同型号熔断器试送，若再次熔断，将电压互感器停电处理。

七、根据电压互感器异常处理基本原则、调度和现场运行规程，运行值班人员对电压互感器二次断线异常进行分析及处理

1. 电压互感器低压侧断线异常分析

这可能是异物、污秽、潮湿、小动物、误接线、误碰等原因造成回路中有瞬时或永久的短路故障，也可能是锈蚀或施工、验收不到位等造成接触不良。

2. 电压互感器二次断线异常处理

（1）退出该互感器影响的可能会误动的低电压保护、距离保护、方向保护、备自投、低频。

（2）低压空气断路器跳闸可试合一次（低压熔断器熔断，应更换同型号熔件试送），若再次跳闸（或熔断）应检查二次电压小母线及各负载回路有无故障，试送时宜采用逐级分段试送的方式，以便发现故障点，缩小故障区域。在未查明原因和隔离故障点以前，不得将二次负载切换至另一台电压互感器。

八、根据电压互感器异常处理基本原则、调度和现场运行规程，运行值班人员对电流互感器二次开路异常进行分析及处理

1. 电流互感器二次开路异常分析

这可能是互感器本身、分线箱、综合自动化屏内回路的接线端子接触不良，综合自动化装置内部异常，误接线、误拆线、误切回路连片造成开路。

2. 电流互感器二次开路异常处理

（1）立即汇报调度及有关人员，必要时停用有关的保护，通知专业人员处理。

（2）根据异常现象特征对电流互感器二次回路进行检查，寻找开路点。

（3）当开路点明显时，立即穿绝缘靴，戴绝缘手套，用绝缘工具在开路点前的端子处进行短接。

（4）当判断电流互感器二次出线端子处开路，如不能进行短接处理时，应申请调度降低负荷或停电处理。短接后本体仍有不正常音响，说明内部开路，应申请停电处理。

（5）凡检查电流互感器回路的工作，必须注意安全，至少应有两人在一起工作，使用合格的绝缘工具进行。

（6）若二次开路引起着火，应先切断电源，然后作灭火处理。

根据电流互感器异常处理基本原则、调度和现场运行规程，运行值班人员对电流互感器异常进行原因分析及处理。

电流互感器
试验中发生的
电弧灼伤事故

模块2 发电厂运行

发电厂中的发电机是电力系统唯一有功功率的来源，起着生产电能并将电能输送给电网等作用。发电厂主要由发电机及励磁系统，电力变压器，厂用变压器（厂用变），馈电线（进线、出线）和母线，隔离开关（接地开关），断路器，电压互感器 TV、电流互感器 TA、避雷器、继电保护及自动装置，调度自动化和通信等相应的辅助设备组成。

发电厂电气运行的基本任务是给电力系统各用户提供优质、可靠而充足的电能，确保电力系统安全稳定运行。其主要内容有：发电厂运行监控、发电厂电气设备巡视及维护、发电厂倒闸操作和发电厂异常运行及事故处理。本模块以典型的 2×600MW 发变组（发电机变压器的简称）单元接线发电厂为例，学习完成发电厂电气运行的各项基本工作。

项目5

发电厂运行监控

✎ 项目描述

本项目主要学习发电厂运行规程相关知识，掌握发电机、变压器等主要电气设备额定运行方式下的主要参数，熟悉典型 2×600MW 火力发电厂正常运行监控内容，掌握发电机有功、无功负荷调整的方法。

📋 教学环境

发电厂运行监控在 600MW 火电仿真实训室进行一体化教学，机位要求能满足每个学生一台计算机；电气运行仿真系统相关资料齐全，配备规范的一体化教材和相应的多媒体课件等教学资源。

🖉 知识背景

600MW 汽轮发电机的基本结构和工作原理。

1.600MW 汽轮发电机的基本结构

600MW 汽轮发电机为三相交流隐极式同步发电机。发电机主要由定子、转子、油密封装置、冷却器及内部监测系统等部分组成。发电机是全封闭结构，运行中使用氢气作为冷却介质。包括风扇和气体冷却器在内的通风装置系统是自带的和完全密封的，以防止脏物和潮气进入。汽轮发电机示意如图 5-1 所示。

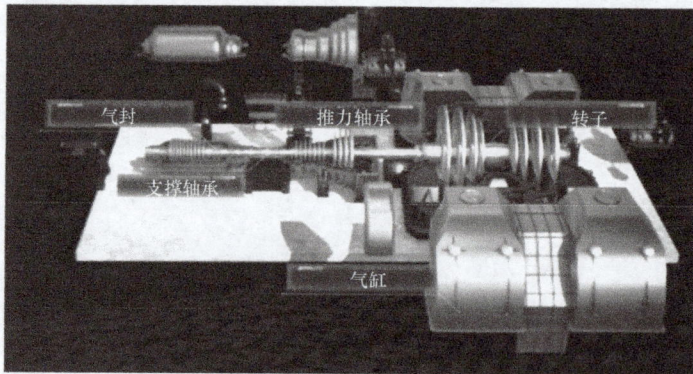

图 5-1　汽轮发电机示意图

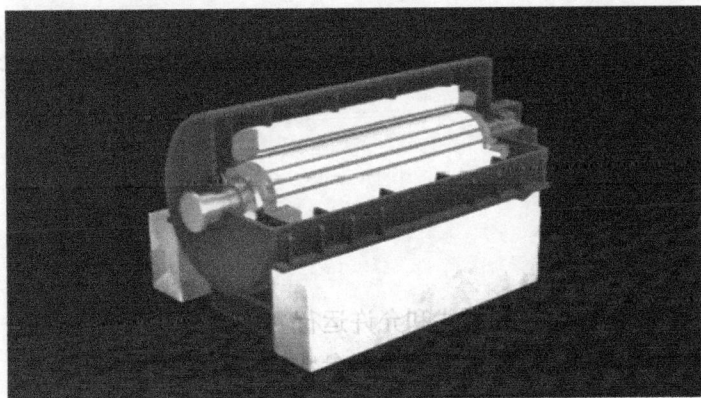

图 5-1 汽轮发电机示意图 (一)

（1）定子。定子主要由定子铁芯、定子绕组（也叫电枢绕组）、机座、端盖等部件组成。定子铁芯是电机磁路的一部分，同时也嵌放定子绕组。定子绕组是定子的电路部分，是实现机电能量转换的重要部件。定子机座主要用于固定定子铁芯，并和端盖等其他部件一起形成密闭的冷却系统。

（2）转子。主要由转子铁芯、励磁绕组（转子绕组）、护环和风扇等组成，是汽轮发电机最重要的部件之一。

转子铁芯是电机磁路的一部分，又是固定励磁绕组的部件，大型汽轮发电机的转子一般采用导磁性能好、机械强度高的合金钢锻成，并和轴锻成一个整体。

励磁绕组（转子绕组）是转子的电路部分，直流励磁电流一般是通过电刷和集电环引入转子绕组，形成转子的直流回路。

护环和中心环。汽轮发电机转速很高，励磁绕组端部承受很大的离心力，所以要用护环和中心环来紧固。护环把励磁绕组端部套紧，使绕组端部不发生径向位移和变形；中心环用以支持护环，并防止端部的轴向移动。

集电环。集电环分为正、负两个集电环，由坚硬耐磨的合金锻钢制成，装于发电机转子的励磁端外侧。正、负两个集电环分别通过引线接到励磁绕组的两端，并借电刷装置引至发电机励磁系统上。

风扇，装于发电机转子的两端，用以加快气体在定子铁芯和转子部分的循环，提高冷却效果。

2. 汽轮发电机的工作原理

汽轮发电机是由汽轮机作原动机拖动转子旋转，利用电磁感应原理把机械能转换成电能的发电设备。发电机转子绕组内通入直流电流后，便建立转子磁场，这个磁场称主磁场，它随着汽轮发电机转子旋转。其磁通自转子的一个磁极出来，经过空气隙、定子铁芯、空气隙，再进入转子另一个相邻磁极，构成主磁通回路。由于发电机转子随着汽轮机转动，发电机磁极旋转一周，主磁极的磁力线被装在定子铁芯内的三相绕组（导线）依次切割，根据电磁感应定律，在定子三相绕组内感应出相位不同的三相交变电动势。

任务 5.1 典型 600MW 汽轮发电机的正常运行监视

教学目标

知识目标

（1）熟悉发电机的额定运行方式和允许运行方式。

（2）了解发电机正常运行方式下各主要参数的允许变化范围。

（3）熟悉发电机运行监视的内容。

（4）掌握发电机正常运行监视方法。

能力目标

能够在仿真机上进行典型 600MW 汽轮发电机的正常运行监视。

素质目标

（1）主动学习，在完成对发电机运行监视过程中发现问题、分析问题和解决问题。

（2）能与小组成员协商、交流配合，按标准化作业流程完成发电机的运行监视工作。

相关知识

一、发电机的运行方式

发电机按制造厂铭牌额定参数运行的方式，称为额定运行方式。发电机的额定参数是制造厂对其在稳定、对称运行条件下规定的最合理的运行参数。当发电机在各相电压和电流都对称的稳态条件下运行时，具有损耗小、效率高、转矩均匀等优点。所以在一般情况下，发电机应尽量保持在额定或接近额定工作状态下运行。

由于电网负荷的变化，不可能所有的发电机组都按铭牌额定参数运行，会出现某些机组偏离铭牌参数运行的情况。发电机的运行参数偏离额定值，但在允许范围内，这种运行方式为允许运行方式。

二、发电机允许温度和温升

发电机运行时会产生各种损耗，这些损耗一方面使发电机的效率降低，另一方面会变成热量使发电机各部分的温度升高。温度过高及高温延续时间过长都会使绝缘加速老化，缩短使用寿命，甚至引起发电机事故。一般来说，发电机温度若超过额定允许温度6℃长期运行，其寿命会缩短一半（即 6℃规则）。所以，发电机运行时，必须严格监视各部分的温度，使其在允许范围内。另外，由于发电机内部的散热能力与周围空气温度的变化呈正比，当周围环境温度较低，温差增大时，为使发电机内各部位实际温度不超过允许值，还应监视其允许温升。

发电机的连续工作容量主要决定于定子绕组、转子绕组和定子铁芯的温度，它们的允许温度和允许温升，决定于发电机采用的绝缘材料等级和温度测量方法。通常容量较大的发电机，大多采用 B 级绝缘材料，也有的采用 F 级绝缘材料，绝缘材料不同则测温方法也不完全相同。因此，发电机运行时的温度和温升，应根据制造厂规定的允许值（或现场试验值）确定。若无厂家规定时，可按表 5-1 执行。

表 5-1 中，发电机定子铁芯和定子绕组的允许温度同为 105℃。因为部分定子铁芯直接与定子绕组接触，定子铁芯的温度超过 105℃ 时会使定子绕组的绝缘遭受损坏，特别是采用纸绝缘时，若温度经常在 100℃ 以上，由于绝缘纸的过分干燥而较绝缘漆更易损坏，所以发电机定子铁芯的允许温度不应超过定子绕组的允许温度。

表 5-1　　　　　　　　　　发电机各主要部分的温度和温升允许值

发电机部位	允许温升（℃）	允许温度（℃）	温度测试方法
定子铁芯	65	105	埋入检温计法
定子绕组	65	105	埋入检温计法
转子绕组	90	130	电阻法

发电机转子绕组的允许温度为 130℃，高于定子绕组的允许温度，其原因是：①转子绕组电压较低，且绕组温度分布均匀，不会像定子绕组因受定子铁芯温度的影响而可能出现局部过热；②定子、转子绝缘材料不同，测温方法也不同。

三、冷却介质的质量、温度和压力允许变化范围

发电机的冷却介质主要有氢气、水和空气。氢气冷却一般用在容量为 50～600MW 的汽轮发电机中。其中，50～100MW 的汽轮发电机一般用氢外冷，即定子绕组、转子绕组和定子铁芯都采用氢外冷却；100～250MW 的汽轮发电机的转子一般用氢内冷，而定子用氢表面冷却；200～600MW 的汽轮发电机采用定子、转子氢内冷。容量较大的发电机的定子绕组广泛采用水内冷。空气冷却一般用在 50MW 以下的汽轮发电机中。目前，国内外大、中型水轮发电机主要采用空气冷却和水冷却。

为保证发电机能在其绝缘材料的允许温度下长期运行，必须使其冷却介质的温度、压力运行在规定的范围内，其冷却介质的质量也必须符合规定。

1. 氢气的质量、压力和温度

机组运行时，为防止氢气爆炸，氢气质量必须达到规定标准：氢气纯度正常应维持在 98% 或以上，其湿度不大于 $2g/m^3$（一个标准大气压下）。氢冷发电机氢气压力的大小，直接影响发电机各绕组的温度和温升。任何情况下，发电机的最高和最低运行氢压不得超过制造厂的规定。为保证机组额定出力和各部分温度、温升不超过允许值，发电机冷氢温度应不超过额定的冷氢温度。温度太低，机内容易结露；温度太高，影响发电机出力。

2. 冷却水的水质、温度和水压

冷却水的水质对发电机的运行有很大影响，如果电导率大于规定值，运行中会引起

较大泄漏电流，使绝缘引水管老化，过大的泄漏电流还会引起相间闪络；水的硬度过大，则水中含钙、镁离子多，运行中易使管路结垢，影响冷却效果，甚至堵塞管道。为保证发电机的安全运行，对内冷水质有如下规定：电导率小于 15uΩ/cm（20℃），硬度小于 10ug/L，酸碱度（pH 值）为 7～9。

水内冷发电机的进水温度的高低对其运行有很大影响，定子内冷水进水温度过高，影响发电机出力，而水温过低，则会使机内结露。故发电机的进水温度变化时，应根据规程规定接带负荷。发电机内冷水进水温度一般规定为 40～45℃，有的制造厂规定为 45～50℃。同时发电机定子绕组和转子绕组中的出水温度也不得超过规定值，以防止出水温度过高，引起水汽化而使绕组过热烧坏。

定子内冷水水压的高低会影响定子绕组的冷却效果，影响机组出力，故机组内冷水进水压力应符合制造厂规定。为防止定子绕组漏水，内冷水运行压力不得大于氢压。当发电机的氢压发生变化时，应相应调整水压。

3. 冷却空气的温度

我国规定发电机进口风温不得高于 40℃，出口风温一般不超过 5℃，冷却气体的温升一般为 25～30℃。在此风温下，发电机可以连续在额定容量下运行。当进口风温高于规定值时，冷却条件变差，发电机的出力就要减少，否则发电机各部分的温度和温升就要超过其允许值。反之，当进口风温低于规定值时，冷却条件变好，发电机的出力允许适当增加。

采用开启式通风的发电机，其进口风温不应低于 5℃，温度过低会使绝缘材料变脆。采用密封式通风的发电机，其进口风温一般不宜低于 15～20℃，以免在空气冷却器上凝结水珠。

四、发电机电压的允许变化范围

发电机应运行在额定电压下。实际上，发电机的电压是根据电网的需要而变化的。发电机电压在额定值的 ±5% 范围内变化时，允许长期按额定出力运行。当定子电压较额定值减小 5% 时，定子电流可较额定值增加 5%，因为电压低时，铁芯中磁通密度降低，铁损也降低，此时稍增加定子电流，绕组温度也不会超过允许值。反之，当定子电压较额定值增加 5% 时，定子电流应减小 5%。这样，如果功率因数为额定值时，发电机就可以连续地在额定出力下运行。发电机电压的最大变化范围不得超过额定值的10%。发电机电压偏离额定值超过 ±5% 时，都会给发电机的运行带来不利影响。

1. 电压低于额定值对发电机运行的主要影响

（1）降低发电机并列运行的稳定性和电压调节的稳定性。一方面，当电压降低时，功率极限降低，若保持输出功率不变，则势必增大功角运行，而功角越接近 90°，并列运行的稳定性越差，容易引起发电机振荡或失步。另一方面，电压降低时发电机铁芯可能处于不饱和状态，其运行点可能落在空载特性的直线部分，励磁电流做小范围的调节都会造成发电机电压的大幅变动，且难以控制。这种情况还会影响并列运行的稳定性。

（2）使发电机定子绕组温度升高。在发电机电压降低的情况下，若保持出力不变，则定子电流增大，有可能使定子温度超过允许值。

（3）影响厂用电动机和整个电力系统的安全运行，反过来又影响发电机本身的运行。

2. 电压高于额定值对发电机运行的主要影响

（1）转子绕组温度有可能超过允许值。保持发电机有功输出不变而提高电压时，转子绕组励磁电流就要增大，这会使转子绕组温度升高。电压越高，损耗增加越快，由损耗引起的发热也就越高，使转子表面和转子绕组的温度升高，并有可能超过允许值。

（2）使定子铁芯温度升高。定子铁芯的温升一方面是定子绕组发热传递的，另一方面是定子铁芯本身的损耗发热引起的。当定子端电压升高时，定子铁芯的磁通密度增高，铁芯损耗明显上升，使定子铁芯的温度大大升高。过高的铁芯温度会使绝缘漆烧焦、起泡。

（3）可能使定子结构部件出现局部高温。由于定子电压升高过多，定子铁芯磁通密度增大，使定子铁芯过度饱和，会造成较多的磁通逸出轭部并穿过某些结构部件，如机座、支撑筋、齿压板等，形成另外的漏磁磁路。过多的漏磁会使结构部件产生较大涡流，可能引起局部高温。

（4）对定子绕组的绝缘造成威胁。正常情况下，定子绕组的绝缘材料能耐受 1.3 倍额定电压。如果发电机的绝缘原来就有薄弱环节或老化现象，升高电压运行，定子绕组的绝缘材料可能被击穿。

五、发电机频率允许变化范围

正常运行时，发电机的频率应经常保持在 50Hz。但是，因为电力系统负荷的增减频繁，而频率调整不能及时进行，因此频率不能始终保持在额定值上，可能稍有偏差。频率的正常变化范围应在额定值的 ±0.2Hz 以内，最大偏差不应超过额定值的 ±0.5Hz。频率超过额定值的 ±2.5Hz 时，应立即停机。在允许变化范围内，发电机可按额定容量运行。频率变化过大将对用户和发电机带来有害的影响。

1. 频率降低对发电机运行的影响

（1）频率降低时，发电机转子风扇的转速会随之下降，使通风量减少，造成发电机的冷却条件变差，从而使绕组和铁芯的温度升高。

（2）频率降低时，定子电动势随之下降。若保持发电机出力不变，则定子电流会增加，使定子绕组的温度升高；若保持电动势不变，使出力也不变，则应增加转子的励磁电流，也会使转子绕组的温度升高。

（3）频率降低时，若用增加转子电流来保持机端电压不变，会使定子铁芯中的磁通增加，定子铁芯饱和程度加剧，磁通逸出磁轭，使机座上的某些部件产生局部高温，有的部位甚至冒火花。

（4）频率降低时，厂用电动机的转速会随之下降，厂用机械的出力降低，这将导致发电机的出力降低。而发电机出力下降又会加剧系统频率的再度降低，如此恶性循环，将影响系统稳定运行。

（5）频率降低，可能引起汽轮机叶片断裂。因为频率降低时，若出力不变，转矩应增加，这会使叶片过负荷而产生较大振动，叶片可能因共振而折断。

2. 频率过高对发电机运行的影响

频率过高时，发电机的转速升高，转子上承受的离心力增大，可能使转子部件损坏，影响机组安全运行。当频率高至汽轮机危急保安器动作时，会使主汽门关闭，机组停止运行。

六、 发电机功率因数的允许变化范围

发电机运行时的定子电流滞后于定子电压一个角度 φ，同时向系统输出有功功率和无功功率，此工况为发电机的迟相运行，与此工况对应的 $\cos\varphi$ 为迟相功率因数。当发电机运行时的定子电流超前于定子电压一个角度 φ，发电机从系统吸取无功功率，用以建立机内磁场，并向系统输出有功功率，此工况为发电机的进相运行，与此工况对应的 $\cos\varphi$ 为进相功率因数。发电机的额定功率因数，是指发电机在额定出力时的迟相功率因数 $\cos\varphi$，其值一般为 0.8～0.9。

发电机运行时，由于有功负荷和无功负荷的变化，其 $\cos\varphi$ 也是变化的。为保持发电机的稳定运行，功率因数一般运行在迟相 0.8～0.95 范围内。$\cos\varphi$ 也可以工作在迟相的 0.95～1.0 或进相的 0.95，但此种工况下发电机的静态稳定性差，容易引起振荡和失步。因为，迟相 $\cos\varphi$ 值越高，输出的无功功率越小，转子励磁电流越小，定子、转子磁极间的吸力减小，功角增大，定子的电动势降低，发电机的功率极限也降低，故发电机的静态稳定性降低。所以，通常规定 $\cos\varphi$ 一般不得超过迟相 0.95 运行，即无功率不应低于有功功率的 1/3。对于有自动调节励磁的发电机，在 $\cos\varphi=1$ 或 $\cos\varphi$ 在进相 0.95～1.0 范围内时，也只允许短时间运行。

$\cos\varphi$ 的低限值一般不作规定，因其不影响发电机运行的稳定性。

发电机在 $\cos\varphi$ 变化情况下运行时，有功和无功出力一定不能超过发电机的允许运行范围。在静态稳定条件下，发电机的允许运行范围主要决定于下述四个条件：

（1）原动机的额定功率。原动机的额定功率一般要稍大于或等于发电机的额定功率。

（2）定子的发热温度。发热温度决定了发电机额定容量的安全运行极限。

（3）转子发热温度。该温度决定了发电机转子绕组和励磁机的最大防磁电流。

（4）发电机进相运行时的静态稳定极限。发电机进相运行时，考虑运行稳定，发电机的有功输出受到静态稳定极限的限制。

七、 定子不平衡电流的允许范围

在实际运行中，发电机可能处于不对称状态，如系统中有电炉、电焊等单相负荷存在，系统发生不对称短路、输电线路或其他电气设备一次回路一相断线、断路器或隔离

开关一相未合上等原因，使发电机三相电流不相等（不平衡）。

1. 不平衡电流对发电机运行的不良影响

（1）使转子表面温度升高或局部损坏。不平衡电流中含有的负序电流所产生的负序旋转磁场，其旋转方向与转子转向相反，对转子的相对速度是同步转速的两倍，它将在转子绕组、阻尼绕组、转子铁芯表面及其他金属结构部件中感应出倍频（100Hz）电流。倍频电流因趋肤效应在转子铁芯表面流通，引起损耗使转子铁芯表面发热，温度升高。倍频电流在转子绕组、阻尼绕组中流过时，引起绕组附加铜损，使转子绕组温度升高。

转子铁芯中的倍频电流在铁芯中环流时，大部分通过转子本体，也越过许多转子金件的接触面，如槽、套、中心环等，因接触面的接触电阻大，在一些接触面会局部高温，造成转子局部损坏，如套箍与齿的接触被烧伤。

发热对汽轮发电机转子的影响尤为显著，因为汽轮发电机为隐极式转子，铁芯为圆形且用整个钢锭整体锻制而成，转子绕组放在槽中不易散热。

（2）引起发电机振动。由于定子三相电流不对称，定子负序电流产生的负序磁场相对转子以 2 倍同步转速旋转，它与转子磁场相互作用，产生 100Hz 的交变转矩，该转矩作用在转子及定子机座上，产生 100Hz 的振动。由于水轮发电机为凸极式转子，沿圆周气隙不均匀，磁阻不等、磁场不均匀，而汽轮发电机为隐极式转子，沿圆周气隙较均匀、磁阻相差不大、磁场比较均匀，故三相电流不平衡运行时，水轮发电机比汽轮发电机负序磁场引起的机组振动严重。因此，水轮发电机常设置阻尼绕组，利用其对负序磁场的去磁作用，可以减小负序电抗，同时可以降低负序磁场对转子造成的过热，以及减小附加振动转矩。

2. 发电机三相不平衡电流的允许范围

（1）正常运行时，汽轮发电机在额定负荷下的持续不平衡电流（定子各相电流之差）不应超过额定值的 10%，对水轮发电机和调相机来讲，不应超过额定值的 20%，且最大相的电流不大于额定值。在低于额定负荷下连续运行时，不平衡电流可大于上述值，但不得超过额定值的 20%，其具体数据应根据试验确定。

（2）长期稳定运行时，每相电流应均不大于额定值，其负序电流分量应不大于额定值的 8%～10%。水轮发电机允许担负的负序电流不大于额定电流的 12%。

（3）短时耐负序电流的能力应满足 $I_2^2 t \leqslant 10$。

八、发电机组绝缘电阻的允许范围

在发电机起动前或停机备用期间，应对其绝缘电阻进行监测，以保证发电机能安全运行。测量对象为发电机定子绕组、转子绕组、励磁回路、励磁机轴承绝缘垫、主励定子绕组、转子绕组、副励定子绕组以及各测温元件。

1. 发电机定子绝缘电阻的规定

300MW 及以上的火电机组，一般接成发变组单元接线，测量发电机定子回路的绝缘电阻（包括发电机出口封闭母线、主变低压侧绕组、厂用变高压绕组），一般用专用发电机绝缘测试仪进行测量。测量时，定子绕组水路系统内应通入合格的内冷水，不同条件下的测量值换算至同温度下的绝缘电阻（一般换算至75℃下），不得低于前一次测量结果的1/5～1/3，但最低不能低于20MΩ，吸收比不得低于1.3。发电机的定子出口与封闭母线断开时，定子绝缘电阻值不低于200MΩ。绝缘电阻不符合上述要求时，应查明原因并处理。

在任意温度下测得的定子绕组绝缘电阻值，也可直接用温度系数将其换算为75℃下的绝缘电阻值，定子绕组不同温度下绝缘电阻温度系数见表5-2。

表5-2　　　　　　　　定子绕组不同温度下绝缘电阻温度系数 K_t

$t(℃)$	K_t	$t(℃)$	K_t	$t(℃)$	K_t	$t(℃)$	K_t
10	0.0111	26	0.0333	42	0.1010	58	0.3030
12	0.0126	28	0.0385	44	0.1162	60	0.3571
14	0.0145	30	0.0435	46	0.1333	62	0.4056
16	0.0166	32	0.0500	48	0.1538	64	0.4566
18	0.0192	34	0.0588	50	0.1754	67	0.5747
20	0.0222	36	0.0666	52	0.2041	70	0.7079
22	0.0256	38	0.0769	54	0.2326	72	0.8130
24	0.0294	40	0.0885	56	0.2703	75	1.0000

测量发电机定子回路绝缘电阻也可用1000～2500V绝缘电阻表进行。

2. 发电机转子绕组及励磁回路绝缘电阻值的规定

用500V绝缘电阻表测量转子绕组绝缘电阻值，不得低于5MΩ，包括转子绕组在内的励磁回路绝缘电阻值不得低于1MΩ。

3. 主、副励磁机绝缘电阻值的规定

主、副励磁机定子绕组和主励磁机转子绕组的绝缘电阻值，应用500V绝缘电阻表测量，其值不得低于1MΩ。

4. 轴承和测温元件绝缘电阻值的规定

发电机和励磁机轴承绝缘的绝缘电阻值，应用1000V绝缘电阻表测量，其值不得低于1MΩ；发电机内所有测温元件的对地绝缘电阻值在冷态下应用250V绝缘电阻表测量，其值不得低于1MΩ。

📠 任务实施

1. 发电机组运行中监测的内容及方法

发电机运行时，运行值班人员应对发电机的运行工况进行严密监测，要有严格的制度。运行工况的监测和巡检包括对有关表计的监视和通过切换装置对运行参数的测量，对监测的参数进行分析，以确定发电机的运行工况是否正常，并进行相应的调节。

(1) 通过测量仪表及画面显示进行监测。发电机装有各种测量表计，如有功功率表（简称有功表）、无功功率表（简称无功表）、定子电压表、定子电流表、转子电压表、转子电流表、频率表、主励磁机转子电压表和电流表、副励磁机交流电压表、AVR（自动励磁调节器）的输出电压表和电流表、AVR 自动励磁与手动励磁输出的平衡电压表、50Hz 手动励磁输出电压表等。此外，还有温度检测装置、自动记录装置和计算机 CRT（阴极射线管）画面显示等。

发电机运行过程中，值班人员应严密监视发电机各表计、自动记录装置的工作情况，各仪表显示应与计算机 CRT 画面显示相符，各表计指示应不超过额定值，平衡电压表正常。监盘过程中，应根据有功负荷、电网电压等情况，及时做好无功负荷、发电机电压及励磁系统参数的调整，使机组在安全、经济的最佳状态下运行。同时，应针对各表计图指示值，结合运行资料，及时分析、判断有无异常。

另外，发电机运行中，运行值班人员应每小时记录一次发电机盘上各表计的指示值，发电机各部位的温度应与计算机打印结果相符。通过定时抄录和打印，积累运行资料，要运行分析数据，以便监视和掌握发电机运行工况，及时发现异常和采取相应措施，保证发电机正常运行。

(2) 通过检测装置进行监视。发电机运行时，通过检测装置进行的监测有以下几方面。

1) 转子绕组及励磁回路的绝缘监测。发电机运行时，转子绕组的绝缘是最薄弱的部分。因转子高速运转，离心力大，温度最高，且转子运转时，其通风孔可能被冷却气体中的灰尘和杂物堵塞，这样长期运行会使转子绕组的绝缘降低，故运行中需用转子绝缘监测装置定期（每班一次）对转子绕组回路的绝缘电阻进行测量，方法有：

(a) 用电压表测量。测量时，切换转子电压表控制开关，分别测量出转子正、负极之间的电压 U，转子正极对地电压 U_1，转子负对地电压 U_2，再通过公式计算出转子绕组的绝缘电阻。

(b) 用磁场接地检测装置测量发电机转子和励磁机转子的绝缘电阻。

2) 定子绕组绝缘的监测。定子绕组绝缘监测装置由电压表和切换开关组成，通过测量各相对地电压判断定子绕组的绝缘情况。绝缘正常时，各相对地电压相等且平衡。当测量发现一相对地电压降低（或为零），而另两相电压升高时，则说明电压降低的一相对地绝缘电阻下降（或发生金属性接地）。也可通过测量定子回路零序电压（发电机电压互感器二次侧开口三角形绕组两端电压）来监视定子绕组的绝缘。零序电压除在交接班时进行测量外，值班时间内至少还应测量一次。

3) 转子绕组运行温度的监测。用电阻法进行。

4) 定子各部位运行温度的监测。通过发电机温度巡检装置的切换测量或计算机 CRT 画面显示，可监视发电机定子绕组、定子铁芯、冷风区、热风区、氢气冷却器、密封油及轴承等不同部位的运行温度。需要指出的是在任何情况下均应防止冷氢温度高于内冷水入口温度。

(3) 对典型 600MW 仿真火力发电厂的 1 号发电机进行正常运行方式下的监视，在

表 5-3 中填写额定运行数据及实际监测数据。

表 5-3　　　　额定运行数据及实际监测数据

监视项目	有功功率	无功功率	功率因数	频率	定子电压	定子电流	转子电压	转子电流
额定运行数据								
实际监测数据								

2. 熟悉仿真发电厂 1 号发电机及主变的主要参数

（1）发电机主要参数。

某发电有限责任公司有 2 台发电机，每台发电机机组容量为 600MW，发电机的冷却方式为水、氢、氢。发电机型号 QFSN-600-2，其中 QF 表示汽轮发电机，S 表示定子绕组水内冷，N 表示转子绕组氢内冷，600 表示发电机额定有功功率为 600MW，2 表示有 2 个磁极。其主要参数如下。

1）额定容量：667MVA（发电机连续运行时，所能输出的最大视在功率）。

2）额定功率：600MW（发电机正常运行时，所能输出的最大有功功率）。

3）额定定子电压：20kV（发电机额定运行时，机端定子三相绕组的线电压）。

4）额定定子电流：19245A（发电机连续运行时，定子绕组允许通过的最大线电流）。

5）额定功率因数：$\cos\varphi_N = 0.9$（滞后）（同步发电机的额定功率和额定容量的比值）。

6）额定励磁电压：407V。

7）额定励磁电流：4145A。

8）额定频率：50Hz。

9）额定转速：3000r/min。

10）定子绕组接线方式：双 Y（并联）。

（2）变压器主要参数。

1）变压器概况。

某发电有限责任公司的发电机与主变为单元连接，2 台主变，每台主变容量为 3×240MVA，为保定天威保变电气股份有限责任公司生产。

两台机组共享一台起动/备用变压器（起/备变）。正常运行时，公用负荷由高压厂用电变压器（高厂变）供电，一期起动备用变压器（起/备变）采用架空线引接于 220kV 系统，二期的起动/备用电源采用电缆与配电装置连接。一期起动/备用变压器（起/备变）中性点为死接地，发电机中性点经接地变压器接地。

2）1 号主变的主要参数。

型号：DFP-2400/220。

额定频率：50Hz。

额定电压：242/20kV。

分接电压及调压方式：±2×2.5%，无励磁调压。

额定电流：1717.7/20785A。

冷却方式：OFAF。

额定容量：720MVA。

相数：三相。

联结组别号：Yn，D11。

任务 5.2　典型 600MW 汽轮发电机的负荷调整

⚡ 教学目标

知识目标

(1) 熟悉发电机组运行的调整原则。

(2) 掌握发电机运行中有功和无功负荷的调整方法。

(3) 熟悉发电机运行中有功和无功负荷调整过程中的注意事项。

能力目标

能够在仿真机上进行发电机运行中有功及无功负荷的调整。

素质目标

(1) 主动学习，在完成对发电机运行参数调整过程中发现问题、分析问题和解决问题。

(2) 能与小组成员协商、交流配合，按标准化作业流程完成发电机的参数调整工作。

💡 相关知识

发电机运行中的调整对象包括有功和无功负荷，目前机组采用的多是机炉电集中控制方式，即一台锅炉、一台汽轮机、一台发电机为一个独立的系统，有功负荷的调整由机炉协调完成，无功负荷的调整则由电气系统完成。但是，当电力系统出现振荡且该机处于高频率系统需要立即减负荷，或发电机出现失步现象需要立即降低该机有功负荷，或发电机三相定子电流不平衡超过允许值需要降低时，电气运行人员可通过值长直接调整有功负荷，在现场运行规程中均有具体规定。

发电机组运行的监视和调整通则如下。

(1) 机组运行调整的任务是要保证锅炉的蒸发量能满足机组负荷的要求；调节各参数在允许范围内变动，确保机组的运行安全和正常使用寿命；保证炉内燃烧工况良好和参数在最佳工况下运行，确保机、炉运行安全性、经济性、环保性。

(2) 机组运行中要充分利用和发挥自动控制系统的作用，确保设备运行工况的稳定和运行参数的调节质量。在控制系统自动运行时，运行人员要加强画面参数的监视和运行参数的分析。只有在自动控制系统或测量元件发生故障、机组发生异常使设备的参数超出自动系统的调整范围、设备非正常方式运行超出自动控制系统设计能力才需要解除自动进行手动调整。发现自动控制系统不能正常运行，要立即将故障的自动系统切换成手动进行调整确保运行参数正常，同时立即联系热控人员进行处理。

（3）机组运行期间要密切注意监视画面上参数的变化，发现参数偏离正常要及时进行调整，不得使参数超出正常运行允许范围。在参数不严重偏离正常值的情况下尽量保持参数平稳变化，防止大幅度调整造成参数振荡。

（4）出现参数报警时，要认真进行检查、核实、分析并积极进行调整，必要时联系巡检人员就地进行核实、检查，禁止不加分析盲目复归报警。在机组出现较多参数异常和报警时，要立即进行协作调整。

（5）正常运行中严禁退出锅炉保护装置，若必须退出，必须经总工程师批准，并有防范措施。

（6）在机组出现异常、出现较多参数异常和报警时，应立即组织能够参与异常消除的力量积极协作调整。在调整过程中要注意抓住主要参数进行调整，待主要参数基本调整正常再逐一进行其他参数调整。

任务实施

1. 有功负荷的调整

发电机有功功率的调整，在正常情况下是根据频率和有功负荷的变化，由汽轮机调节系统控制汽轮机汽门的开度，调节汽轮机的进气量，改变汽轮机转动力矩的大小，进而改变输出功率。当汽轮机的转动力矩与发电机的制动力矩平衡时，若汽轮机转动力矩没有增加，因制动力矩大于转动力矩，则发电机转速就要下降；若维持发电机的频率不变，则需要增加汽轮机的转动力矩。反之，当有功负荷减少时，发电机转速就要上升，频率也随之增加。要维持稳定，就需要根据发电机有功负荷的变化及时调整汽轮机的转动力矩，保持汽轮发电机组的力矩平衡。有功负荷的调整以及负荷调整的幅度和速度都是通过调整汽轮机的进气量来实现的。

正常运行时，有功负荷的调整应按上级调度命令进行，即由上级调度根据系统负荷的变化和需要，通知各厂增加或降低出力，值长接令后通知运行人员相应调整燃料量、给水量、风量和汽机汽门开度。这一过程中电气运行人员要严密监视电气仪表，以保证发电机的正常运行。

事故时，电气运行人员可根据具体情况直接进行有功负荷的调节，并尽量联系锅炉运行协同进行。

2. 无功负荷的调整

发电机无功功率的调整，是根据功率因数表或无功表及电压表的指示，通过励磁调节器改变励磁电流而进行的。当有功负荷不变而增加无功负荷时，功率因数就下降；同理，当有功负荷不变而减少无功负荷时，功率因数就要上升。通常情况下功率因数不应超过迟相 0.95。因为若功率因数超过迟相 0.95 时，发电机电枢合成磁场和转子磁极间的磁力线的吸力便减小，使功角增大。因此，会使机组运行的静态稳定降低，容易使发电机失去同步，而且会造成发电机定子绕组端部发热。为保持单元机组运行的稳定，在调整无功负荷时，应注意不使发电机进相运行。

正常情况下，无功负荷的调整应根据电网给定的电压曲线按规定要求由电气运行人员通过改变 AVR 的工作点进行调节。

事故时，根据事故处理要求进行调整。例如，发电机失步时应增加无功负荷，三相定子电流不平衡超过规定时降低无功负荷等。

3. 调整有功、无功负荷时发电机表计的变化

(1) 单纯调整有功负荷（例如降低有功负荷）。

1) 有功功率（MW）下降。

2) 三相定子电流（kA）平衡下降。

3) 无功功率（Mvar）略有上升。有些发电机仅装设功率因数表，则在滞后范围内下降。

(2) 单纯调整无功负荷（例如增加无功负荷）。

1) 无功功率上升，或功率因数滞后下降。

2) 三相定子电流平衡上升。

3) 转子电流（A）、转子电压（V）上升。

4) 定子电压（kV）略有上升。

4. 发电机负荷调整过程中的注意事项

(1) 调整幅度应控制得小一些为好，以免被调整对象大起大落。

(2) 调整时，必须先认清欲调对象的操作设备（即调节把手）。根据运行经验，曾多次发生过因搞错操作把手而造成机组异常运行的事例。

(3) 调整过程中，必须严密监视相应表计的变化情况，要注意各参数不能超过允许值。

调整过程中，还应综合观察和分析数据显示的变化情况。例如，三相定子电流是否平衡变化，转子电流、电压是否相应变化等。另外，调整后，特别是增加后，应对发电机的各部分温度加强监视。正常工况下，各部温度应稍有上升并且不会超过允许值，但是如果由于冷却条件影响而发生温度异常升高时，应认真分析，找出可能的原因并汇报上级，采取措施，包括降低有功、无功负荷，使机组运行在运行范围内。

5. 填写监测数据

(1) 调整 1 号发电机发出的有功功率，监测发电机发出的无功功率、定子电压、定子电流、转子电压、转子电流的变化情况，在表 5-4 中填写监测数据。

表 5-4　　　　　　　　　　调整 1 号发电机有功功率后参数变化

有功功率（MW）	600	500	400	300	200	100
定子电流(A)						

续表

有功功率（MW）	600	500	400	300	200	100
定子电压（kV）						
转子电流（A）						
转子电压（V）						
无功功率（Mvar）						

（2）调整 1 号发电机发出的无功功率，监测发电机发出的有功功率、定子电压、定子电流、转子电压、转子电流的变化情况，在表 5-5 中填写监测数据。

表 5-5   调整 1 号发电机无功功率后参数变化

无功功率（Mvar）	91.9	78.545	65.25	50.3
定子电流（A）				
定子电压（kV）				
转子电流（A）				
转子电压（V）				
有功功率（MW）				

项目6

发电厂电气设备巡视及维护

项目描述

本项目主要学习典型的 $2\times600MW$ 发电机变压器组单元接线发电厂发电机、电动机的巡视及维护内容；分析典型 600MW 发电厂正常运行方式下的发电机、电动机巡视的标准化作业流程；掌握火电仿真系统中发电机、电动机巡视及维护相关操作。

教学目标

知识目标

(1) 熟悉发电厂电气设备巡视规定和巡视方法。

(2) 熟悉发电厂标准化巡视流程。

(3) 熟悉发电机、电动机的巡视及维护项目。

能力目标

(1) 能按照标准化作业流程在仿真机上对发电机进行巡视和维护。

(2) 能按照标准化作业流程在仿真机上对电动机进行巡视和维护。

(3) 具备根据典型的 $2\times600MW$ 发电机变压器组单元接线发电厂发电机、电动机的巡视及维护内容及相关规定，对发电厂发电机、电动机进行巡视和维护的能力。

素质目标

(1) 愿意交流，主动思考，善于在反思中进步。

(2) 学会服从指挥，遵章守纪，吃苦耐劳，安全作业。

(3) 学会团队协作，认真细致，保证目标实现。

教学环境

发电厂电气设备巡视及维护在 600MW 火电仿真实训室进行一体化教学，机位要求能满足每个学生一台计算机；电气运行仿真系统相关资料齐全，配备规范的一体化教材和相应的多媒体课件等教学资源。

知识背景

一、 发电厂电气设备巡视相关规定

1. 发电厂电气设备巡视制度

（1）每班值班期间，对全部设备检查应不少于三次，即交、接班各一次，班间相对高峰负荷时一次。

（2）对于天气突变、设备存在缺陷及运行设备失去备用等各种特殊情况，应临时安排特殊检查或增加巡视次数，并做好事故预想。

（3）检修后的设备以及新投入运行的设备，应加强巡视。

（4）事故处理后应对设备、系统进行全面巡视。

2. 巡视过程中的注意事项

（1）值班人员必须认真按时巡视设备。

（2）值班人员必须按规定的设备巡视路线，巡视本岗位所分工负责的设备，以防漏巡设备。

（3）巡回检查时应带好必要的工具，如手套、手电、电笔、防尘口罩、套鞋、听音器等。

（4）巡回检查时必须遵守有关安全规定，不要触及带电、高温、高压、转动等危险部位，防止危及人身和设备安全。

（5）检查中若发现异常情况，应及时处理、汇报，若不能处理时，应填写缺陷单，并及时通知有关部门处理。

（6）检查中若发生事故，应立即返回自己的岗位处理事故。

（7）巡回检查前后，均应汇报班长，并做好有关记录。

二、 发电厂电气设备正常巡视内容

（1）设备运行情况。

（2）充油设备有无漏油、渗油现象，油位、油压指示是否正常。

（3）充气设备有无漏气，气压是否正常。

（4）设备接头接点有无发热、烧红现象，金具有无变形和螺栓有无断损和脱落、电晕放电等情况。

（5）运转设备声音是否异常（如冷却器风扇、油泵和水泵等）。

（6）设备干燥装置是否已失效（如硅胶变色）。

（7）设备绝缘子、瓷套有无破损和灰尘污染。

（8）设备的计数器、指示器的动作和变化指示情况（如避雷器动作计数器、断路器操作指示器等）。

三、发电厂电气设备巡视标准化作业流程

发电厂电气设备巡视的基本流程如下：

（1）制订巡视计划。

（2）运行单位审核批准巡视工作计划。

（3）值班负责人分配巡视任务，巡视人员做好巡视准备。

（4）按照巡视路线开展设备巡视。

（5）巡视过程中发现设备缺陷。

（6）按照设备缺陷处理流程执行。

（7）巡视结束后，做好巡视后的记录整理。

（8）资料归档。

任务 6.1　发电机与励磁系统的巡视及维护

教学目标

知识目标

（1）熟悉发电机与励磁系统的标准化作业流程。

（2）熟悉发电机与励磁系统的巡视及维护项目。

能力目标

能按照标准化作业流程在仿真机上进行发电机与励磁系统的巡视及维护。

素质目标

（1）主动学习，在完成对发电机与励磁系统巡视过程中发现问题、分析问题和解决问题。

（2）能与小组成员协商、交流配合，按标准化作业流程完成发电机与励磁系统的巡视及维护工作。

相关知识

一、发电机本体的维护

（1）清扫脏污。对刷握和刷架上的积灰可用不含水分的压缩空气（压力适中）吹净，也可用毛刷清扫。油污可用棉布蘸少量四氯化碳擦净。操作时注意不要被转动部分绞住，必要时，可依次取出电刷逐个清扫。

（2）调整电刷弹簧压力。电刷运行时，应定期用手提拉每个电刷的刷辫，以检查各电刷的压力是否均匀及电刷在刷握中是否有卡涩或间隙过大的情况。刷压过大或过小电

刷都会产生火花，对于压力过大的电刷，先将电刷取出，待冷却后再放回刷握，然后适当减小弹簧压力，并稍微增大其他电刷的压力；对于压力过小的电刷，可适当增大弹簧的压力。

（3）定期测量电刷的均流度。运行中的发电机，由于电刷长短、弹簧压力大小不一致，使各电刷与集电环的接触电阻相差较大，各电刷流过的电流不均匀，致使有的电刷电流为零，有的电刷电流很大。零电流电刷越多，其他电刷过载越严重，如不及时处理，大电流电刷会因严重过载而发热烧红，使刷辫熔化，继而形成恶性循环而被迫停机。因此，应定期测量电刷的均流度，并及时处理异常。可用钳形电流表测量电刷均流度；测量前，检查钳嘴部分应绝缘良好；测量时，应注意不要将钳嘴碰到集电环面，也不要接触到接地部分。处理过程中，切忌将大电流电刷脱离集电环面，否则会加大其他大电流电刷的承载电流而造成严重后果。所以，应先处理零电流电刷，使其电流接近平均值，这样处理后，大电流电刷的电流便会自动趋于正常。

（4）更换电刷。处理零电流电刷的方法应根据不同情况而定。电刷过短时，应更换电刷；压缩弹簧压力低或失效时，应更换新弹簧；因电刷脏污引起零电流，应用棉布擦拭或用细砂纸轻擦。更换新电刷的注意事项如下：

1）遵守安全工作规程中的有关规定。如工作人员应穿绝缘鞋站在绝缘垫上工作，工作服袖口扎紧，戴手套，使用良好的绝缘工具等。

2）更换的电刷必须与原电刷同型号。如几种型号的电刷混用，可能会因电刷材料硬度和导电性能不同，加速集电环面磨损或部分电刷过热而影响机组的正常运行。

3）更换电刷的过程中应防止电极接地及极间短路。严禁同时用两手碰触励磁回路和接地部分或不同极的带电部分，也不允许两个人同时进行同一机组不同极的电刷调换，以免造成励磁回路两点接地短路。

4）更换后的电刷，要保证电刷在刷握内活动自如，无卡涩，弹簧压力正常。同时，对未更换的电刷，按磨损程度将弹簧压力作适当调整，使压力正常。

5）在更换电刷过程中，不允许用锐利金属工具顶住电刷增加接触效果，即使是短时间也不允许，以免造成集电环面损坏或人身事故。

二、 发电机氢系统的检查与维护

发电机运行时，应随时监视机壳内的氢气压力。即使密封油系统很完善，无泄漏现象，但由于密封油会吸收氢气，机壳内的氢气压力也会逐步下降，故应定时补氢，保持机壳内氢压正常。补氢时，应观察、比较不同部位的氢压，正确判断机壳内的氢气压力，防止因表计的假指示而误判断。

定期检查氢气的纯度、湿度和温度。运行值班人员应根据气体分析仪检查机壳内氢气纯度，并每小时记录一次。当氢气纯度低于96%时，应进行排污，并向机内补充纯净氢气，以保持机内氢气纯度。化验人员应定期化验机壳内的氢气湿度，当湿度超过$15g/m^3$时，应排污并补入纯净氢气或适当升高冷氢温度，注意观察并降低氢气湿度，防止发电机绕组受潮。发电机运行时，规定了机内冷氢温度的最高值和最低值，可通过调节氢气冷却器的冷却水调节冷氢温度。

三、发电机冷却水系统的检查与维护

发电机运行时，氢气压力应高于定子绕组冷却水压力，这是为了防止定子线棒爆管漏水。当氢、水压力低于报警值时，应调节氢、水压力；当密封油系统故障，只能维持氢压运行时，必须保持最低水压；若水压大于氢压，只允许短时运行，但不允许长期运行。

发电机运行时，定子冷却水箱内的水质应合格，水箱内应保持一定的氮压（或氢压）。当水质不合格时，应投入离子交换器运行。水箱内维持一定的氮压，可防止水质污染。

发电机运行时，应检查定子入口冷水温度是否正常，冷却水回路及定子绕组各水支路是否通畅。运行中应注意定子水冷却器的运行，水回路各段水压降应正常，定子绕组各水支路的水温度、平均温度偏差不得超过规定值。若某出水支路水温超过规定值，应立即采取措施，如调整负荷、检查冷却水流量、降低进水温度，并应尽快查明原因予以处理，必要时应停机。

🔖 **任务实施**

根据发电厂电气设备巡视相关规定、发电厂电气设备巡视方法、发电厂电气设备巡视标准化作业流程，对照发电机与励磁系统巡视及维护内容，严格遵守《发电厂运行规程》及各项安全规程，与小组成员协商、交流配合，在现场或火电仿真系统中按照规定的巡视路线巡视发电机与励磁系统，找出发电机与励磁系统的巡视点进行巡视，并根据每个巡视点的现象判断运行中发电机与励磁系统有何缺陷，记录到设备巡视卡上。

1. 发电机本体的巡视

（1）声音应正常，无金属摩擦或撞击声，无异常振动现象。若发现异常，应及时检查处理。

（2）外壳应无漏风，机壳内无烟气和放电现象。由于定子、转子运行温度较高，冷却气体的密封可能会损坏。运行中定期检查定子本体漏风情况。在补氢量较多时，应对本体进行查漏。当发电机内部发生短路故障，如转子端部绕组两点接地而保护失灵时，转子端部绝缘会烧坏，机端转子间隙可能冒黑烟和火苗，并伴随异常振动，故运行中应检查机内无烟气或放电现象。

（3）机端定子绕组无变形、无流胶、无绝缘磨损黄粉、绑线整块无松动、绕组无结露、定子绝缘引水管接头不渗漏、无抖动及磨损、机端灭灯观察无电晕等现象。

（4）液位检测器内无漏水、漏油情况。每班应打开一次液位检测器的排液门进行排液，其内应无水、油排出。否则，应立即排净液体，并检查机端绕组、绝缘引水管、氢气冷却器是否漏水。若漏油严重，说明密封油压不正常，应及时处理。

（5）集电环表面应清洁、无金属磨损痕迹、无过热变色现象，集电环和大轴接地的

电刷在刷握内无跳动、冒火、卡涩或接触不良的现象，电刷未破碎、不过短，刷未脱落、未磨断，刷握和刷架无油垢、炭粉和尘埃等情况。

（6）各油槽油位、油色是否正常，油有无溅漏。各空气冷却器温度是否均匀，有无过热、结露及漏水现象。风洞内是否清洁、无杂物，带电设备有无电晕放电现象和异常声音，有无焦臭味。

2. 发电机励磁系统的盘面巡视

（1）励磁控制盘面各表计指示应正常。

（2）各控制开关位置正确，信号指示与工作方式一致。

（3）AVR（自动电压调节器）处于自动方式时，应重点监视 AVR 直流回路跟踪情况及电压波动时 AVR 的自动调节功能。AVR 无论处于何种运行方式，励磁方式切换开关不允许置于断开位置。

3. 发电机励磁系统的现场巡视

（1）检查 100Hz 整流柜。整流柜各运行指示灯指示正常；各整流柜冷却风扇电动机运行正常，无异常及焦臭味，风扇电动机的运行电源符合预先规定；各表计指示正常，各整流柜电流指示值应接近，电流差值不超过规定值；各整流元件、熔断器及载流接头无过热，整流元件故障指示灯应不亮，熔断器无熔断；对于使用冷却水的整流柜，其阀门、接头及管路应无渗漏水，冷却器水压正常。

（2）检查 AVR。AVR 的调节柜、功率柜、辅助柜内各元器件无过热、无焦味现象；功率柜冷却风扇电动机运转正常；保护信号继电器无吊牌指示；各表计指示正常，功率元器件的电流分配应接近平衡（两组整流桥的正、负电流都相接近）。

（3）检查 50Hz 手动励磁装置应正常。

（4）检查主、副励磁机运转正常。对无刷励磁机，用频闪灯检查每个熔断器，以确定旋转硅整流盘中无零件发生故障。

任务 6.2　　发电厂电动机的巡视及维护

⚡ **教学目标**

知识目标

（1）熟悉电动机的结构原理。

（2）熟悉电动机正常运行方式下各主要参数的允许变化范围。

（3）熟悉发电厂电动机的标准化作业流程。

（4）熟悉发电厂电动机的巡视及维护项目。

能力目标

能按照标准化作业流程在仿真机上进行发电厂电动机的巡视及维护。

素质目标

（1）主动学习，在完成对发电厂电动机巡视过程中发现问题、分析问题和解决问题。

（2）能与小组成员协商、交流配合，按标准化作业流程完成发电厂电动机的巡视及维护工作。

💡 相关知识

一、电动机基本结构原理

电动机是将电能转换为机械能，用于拖动各类机械动作的动力设备。电动机的使用范围广、种类多，这里主要介绍发电厂常用电动机。

电动机主要由定子和转子两大部分组成，它利用载流导体（绕组）在磁场中受到电磁力矩（转矩）的特点制造而成。

1. 异步电动机

（1）定子部分。异步电动机的定子由定子绕组、定子铁芯、机座、端盖等部件组成。

定子绕组是定子的电路部分，三相异步电动机的定子绕组为三相交流绕组，常见的接线方式有星形和三角形两种接法。

定子铁芯是定子的磁路部分，同时起到固定定子绕组的作用。

机座的作用是固定和支撑电动机。

绕线式异步电动机的定子上还装有电刷装置。

（2）转子部分。异步电动机的转子部分主要有转子绕组、转子铁芯、冷却风叶等。

转子绕组的作用是用来切割定子旋转磁场在转子电路感应电动势，在转子回路闭合时流过转子电流，异步电动机即利用转子电流在电动机磁场中所形成的电磁转矩来转动。

转子铁芯用来固定转子绕组，同时构成转子上的磁路部分。

（3）气隙。气隙是指电动机定子与转子之间的间隙，是电动机磁路的一部分（电动机中绝大多数磁力线经定子铁芯、气隙、转子铁芯三部位构成闭合回路）。

2. 直流电动机

（1）定子部分。直流电动机的定子由主磁极、换向极、电刷装置、机座、端盖等部件组成。

主磁极由主磁极铁芯和励磁绕组两部分组成，作用是在励磁绕组通过励磁电流时建立主磁极磁场，作为直流电动机将电能转换为机械能所需要的主要磁场。

换向极由换向极铁芯和换向极绕组构成，作用是改善直流电动机运行时产生的火花现象。

电刷装置的作用是将外部电路与转子上的电枢绕组相连，构成闭合回路，向转子输入电能。

（2）转子部分。直流电动机的转子主要由电枢绕组、电枢铁芯、换向器构成。

电枢绕组是直流电动机实现机电能量转换的电路部分，电枢绕组中流过电枢电流时，在电动机磁场中形成电动机转动所需的电磁转矩。

电枢铁芯用来固定电枢绕组及换向器，也是电动机磁路的一部分。

换向器的作用是连接转子上的电枢绕组与定子上的电刷，通过换向器与电刷的接触，将电枢回路闭合，使电源能够向电枢绕组输入电流。

（3）气隙。直流电动机的气隙作用与异步电动机类似。

二、 电动机运行的允许温度和温升

电动机在运行中产生的各种能量损耗（铜损、铁损、机械损耗等）都转化为热量，引起电动机绕组、铁芯和轴承等温度的升高，若电动机绝缘材料的运行温度超过了规定值，将使电动机的使用寿命因绝缘材料的迅速老化而缩短，因此，规定了电动机运行的最高允许温度。最高允许温度由电动机使用的绝缘材料等级和温度测量方法来决定。

考虑电动机的绝缘寿命，电动机还规定了最高允许温升。电动机的允许温升是一定环境温度下（一般规定为35℃或40℃），电动机温度 t 与周围环境温度 t_n 的差值，即 $\theta = t - t_n$。

电动机的允许温升由其所使用的绝缘材料来决定，不同绝缘等级的绝缘材料有不同的允许温升，常用的绝缘材料等级有 A、E、B、F 级。对应的耐热极限温度分别为105、120、130℃及155℃，如规定环境温度为35℃，一般还留有5℃的裕度（测出的温升为绕组的平均温升，而绕组的最高温升要比平均温升高，故留有5℃的温度裕度），故上述绝缘等级绝缘材料的允许温升分别为65、80、90℃及115℃。不同绝缘等级电动机的最高允许温度和温升见表6-1。

表6-1　　　　　　　不同绝缘等级电动机的最高允许温度和温升

电动机各部件名称	各绝缘等级的允许温度和温升（℃）										测定方法
	A级		E级		B级		F级		H级		
	t	θ	t	θ	t	θ	t	θ	t	θ	
定子绕组	105	70	120	85	130	95	155	120	180	145	电阻法
转子绕组	105	70	120	85	130	95	155	120	180	145	
定子铁芯	105	70	120	85	130	95	155	120	180	145	
集电环	$t=105℃$　$\theta=70℃$										温度计法
滚动轴承	$t=100℃$　$\theta=65℃$										
滑动轴承	$t=80℃$　$\theta=45℃$										

注　环境冷却空气温度为35℃，表中 t 为最高允许温度，θ 为最高允许温升。

电动机运行时，环境空气温度的高低对其各部分的温度有很大影响。所以，运行中的电动机，还应考虑周围空气温度变化时，其负荷应控制在相应的范围内。表6-2为A

级绝缘的电动机，当周围空气温度变化时，允许负荷变化的百分数（对额定负荷而言）。

表 6‐2　　　　　周围空气温度变化时，A 级绝缘的电动机允许负荷变化的范围

周围空气温度（℃）	允许负荷变化百分数（%）	周围空气温度（℃）	允许负荷变化百分数（%）
25 及以下	+10	40	−5
30	+5	45	−10
35	额定负荷	50	−15

由表 6‐2 可知，当周围空气温度的额定值为 35℃时，电动机可以在电源电压、频率正常的情况下带额定负荷长期运行。当周围空气温度高于额定值时，电动机的出力应相应降低；当周围空气温度低于额定值时，其出力允许升高，但不能超过额定负荷的 10%。对大容量的高压电动机，如采用空气冷却器时，其入口温度不得低于 5℃，入口冷却水量以使空气冷却器出现凝结水珠为标准，以防止电动机定子绕组端部绝缘材料变脆。

三、电动机电源电压、频率的允许变化范围

1．电源电压的允许变化范围

对电动机电源电压的变化范围有如下规定：

（1）电动机电源电压在额定值的 −5%～10% 范围内变化时，其额定出力不变。当电源电压提高 10% 时，电动机的电流应减小 10%。

（2）电动机额定运行，三相电源电压的不平衡度不超过 5%，或相间电压不平衡度不超过额定值的 5%。

（3）三相电压不平衡引起的三相不平衡电流不超过额定电流的 10%，且任意相的电流不超过额定值。

2．频率的允许变化范围

电动机对电源频率的变化有如下规定：我国交流电源额定频率为 50Hz，当电源电压为额定值时，电源频率与额定频率的偏差不得超过 ±1%，即电源频率允许在 49.5～50.5Hz 变化，电动机出力可维持额定值。如果频率过低，电动机定子电流增加，功率因数下降，效率降低，故不允许电动机在过低频率下运行。

四、电动机绝缘电阻允许值

检修后的电动机、停电时间长达 7 天以上的电动机，在送电前必须测量电动机的绝缘电阻。处于备用状态的电动机也必须定期测量其绝缘电阻，以防投入运行后，因电动机绝缘受潮发生相间短路或对地击穿。

电动机绝缘电阻合格的标准：高压电动机用 2500V 绝缘电阻表测量绝缘电阻，其绝缘电阻应不低于 1MΩ/kV。高压电动机的绝缘电阻，在相同环境温度下测量，一般不应低于上一次量值的 1/5～1/3，否则应查明原因。还应测量吸收比（R_{60}/R_{15}），其值

应大于 1.3。380V/220V 交、直流电动机，用 500～1000V 绝缘电阻表测量绝缘电阻，其绝缘电阻值应不低于 0.5MΩ。

运行中的电动机因长期运行使绕组积满灰尘或碳化物，可能使绝缘下降，绝缘电阻合格与否应与原始记录相比较，当绝缘电阻较以前同样情况下降低 50% 以上时，则应认为不合格。

任务实施

根据发电厂电气设备巡视相关规定、发电厂电气设备巡视方法、发电厂电气设备巡视标准化作业流程，对照发电厂电动机巡视及维护内容，严格遵守《发电厂运行规程》及各项安全规程，与小组成员协商、交流配合，在现场或火电仿真系统中按照规定的巡视路线巡视发电厂电动机，找出发电厂电动机的巡视点进行巡视，并根据每个巡视点的现象判断运行中发电厂电动机有何缺陷，记录到设备巡视卡上。

1. 电动机运行中的巡视

（1）正常运行时，电流、电压不应超过允许值。

（2）电动机的温度、温升在规定范围内，测温装置完好。

（3）电动机的声音、振动应正常，无异常气味。

（4）电动机的轴承润滑正常。轴承油位、油色正常，油环转动灵活、强力润滑油系统工作正常。

（5）电动机冷却系统（包括冷却水系统）正常。

（6）电动机周围应清洁、无杂物、无漏水、漏油和漏气等现象。

（7）电动机各防护罩、接线盒、接地线、控制箱应完好无异常。

（8）电动机外观检查无裂纹。

2. 电动机的维护

（1）经常保持电动机本体及周围清洁无杂物。

（2）按规定定时巡视检查电动机，对巡视检查发现的各种异常、缺陷应作记录、并及时处理。

（3）对危及电动机安全运行的漏水、漏气应及时处理并采取一定措施，防止电动机进水和受潮危及电动机的绝缘。

电动机的正常
运行和巡视

（4）为保持备用电动机的"健康"水平和真正起到备用作用，应按规定对电动机定期进行轮换运行。对停用和备用的电动机定期检查绝缘，绝缘不合格者应及时处理。

（5）对绕线式异步电动机，应注意电刷与集电环的接触、电刷的磨损及火花情况，火花严重时，必须及时清理集电环表面，矫正电刷弹簧压力。

项目7

发电厂倒闸操作

项目描述

本项目主要学习发电厂厂用电系统、直流系统、事故保安电源系统、不间断电源等进行停送电操作的基本原则及要求；停送电倒闸操作票的正确填写。

教学目标

知识目标

（1）了解发电机及励磁系统、发电厂厂用电系统、直流系统、事故保安电源系统、不间断电源的基本知识。

（2）熟悉发电机及励磁系统、发电厂厂用电系统、直流系统、事故保安电源系统、不间断电源进行停送电操作的操作原则、规范。

（3）熟悉发电机及励磁系统、发电厂厂用电系统、直流系统、事故保安电源系统、不间断电源进行停送电操作前系统的运行方式。

（4）掌握发电机及励磁系统、发电厂厂用电系统、直流系统、事故保安电源系统、不间断电源进行停送电操作流程。

能力目标

（1）能够正确说出发电机及励磁系统、发电厂厂用电系统、直流系统、事故保安电源系统、不间断电源进行停送电操作前系统的运行方式。

（2）能够正确填写发电机及励磁系统、发电厂厂用电系统、直流系统、事故保安电源系统、不间断电源进行停送电操作的倒闸操作票。

（3）能够审核发电机及励磁系统、发电厂厂用电系统、直流系统、事故保安电源系统、不间断电源进行停送电操作的倒闸操作票。

（4）能够在仿真机上正确进行发电机及励磁系统、发电厂厂用电系统、直流系统、事故保安电源系统、不间断电源的停送电操作。

素质目标

（1）愿意交流，主动思考，善于在反思中进步。

（2）学会服从指挥，遵章守纪，吃苦耐劳，安全作业。

（3）学会团队协作，认真细致，保证目标实现。

发电厂倒闸操作在600MW火电仿真实训室进行一体化教学，机位要求能满足每个学生一台计算机；600MW火电仿真系统相关资料齐全，配备规范的一体化教材和相应的多媒体课件、任务工单等教学资源。

🔖 **知识背景**

发电厂倒闸操作项目主要学习典型2×600MW火电厂发变组升压并网及解列停机操作、厂用电停送电操作、直流系统、事故保安电源系统及交流不停电电源UPS的停送电操作。具体包括：发电厂厂用6kV母线停送电操作；发电厂厂用400V母线停送电操作；发电厂厂用电源切换；发电厂直流系统停送电操作；发电厂事故保安电源系统停送电操作；交流不停电电源UPS停送电操作；发电厂发变组升压并网及解列停机操作。

任务7.1　发电厂厂用电系统停送电操作

发电厂在生产过程中，有大量电动机拖动的机械设备，用以保证机组的主要设备和输煤、碎煤、除灰、除尘及水处理等辅助设备的正常运行，它们称为厂用机械。发电厂的厂用机械、检修、试验、照明、修配等用电称为厂用电。发电厂的厂用电一般由发电厂本身供给，厂用电的耗电量占同一时期发电厂发电量的百分数称为厂用电率。

厂用机械的重要性决定了厂用电的重要程度。厂用电是发电厂最重要的负荷，应保证供电的可靠性和连续性。

任务7.1.1　发电厂厂用电系统停电操作

👤 **教学目标**

知识目标

（1）掌握厂用电的作用及接线。
（2）熟悉厂用电倒闸操作的一般规定。
（3）熟悉发电厂厂用电停电前系统的运行方式。
（4）掌握发电厂厂用电停电的操作流程。

能力目标

（1）能够填写发电厂厂用电停电的倒闸操作票。
（2）能够审核发电厂厂用电停电的倒闸操作票。
（3）能够在仿真机上熟练进行发电厂厂用电停电操作。

素质目标

（1）能主动学习，在完成发电厂厂用电停电的过程中发现问题、分析问题和解决问题。

（2）能严格遵守专业相关规程标准及规章制度，与小组成员协商、交流配合，按标准化作业流程完成发电厂厂用电停电操作。

相关知识

一、厂用电系统概述

（一）厂用电负荷

根据厂用负荷在发电厂运行中起的作用不同及供电中断对人身、设备、生产造成影响程度的不同，厂用电负荷分为五类。

1．Ⅰ类负荷

Ⅰ类负荷指短时（即手动切换恢复供电所需的时间）可能影响人身或设备安全，使生产停顿或大量影响出力的负荷。如火电厂的给水泵、凝结水泵、循环水泵、引风机、送风机、给粉机、主变压器油、水冷电源等。对接有Ⅰ类负荷的高、低压母线，应有两个独立电源供电，一个为工作电源，另一个为备用电源，并能自动切换；Ⅰ类负荷一般装有两套或多套设备，它们应装在不同的母线段上，Ⅰ类负荷的电动机应能可靠地自启动。

2．Ⅱ类负荷

Ⅱ类负荷指允许短时停电，但较长时间停电可能损坏设备或影响机组正常运行的负荷。如火电厂的工业水泵、疏水泵、灰水泵、输煤系统机械等。对接有Ⅱ类负荷的厂用母线，应有两个独立电源供电，一般采用手动切换。

3．Ⅲ类负荷

Ⅲ类负荷指长时间停电不直接影响发电厂生产，仅造成生产上不便的负荷。如中央修配厂、试验室、油处理设备等。对Ⅲ类负荷一般采用一个电源供电。

4．事故保安负荷

事故保安负荷指大容量机组在事故停机过程中及停机后的一段时间内仍必须供电的负荷。根据对电源的要求不同，事故保安负荷可分为两类：

（1）直流保安负荷，如汽机、给水泵的直流润滑油泵，发电机的直流氢密封油泵等。直流保安负荷由蓄电池供电。

（2）允许短时停电的交流保安负荷，如盘车电动机、交流润滑油泵、交流氢密封油泵、除灰用事故冲洗水泵、消防水泵等。允许短时停电的交流保安负荷平时由交流厂用电源供电，交流厂用电源消失时由交流保安电源供电。交流保安电源一般采用快速启动的柴油发电机供电，该机组能自动投入。

5. 交流不停电负荷

交流不停电负荷指在机组启动、运行、停机过程中及停机后的一段时间内，需要连续供电的负荷。如实时控制的计算机、热工仪表及自动装置等。一般由接于蓄电池组的逆变装置供电。

（二）厂用电系统电压等级

发电厂厂用电系统电压等级是根据发电机额定电压、厂用电动机的电压和厂用电网络的可靠运行等诸方面因素，经过经济、技术综合比较后确定的。

发电厂中一般采用的供电网络的电压：交流低压供电网络用 0.4kV（380V/220V）；高压供电网络有 3、6、10kV 等；直流有 220V 和 110V。

（1）380/220V 交流有工作和保安电源两类。

（2）220V 直流对直流事故照明、交流 UPS 电源、直流电动机及其他动力负荷供电，110V 直流主要是对控制、保护、测量、信号及其他控制负荷电源供电。

（3）发电厂可采用 3、6、10kV 作为高压厂用电的电压，容量为 600MW 以下的机组，发电机电压为 10.5kV 时，可采用 3kV（10kV）；发电机电压为 6.3kV 时，可采用 6kV；当容量在 125～300MW 时，宜选用 6kV 作为高压厂用电压；容量为 600MW 及以上的机组，可根据工程条件采用 6kV 一级厂用电压或 3、10kV 两级厂用电压。

目前，我国 600W 机组厂用电电压等级广泛使用如下两种方案：

（1）采用 3、10kV 两级厂用电压。2000kW 及以上的电动机采用 10kV，200～2000kW 电动机采用 3kV 电压，75～200kW 电动机接于 400V 动力中心配电，75kW 以下由电动机控制中心配电。

（2）采用 6kV 一级厂用电压等级。200kW 及以上的电动机由 6kV 供电，200kW 及以下电动机由 400V 供电。目前国内新建 600MW 机组电厂基本上采用 6kV 一个厂用电压等级。

二、厂用电系统接线

厂用电接线应满足下列要求：

（1）正常运行时的安全性、可靠性、灵活性及经济性。

（2）发生事故时，能尽量缩小对厂用电系统的影响，避免引起全厂停电事故，即各机组厂用电系统具有较高的独立性。

（3）保证启动电源有足够的容量和合格的电压质量。

（4）有可靠的备用电源，并且在工作电源发生故障时能自动地投入，保证供电的可靠性。

（5）厂用电系统发生事故时，处理方便。

在大容量机组的火电厂中，厂用电接线应考虑以下问题：

（1）各机组的厂用电系统是独立的，特别是 200MW 以上的机组，应做到这一点。

一台机组的故障停运或其辅机的电气故障，不应影响到另一台机组的正常运行，并能在短时间内恢复本机组的运行。

（2）充分考虑机组启动和停运过程中的供电要求，一般均应配备可靠的启动备用电源。在机组启动、停运和事故时的切换操作要少，并能与工作电源短时并列。

（3）充分考虑电厂分期建设过程中厂用电系统的运行方式。特别需注意对公用负荷供电的影响，更便于过渡，尽量少改变接线和更换设备。

（4）200MW 及以上机组应设置足够容量的交流事故保安电源，当全厂停电时，可以快速启动和自动投入，向保安负荷供电。另外，还要设置电能质量指标合格的交流不间断供电装置，保证不允许间断供电的热工负荷的用电。

发电厂中，由于锅炉辅助机械占主要地位，耗电量最多，故发电厂的厂用母线接线一般都采用按炉分段，即凡属于同一台锅炉的厂用电动机，都接在同一段母线上。按炉分段有以下优点：

（1）一段母线如发生故障，仅影响一台锅炉的运行。

（2）利用锅炉大修或小修机会，可以同时对该段母线进行停电检修。

（3）便于设备的管理和停送电操作。

但对于不能按炉分段的公用负荷，可以设立公用负荷段。

（一）厂用电源及其引接

1. 工作电源及其引接

发电厂的厂用工作电源，是保证机组正常运行的基本电源，不仅要求供电可靠，而且应满足各级厂用电压负荷容量的要求。通常，工作电源应不少于两个。发电机一般都投入系统并联运行，因此，从发电机电压回路通过厂用高压变压器或电抗器取得厂用高压工作电源已足够可靠，即使发电机组全部停止运行，仍可从电力系统倒送电能供给厂用电源。这种引接方式操作简单、调度方便、投资和运行费用都比较低，常被广泛采用。

高压厂用工作电源可采用下列引接方式：

（1）当有发电机电压母线时，由各段母线引接，供给接在该段母线上的机组的厂用负荷。

（2）当发电机与主变压器为单元接线时，由主变压器低压侧引接，供给该机组的厂用负荷。300MW 及以上容量发电机均采用此接线，如图 7-1 所示。发电机出口采用封闭母线以减小大电流导体的发热、电动力和发生故障的概率，提高单元机组的运行可靠性。采用封闭母线时，发电机组出口一般不装设断路器或负荷开关，如图 7-1（a）所示。原因有：①发电机出口短路，短路电流较大，要求断路器的开断电流很大，断路器较难选择，少数公司可以制造，但价格昂贵；②发电机出口采用分相封闭母线，发生故障的概率很小。但应有可拆连接片，方便发电机的检修、试验。

发电机组出口装设断路器的情况，如图 7-1（b）所示接线，当发电机启动和停机时，只要断开发电机出口断路器，厂用负荷可以从系统经主变压器直接取得电源，这样

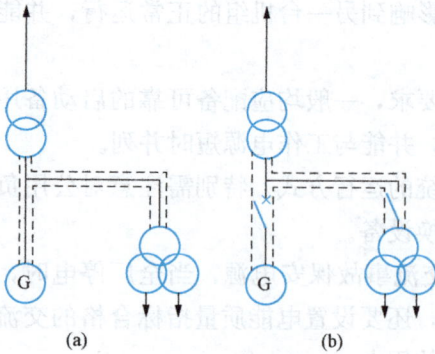

图 7-1 厂用工作电源的引接
(a) 发电机出口不设断路器;
(b) 发电机出口设断路器

可以减少发电机启动和停机时大量的厂用系统的倒闸操作;设计上也可以考虑省掉启动变压器。另外,"厂网分开,竞价上网"政策下,电源的引接点应考虑有关电力部门"是否对该备用电源按一般工业用户收取基本电费与电度电费"的因素,进行技术经济论证。

为了减小两段厂用母线之间电动机提供回馈短路电流值,高压厂用工作电源宜采用分裂变压器的两个分裂绕组分别供给两段厂用母线的电源,不能采用两台双绕组变压器提供两段母线电源,这样使投资加大,运行费用加大,占地增加。

不管高压厂用电压为一种电压或两种电压,每台 600MW 发电机组多用两台分裂绕组变压器作为高压厂用电源,具有四段高压厂用母线,提高了厂用电源的工作可靠性。为了提高单元机组的运行可靠性,其出口引接的高压厂用工作变压器不采用有载调压变压器。

2. 备用电源和启动电源的引接

厂用备用电源是指事故情况下失去厂用工作电源时起后备作用的电源,又称事故备用电源。而启动电源是指在机组未发电或厂用工作电源完全消失的情况下,为保证机组快速启动,向必要的辅助设备供电的电源,启动电源实质上也是一个备用电源。目前我国 200MW 以上大型机组,为了确保机组安全和厂用电的可靠设置厂用启动电源,且以启动电源作为事故备用电源,这种电源统称起动/备用电源。

备用电源的引接应保证其独立性,从与厂用电源相对独立的系统引接,并且具有足够的供电容量,最好能与电力系统密切联系,在全厂停电情况下仍能尽快从系统获得厂用电源。为保证电压质量,当起动/备用变压器的阻抗大于 10.5% 或系统电压波动超过 5% 时,应考虑采用有载调压变压器。

(1) 高压厂用备用或起动/备用电源的引接方式。

1) 当无发电机电压母线时,由高压母线中电源可靠的最低一级电压母线或由联络变压器的第三(低压)绕组引接,并应保证在全厂停电的情况下,能从外部电力系统取得足够的电源(包括三绕组变压器的中压侧从高压侧取得电源)。

2) 当有发电机电压母线时,由该母线引接 1 个备用电源。

3) 当技术经济合理时,可由外部电网引接专用线路供给。

4) 全厂需要 2 个及以上高压厂用备用或起动/备用电源时,应引自两个相对独立的电源。

5) 从 220kV 及以上中性点直接接地的电力系统中引接的高压厂用备用或起动/备用变压器,其中性点的接地不应装设隔离开关。某发电有限责任公司的 1、2 号机组就是直接从 220kV 系统经高压起动/备用变压器引接启动备用电源的,如图 7-2 所示。

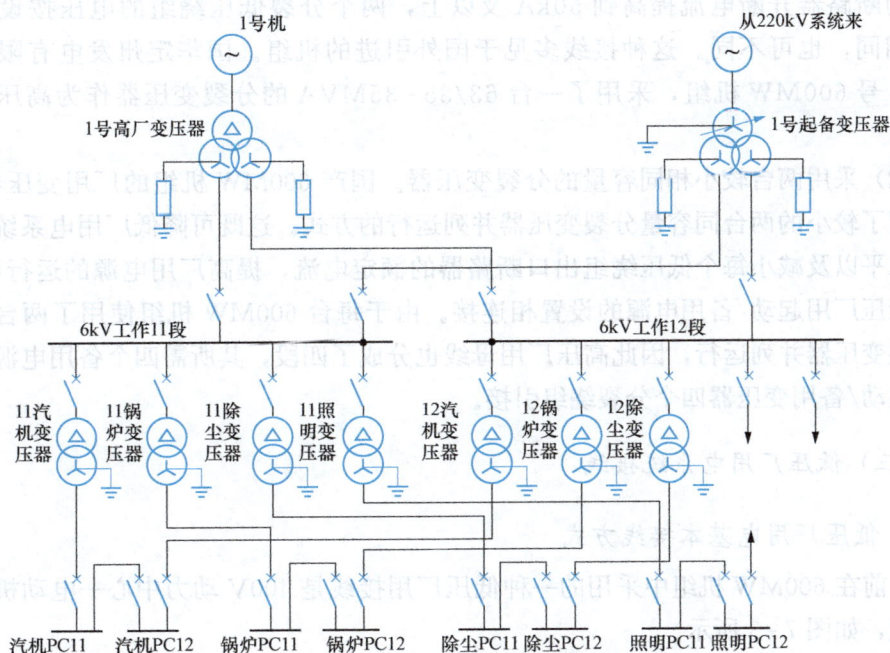

图 7-2   某发电有限责任公司 1 号发电机组厂用电接线

（2）起动/备用电源设置的数量。当单机容量达 300MW 及以上时，一般每台机组设一个高压起动/备用电源。为安全起见，在有关的设计技术规程中要求：在发电机出口不装设断路器或负荷开关时，应考虑一台高压厂用起动/备用变压器检修时，不影响任一机组的启停。因此，国内设计的 600MW 机组每一起动/备用电源都由两台容量较小的起动/备用变压器组成，以满足一台高压厂用起动/备用变压器检修时，另一台起动/备用变压器仍能满足机组启停的要求。

（二）高压厂用电系统接线

高压负荷一般都比较重要，大多设有备用设备，当工作设备故障时，备用设备会自动启动接替工作。为使工作与备用设备不会因母线故障而全部停运，设计中将母线分为两段，把互为备用的设备接于不同段上，以达到上述目的。

随着机组及高压厂用变压容量的不断增长，高压厂用电系统中的短路电流也在加大，为限制短路电流水平，除适当加大厂用变压器的阻抗外，还采用了低压为分裂绕组的分裂变压器，并将一台机组的两段高压厂用母线接于不同低压分裂绕组上。这种分裂变压器因为两个低压绕组间的分裂电抗很大，在短路时可有效地阻止另一绕组的电动机回馈电流的流入，与双绕组变压器相比降低了短路电流水平，同时也能极大地减少故障绕组对非故障绕组母线电压的影响，使在另一段母线上运行的高压负荷能较正常地运行。分裂变压器一般用于 200MW 及以上容量的机组。当机组容量增大至 600MW 及以上等级时，对于高压厂用变压器的设置有以下两种方式：

（1）采用一台大容量分裂变压器。由于变压器供给的短路电流也大，需将厂用系统的断路器开断电流提高到 50kA 及以上，两个分裂低压绕组的电压按设计需要可以相同，也可不同。这种接线多见于国外引进的机组。国华定州发电有限责任公司的 1 号 600MW 机组，采用了一台 63/35 - 35MVA 的分裂变压器作为高压厂用变压器。

（2）采用两台较小相同容量的分裂变压器。国产 600MW 机组的厂用变压器设置，都采用了较小的两台同容量分裂变压器并列运行的方式。这既可降低厂用电系统的短路电流水平以及减小每个低压绕组出口断路器的额定电流，提高厂用电源的运行可靠性，又与高压厂用起动/备用电源的设置相连接。由于每台 600MW 机组使用了两台高压厂用分裂变压器并列运行，因此高压厂用母线也分成了四段，其所需四个备用电源分别从两台起动/备用变压器四个分裂绕组引接。

（三）低压厂用电系统接线

1. 低压厂用电基本接线方式

目前在 600MW 机组中采用的一种低压厂用接线是 400V 动力中心—电动机控制中心接线，如图 7 - 3 所示。

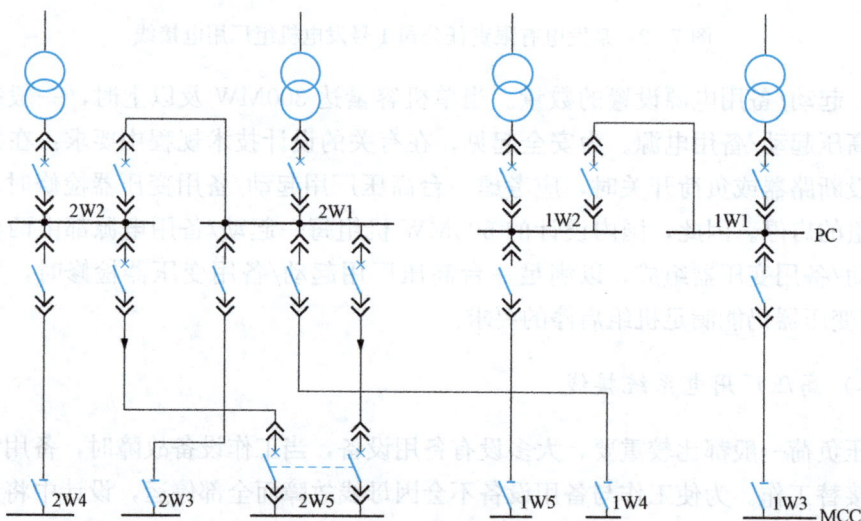

图 7 - 3 低压厂用动力中心—电动机控制中心（PC - MCC）接线

动力中心—电动机控制中心接线方式也简称为 PC - MCC 接线（Power Central - Motor Control Central）。PC - MCC 接线的特点是：使用简单的接线，以可靠的设备保证供电的可靠性。

由图 7 - 3 可见，每一套 PC - MCC 的电源由互为备用的两台变压器构成。虽然还是单母线分段接线方式，但使用了分段断路器，互为备用的负荷开关分接于不同的半段上。分段断路器与两台变压器的进线断路器形成连锁回路，正常运行时分段断路器断开，两半段 PC 母线分别由各自的电源变压器供电。只有当其中一个电源断路器因变压器停运或其他原因断开时，分段断路器才会合闸，由另一台变压器负担全部 PC 母线的负荷。

PC-MCC 接线中，每段 MCC 也分为两个半段，互为备用的负荷分别接于不同半段上，但 MCC 两个半段间不设分段断路器。大型机组的 MCC 两个半段的电源可分别来自两个不同的 PC 母线（如图中的 1W3、1W4 段），也可自同一个 PC 的两个不同的半段上引接（如图中的 2W3、2W4 段）。如机组中还有单台 I 类负荷，则可设置一个有两个电源进线的 MCC，两个电源互为备用，互相连锁，将没有备用的一类负荷接于其上，如图 7-3 中母线 2W5。

PC-MCC 接线应使用抽屉式开关柜，每一种规格的断路器至少应设一个备用抽屉式开关柜，并要求抽屉的互换性很好。一旦某个回路发生电源部分的故障，应能用备用抽屉更换故障部分，迅速恢复供电。所以，PC 段和 MCC 段的接线的供电可靠性都是较高的。

鉴于 PC-MCC 接线方式的供电可靠性较高，故负荷不再按重要程度接于不同母线段上，而是简单地以容量划分。我国现行规程规定，75～200kW 的负荷及 MCC 的馈电回路接于 PC，75kW 以下负荷接于 MCC。这要求抽屉式开关柜所采用的断路器设备参数应满足回路要求，保护应该齐全，抽屉的互换性很好等。

2. 低压厂用负荷的供电方式

低压厂用电系统在一个单元中采用若干个动力中心（PC），由动力中心供电给电动机控制中心（MCC），再由电动机控制中心供电给车间就地配电屏（PDP）。主厂房内照明电和动力电分开供电。

发电厂常设有除灰、输煤、化水、汽轮机、电除尘、锅炉、公用、事故保安动力中心等。动力中心（PC）常用的接线如图 7-4 所示，每个 400V 动力中心分为 A、B 两段，分别由两段高压母线供电。两段动力中心之间设置联络开关连接。低压厂用变压器互为备用方式，变压器容量均按两段动力中心的负荷容量选择。正常运行时两段动力中心的联络开关断开。当任意一台变压器检修或故障时，联络开关需手动投入。在两个变压器进线开关之间设置电气闭锁，使两台变压器不能并列运行。

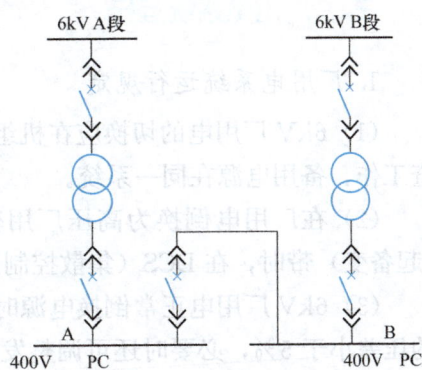

图 7-4 动力中心常用的接线
（厂用 400V 动力中心）

电动机控制中心（MCC）一般根据负荷情况分散成对配置。互为备用及成对出现的负荷分别由对应的两段 MCC 供电，每段均采用单电源供电方式，由动力中心供电。

（四）某公司 1、2 号机组厂用电系统概况

1、2 号机组各设一台高压厂用变压器，两台机组共享一台起/备变压器。全厂共有 6kV 段母线 10 段，其中：1 号机组厂用 2 段，2 号机组厂用 2 段，公用 2 段，水处理 2

段，脱硫2段。全厂共有6kV高压电机73台，其中厂用11段14台，厂用12段12台。公用01段11台，公用02段10台。6kV/380V变压器28台。电动给水泵从厂用11段引接。6kV公用母线01、02段分别接于12、22段母线上。

低压厂用变压器和辅助厂房的低压变压器为干式变压器。

起/备变压器为三分裂式变压器并带有平衡绕组（以消除三次谐波），低压侧通过封闭母线与6kV工作段相连。

高压厂用变压器高压侧与发电机出口通过离相封闭母线相连，低压侧通过封闭母线与6kV配电装置相连。6kV工作段与公用段采用电缆连接。

低压变压器和容量大于等于200kW的电动机由6kV配电装置供电，真空断路器用于1250kVA以上的低压变压器和容量大于1000kW的电动机；带熔断器的真空接触器（FC）用于容量为1250kVA及以下的变压器回路和1000kW及以下的电动机回路。

厂用电系统不设置同期装置，只设置一套微机型厂用电源快速切换装置，靠备用电源快速切换装置实现正常情况下的工作电源和备用电源的双向切换、事故情况下备用电源的自动投入。

6kV厂用电系统中性点接地方式采用低阻接地方式，接地电阻值为9Ω，接地故障动作于跳闸。接地电阻接地电流允许400A。

高压厂用电系统配电装置6kV开关柜为真空开关柜和带熔断器的真空接触器混合式开关设备。工作段和公用段母线进线开关选用4000A、50kA断路器。

三、厂用电系统运行

1. 厂用电系统运行规定

（1）6kV厂用电的切换应在机组运行稳定、负荷150MW左右进行，切换前必须检查工作、备用电源在同一系统。

（2）在厂用电倒换为高压厂用变压器（高厂变）自带或倒换为起动/备用变压器（起备变）带时，在DCS（集散控制系统）画面上进行正常切换。

（3）6kV厂用电正常倒换电源时，需先调整起备变压器分接头，使待并断路器两侧的压差小于5％，必要时还可调整发电机无功达到压差要求。

（4）6kV厂用11、12段工作电源与备用电源之间设有快切装置，正常运行时，快切装置方式投入并联方式。

（5）厂用电系统因故改为非正常运行方式时，应事先制定安全措施，并在工作结束后尽快恢复正常运行方式。

（6）380V系统PC段运行电源切换前，应检查两路在同一系统，以防非同期合闸，如两电源不在同一系统，应采用瞬停的切换方法。属于同一系统时，可并列切换，在两端压差小于5％时，可先合上分段断路器，然后断开要停电断路器。

（7）MCC盘进行电源切换时，一般采用先断后合的方式，在就地盘上将断路器切至备用电源。

（8）电源切换瞬间将失电，在切换前应检查 MCC 盘所带负荷的运行情况，以防影响机组的安全运行。

（9）下列厂用电设备禁止投入运行：

1）无保护的设备。

2）绝缘电阻不合格的设备。

3）断路器操动机构有问题。

4）断路器事故遮断次数超过规定。

5）速动保护动作后，未查明原因和排除故障。

2. 厂用电系统倒闸操作遵循的规定

（1）厂用电系统的倒闸操作和运行方式的改变，应由值长发令，并通知有关人员。

（2）除紧急操作和事故处理外，一切正常操作应按规定填写操作票，并严格执行操作监护及复诵制度。

（3）厂用电系统倒闸操作，一般应避免在高峰负荷或交接班时进行。操作当中不应进行交接班，只有当操作全部终结或告一段落时，方可进行交接班。

（4）新安装或进行过有可能变换相位作业的厂用电系统，在受电与并列切换前，应检查相序、相位的正确性。

（5）厂用电系统电源切换前，必须了解电源系统的连接方式。若环网运行，应并列切换，若开环运行及事故情况下对系统接线方式不清时，不得并列切换。

（6）倒闸操作应考虑环并回路与变压器有无过载的可能，运行系统是否可靠及事故处理是否方便等。

（7）厂用电系统送电操作时，应先合电源侧隔离开关，后合负荷侧隔离开关，停电操作与此相反。

3. 厂用电倒闸操作的注意事项

（1）必须了解系统运行方式和状态，并考虑电源及负荷的合理分布、系统的运行方式调整情况。

（2）在厂用电系统和设备送电时，必须收回工作票，拆除安全措施，对厂用电气设备进行详细检查，在确认断路器已断开后，方可送电操作。

（3）有备用电源的系统，工作电源停电时采用并列倒换的方法进行，待负荷转移正常后，将工作电源停电。

（4）母线停电时，应考虑负荷分配，进行负荷转移，不能切换的设备应做好停电的联系工作，负荷全部停运时，用电源断路器切除空母线，而后停电压互感器（TV 在实际中，也用 PT 表示）。

（5）母线送电时，应先测绝缘电阻，并详细检查设备，先送母线电压互感器，然后用电源断路器对母线充电，正常后再恢复对负荷的供电。

（6）程序控制的厂用负荷的程控开关，应随同设备的停、送电一起进行。

（7）厂用电源的倒换，应考虑系统的运行方式，防止发生非同期并列。

四、厂用电系统停电操作

1. 厂用母线停电的操作原则（厂用母线由工作电源接带状态）

（1）检查厂用母线所属负荷均已断开。

（2）断开厂用母线备用电源自投装置。

（3）拉开厂用母线工作电源断路器（操作此项时，应考虑有关保护投、断问题）。

（4）将厂用母线工作电源和备用电源断路器置于检修状态。

（5）拉开厂用母线电压互感器隔离开关，并取下其高、低压熔断器及其直流熔断器。

2. 6kV 手车开关停电操作

（1）将二次柜门上的就地/远方选择把手切至"就地"位置。

（2）断开 6kV 手车开关断路器。

（3）检查 6kV 手车开关断路器确已断开。

（4）用曲柄逆时针将开关从"工作"位置摇至"试验/隔离"位置。

（5）取下 6kV 手车开关的二次插头。

（6）将开关从"试验/隔离"位置摇至"检修"位置。

3. 6kV 母线 PT 停电操作

（1）退出 6kV 母线所有电动机负荷的低电压保护压板。

（2）退出 6kV 母线工作、备用进线开关的快切装置压板。

（3）断开二次柜内的控制小开关，消谐装置电源小开关。

（4）断开母线 PT 的二次小开关。

（5）将母线 PT 摇至隔离位置。

（6）取下母线 PT 的二次插头。

（7）关好柜门。

4. 380V 母线 PT 停电操作

（1）断开 380V 母线 PT 开关。

（2）取下低电压保护和 PT 断线直流保险 FU3、FU4。

（3）取下母线 PT 二次侧保险 FU1、FU2。

五、明备用和暗备用

明备用是指有备用电源的接线方式。如厂用 6kV 母线，一般由高压厂用变压器低压侧取得，视为工作电源。为保证母线供电的可靠性，还要在厂升压站另外设一个高压备用变压器，作为备用电源。一般情况下，工作电源与备用电源的容量一致。

暗备用是指没有明确的备用电源的接线方式。如低压厂用电系统的两台变压器各带一段母线，低压母线设置母联断路器的接线方式。可将变压器的容量加大，使一台变压器可以带两段母线的负荷，当一台变压器需要检修时，将母线负荷倒换至另一台变压器接带。

任务实施

根据发电厂电气设备倒闸操作基本原则、发电厂电气倒闸操作一般程序及相关规程规范，对发电厂厂用电系统停电操作进行分析判断，其倒闸操作实施情况如下。

1. 厂用 6kV 11 段母线停电操作步骤

（1）接值长令。

（2）查汽轮机 PC11 段工作进线开关在断开位。

（3）将汽轮机 PC11 段工作进线开关"就地/远方"选择把手切至"就地"位。

（4）将汽轮机 PC11 段工作进线开关摇至"隔离"位。

（5）取下汽轮机 PC11 段工作进线开关控制保险 FU1、FU2。

（6）查除尘 PC11 段工作进线开关在断开位。

（7）将除尘 PC11 段工作进线开关"就地/远方"选择把手切至"就地"位。

（8）将除尘 PC11 段工作进线开关摇至"隔离"位。

（9）取下除尘 PC11 段工作进线开关控制保险 FU1、FU2。

（10）查锅炉 PC11 段工作进线开关在断开位。

（11）将锅炉 PC11 段工作进线开关"就地/远方"选择把手切至"就地"位。

（12）将锅炉 PC11 段工作进线开关摇至"隔离"位。

（13）取下锅炉 PC11 段工作进线开关二次保险 FU1、FU2。

（14）查照明检修 PC11 段工作进线开关在断开位。

（15）将照明检修 PC11 段工作进线开关"就地/远方"选择把手切至"就地"位。

（16）将照明检修 PC11 段工作进线开关摇至"隔离"位。

（17）取下照明检修 PC11 段工作进线开关二次保险 FU1、FU2。

（18）查 11 照明检修变高压侧开关在断开位。

（19）将 11 照明检修变压器高压侧开关"就地/远方"选择把手切至"就地"位。

（20）将 11 照明检修变压器高压侧开关摇至"隔离"位。

（21）断开 11 照明检修变压器高压侧开关控制电源开关和储能开关。

（22）取下 11 照明检修变压器高压侧开关二次插头。

（23）查 11 汽机变压器高压侧开关在断位。

（24）将 11 汽机变压器高压侧开关"就地/远方"选择把手切至"就地"位。

（25）将 11 汽机变压器高压侧开关摇至"隔离"位。

（26）断开 11 汽机变压器高压侧开关控制电源开关和储能开关。

（27）取下 11 汽机变压器高压侧开关二次插头。

（28）查 11 除尘变压器高压侧开关在断开位。

（29）将 11 除尘变压器高压侧开关"就地/远方"选择把手切至"就地"位。

（30）将 11 除尘变压器高压侧开关摇至"隔离"位。

（31）断开 11 除尘变压器高压侧开关控制电源开关和储能开关。

（32）取下 11 除尘变压器高压侧开关二次插头。

（33）查 11 锅炉变压器高压侧开关断开。

（34）将 11 锅炉变压器高压侧开关"就地/远方"选择把手切至"就地"位。

（35）将 11 锅炉变压器高压侧开关摇至"隔离"位。

（36）断开 11 锅炉变压器高压侧开关控制电源开关和储能电源开关。

（37）取下 11 锅炉变压器高压侧开关二次插头。

（38）查 6kV 厂用 11 段母线所有负荷开关在"隔离"位。

（39）查 6kV 厂用 11 段工作进线开关在断开位。

（40）查 6kV 厂用 11 段电流为零。

（41）断开 6kV 厂用 11 段备用进线开关。

（42）查 6kV 厂用 11 段备用进线开关已断开。

（43）查 6kV 厂用 11 段母线电压为零。

（44）将 6kV 11 段备用进线开关"就地/远方"选择把手切至"就地"位。

（45）将 6kV 厂用 11 段备用进线开关摇至"隔离"位。

（46）断开 6kV 厂用 11 段备用进线开关控制电源开关和储能电源开关。

（47）取下 6kV 厂用 11 段备用进线开关二次插头。

（48）断开 6kV 厂用 11 段备用进线 PT 二次交、直流电源开关。

（49）将 6kV 厂用 11 段备用进线 PT 摇至"隔离"位。

（50）取下 6kV 厂用 11 段备用进线 PT 二次插头。

（51）断开 6kV 厂用 11 段母线 PT 二次交、直流电源开关。

（52）将 6kV 厂用 11 段母线 PT 摇至"隔离"位。

（53）取下 6kV 厂用 11 段母线 PT 二次插头。

（54）断开 6kV 厂用 11 段工作进线开关控制电源开关和储能电源开关。

（55）取下 6kV 厂用 11 段工作进线开关二次插头。

（56）断开 6kV 厂用 11 段工作进线 PT 二次开关。

（57）取下 6kV 厂用 11 段工作进线 PT 二次插头。

（58）将 6KV 厂用 11 段工作进线 PT 小车拉至间隔外。

（59）断开 6kV 厂用 11 段 01 柜低压电源开关。

（60）将 6kV 厂用 11 段 01 柜低压电源开关拉至"隔离"位置。

（61）断开 6kV 厂用 11 段 04 配电柜低压电源开关。

（62）将 6kV 厂用 11 段 04 配电柜低压电源开关拉至"隔离"位置。

（63）断开 6kV 厂用 11 段控制直流电源开关。

（64）查 6kV 厂用 11、22 段控制直流联络开关断开。

（65）断开 6kV 厂用 11 段动力直流电源开关。

（66）查 6kV 厂用 11、22 段动力直流联络开关断开。

（67）验明 6kV 厂用 11 段母线侧无电压。

（68）在 6kV 厂用 11 段母线 PT 处装设接地小车。

（69）查 6kV 厂用 11 段母线 PT 处装设接地小车装设好。

194

（70）验明 11 锅炉变压器高压侧开关地刀间隔负荷侧无电压。

（71）合上 11 锅炉变压器高压侧开关接地刀闸。

（72）查 11 锅炉变压器高压侧开关接地刀闸已合好。

（73）验明 11 照明检修变压器高压侧开关间隔负荷侧无电压。

（74）合上 11 照明检修变压器高压侧开关接地刀闸。

（75）查 11 照明检修变压器高压侧开关接地刀闸已合好。

（76）验明 11 汽机变压器高压侧开关间隔负荷侧无电压。

（77）合上 11 汽机变压器高压侧开关接地刀闸。

（78）查 11 汽机变压器高压侧开关接地刀闸已合好。

（79）验明 11 除尘变压器高压侧开关间隔负荷侧无电压。

（80）合上 11 除尘变压器高压侧开关接地刀闸。

（81）查 11 除尘变压器高压侧开关接地刀闸已合好。

2. 汽轮机 PC11 段停电操作步骤

（1）查汽轮机 PC11 段所有负荷开关断开。

（2）查汽轮机 PC11、12 段母联开关断开。

（3）断开汽轮机 PC11 段工作进线开关。

（4）查汽轮机 PC11 段母线电压为零。

（5）查汽轮机 PC11 段工作进线开关断开。

（6）断开 11 汽轮机变压器高压侧开关。

（7）查 11 汽轮机变压器高压侧开关断开。

（8）将汽轮机 PC11 段工作进线开关"就地/远方"选择把手切至"就地"位。

（9）将汽轮机 PC11 段工作进线开关摇至"隔离"位。

（10）断开汽轮机 PC11 段工作进线开关控制保险 FU1、FU2。

（11）将汽轮机 PC11、12 段母联开关"就地/远方"选择把手切至"就地"位。

（12）将汽轮机 PC11、12 段母联开关摇到"隔离"位置。

（13）断开汽轮机 PC11、12 段母联开关控制保险 FU1、FU2。

（14）断开 11 汽轮机变压器温控电源开关。

（15）查 11 汽轮机变压器温控电源开关断开。

（16）将 11 汽轮机变压器温控电源开关拉至"隔离"位。

（17）断开汽轮机 PC11 段 PT 开关。

（18）查汽轮机 PC11 段 PT 开关断开。

（19）取下汽轮机 PC11 段 PT 开关二次保险 FU1、FU2、FU3、FU4。

（20）将 11 汽轮机变压器高压侧开关"就地/远方"选择把手切至"就地"位。

（21）将 11 汽轮机变压器高压侧开关摇到"隔离"位。

（22）断开 11 汽轮机变压器高压侧开关控制及储能开关。

（23）取下 11 汽轮机变压器高压侧开关二次插头。

（24）断开汽轮机 PC11 段直流开关。

（25）查汽轮机 PC11 段直流开关断开。

（26）查汽轮机 PC11 与 12 段的直流联络开关断开。

（27）验明 11 汽轮机变压器低压侧无电压。

（28）在 11 汽轮机变压器低压侧封接一组接地线。

（29）查 11 汽轮机变压器低压侧接地线封好。

（30）验明汽轮机 PC11 段母线无电压。

（31）在汽轮机 PC11 段母线侧封一组接地线。

（32）查汽轮机 PC11 段母线侧接地线封好。

（33）验明 11 汽轮机变压器高压侧确无电压。

（34）合上 11 汽轮机变压器高压侧开关接地刀闸。

（35）查 11 汽轮机变压器高压侧开关接地刀闸合好。

任务 7.1.2　发电厂厂用电系统送电操作

教学目标

知识目标

（1）熟悉发电厂厂用电送电前系统的运行方式。

（2）掌握发电厂厂用电送电的操作流程。

能力目标

（1）能够填写发电厂厂用电送电的倒闸操作票。

（2）能够审核发电厂厂用电送电的倒闸操作票。

（3）能够在仿真机上熟练进行发电厂厂用电送电操作。

素质目标

（1）能主动学习，在完成发电厂厂用电送电的过程中发现问题、分析问题和解决问题。

（2）能严格遵守专业相关规程标准及规章制度，与小组成员协商、交流配合，按标准化作业流程完成发电厂厂用电送电操作。

相关知识

一、厂用母线送电的操作原则

（1）检查厂用母线上所有检修工作全部终结，各部（母线上连接的设备）及所属设备（各部设备的所属设备）均完好，符合运行条件。

（2）将母线电压互感器投入运行。即投入电压互感器高、低压熔断器及直流熔断器，合上电压互感器一次隔离开关。

（3）检查母线工作电源断路器和备用电源断路器均断开，并将其置于热备用状态。

（4）合上母线工作电源断路器（或合上母线备用电源断路器），检查母线电压正常。

（5）投入相应母线备用电源自投装置（由备用电源供电时，此项不执行）。

二、　6kV 手车断路器送电操作

（1）插入 6kV 手车断路器的二次插头。

（2）合上二次柜内的控制电源自动空气断路器、保护电源自动空气断路器、凝露器控制电源自动空气断路器、电能表电源自动空气断路器。

（3）锁好柜门。

（4）检修或更换小车后，试验电动分合闸及储能情况完好。

（5）查 6kV 手车断路器在断开位置。

（6）查接地开关在断开位置。

（7）用曲柄顺时针将断路器从试验位置摇至工作位置。

（8）查二次插头的闭锁杆落下。

（9）观察位置指示器指示工作位置。

（10）将二次柜门上或综合保护面板上的"就地/远方"选择开关切至远方位置。

（11）检查综合保护和差动保护装置正常。

（12）投入综合保护及差动保护出口连接片。

三、　母线 PT 的送电操作

1. 6kV 母线 PT 的送电操作

（1）检查母线 PT 一次触头完好。

（2）给上母线 PT 一次侧保险。

（3）给上母线 PT 的二次插头。

（4）将母线 PT 摇至工作位置。

（5）合上母线 PT 的二次小开关。

（6）合上二次柜内的控制小开关，加热照明小开关，消谐装置电源小开关。

（7）投入 6kV 母线工作、备用进线开关的快切装置压板。

（8）投入 6kV 母线所有电动机负荷的低电压保护压板。

2. 380V 母线 PT 的送电操作

（1）检查 PT 一次熔断器完好。

（2）检查低电压保护压板投入。

（3）给上 PT 二次熔断器 FU1、FU2。

（4）给上低电压保护和 PT 断线直流保险 FU3、FU4。

（5）合上 PT 开关。

四、　投运前的检查项目

1. 母线投运前的检查

（1）检查母线及所属设备工作已全部结束，工作票收回，安全措施已拆除。

（2）检查母线各支持绝缘子（瓷瓶）无裂纹，各部清洁无杂物，各固定螺丝紧固。

（3）检查所有小车开关在试验/隔离位置。

（4）用 2500V 绝缘电阻表测量母线绝缘大于 50MΩ。

（5）新安装和大修后的母线应有耐压试验报告。

（6）对封闭母线周围检查无漏水、漏气现象。

（7）封闭母线各接头密封良好，连接条紧固，短路板可靠接地。

2.6kV 手车开关投运前的检查

（1）检查接地刀闸已断开。

（2）检查开关柜和开关本体的二次回路组件完好。

（3）检查开关本体各梅花触头完好，测量开关各触头间及对地绝缘良好。

（4）测量所带负荷及电缆的绝缘良好。

（5）手动储能、分合闸操作及指示正常。

（6）将手车开关放至开关柜内隔离/试验位置，关上并锁好柜门。

3.380V 母线投运前的检查

（1）查所属一、二次系统工作是否结束，工作票全部收回，安全措施全部拆除。

（2）检查主接地母线和柜外接地网的连接是否可靠。

（3）清除柜内剩余材料对象和工具。

（4）用 1000 绝缘电阻表测量母线绝缘应大于 1MΩ。

（5）检查母线 PT 一次侧熔断器是否完好。

（6）将各柜门关好。

4.380V 开关投运前的检查

（1）检查各插头完好，无烧伤痕迹。

（2）检查各插头间及对地的绝缘电阻合格。

（3）手动储能及分合闸操作合指示正常。

（4）将手车开关放至开关柜内。

（5）检查机械闭锁。

（6）复位开关关好柜门。

5.厂用电设备和系统运行中的检查

（1）配电室无漏雨、无积水、无墙皮脱落、照明充足。

（2）开关刀闸接触器等设备的运行状态与 DCS 指示一致。

（3）开关柜上就地/遥控选择把手放至遥控位置。

（4）开关接触器等设备的电流电压不超过额定值。

（5）各部清洁无放电闪络现象。

（6）各开关刀闸母线 PT、（电流互感器，也表示为 TA）无振动和异音。

（7）共箱封闭母线接地良好，外壳无过热和放电现象。

（8）各导电部分接头温度不超过 70°，封闭母线不超过 65°。

（9）任何情况下 PT 二次侧不准短路，CT 二次侧不准开路。

（10）母线相间及相对地电压正常，6kV 母线电压维持在 6.3kV，380V 母线电压维持在 400V。

（11）各段负荷分配合理无过负荷现象。

（12）继电保护装置及自动装置定值正确无积尘。

（13）检查运行的 6kV 开关柜带电显示装置指示正确。

（14）电气及机械闭锁装置良好。

（15）开关各柜门关好。

五、电动机的启动

1. 电动机的启动规定

（1）电动机在正常情况下，允许在冷态下连续启动两次，每次间隔时间不得少于 5min；允许在热态下启动一次。只有在处理事故时以及启动时间不超过 2～3s 的电动机可以多启动一次。在进行动平衡校验时，启动的间隔时间为：200kW 以下的电动机，应不小于 30min，200～500kW 应不小于 1h，500kW 以上不小于 2h。

（2）当电动机静子线圈和铁芯温度在 50℃以上或运行 4h 后，则认为是热态。

（3）电动机启动时，应注意观察电流，并监视启动时间。

（4）新安装或检修后第一次启动的电动机，在远方启动时，应在电动机旁设专人监视，直到启动正常。

（5）电动机在启动过程中不可切断电动机电源，以防引起过电压。

（6）直流电动机启动应监视所在直流母线电压。

（7）尽量避免在厂用母线电压降低的情况下进行启动（6kV 母线电压低于 6.3kV，380V 母线电压低于 400V）。

（8）严禁同时启动两台及以上大型电动机。

（9）严防因风机挡板不严，在风机反转的情况下启动风机电动机，严防在水泵反转的情况下启动水泵电动机。

2. 电动机启动前检查

（1）电动机及其附近应无人工作、无杂物。

（2）电动机所带动的机械可以启动或在试转时电动机与机械的对轮已拆开。设法转动转子，证实转子与定子不相摩擦，它所带动的机械也没有被卡住。

（3）检查轴承中和启动装置中油位正常。如采用强力润滑，应投入油系统，并检查油压正常、油路畅通、不漏油。

（4）检查电动机各部测温元件 LCD 显示屏上显示正确。

（5）检查无机械引起的反转现象，如有应设法停止反转。

任务实施

根据发电厂电气设备倒闸操作基本原则、发电厂电气倒闸操作一般程序及相关规程规范，对发电厂厂用电系统送电操作进行分析判断，其倒闸操作实施情况如下。

1.6kV 厂用 11 段母线送电操作步骤（由检修状态转换为运行状态）

(1) 接值长令。

(2) 查 6kV 厂用 11 段临时措施拆除，标示牌拆除。

(3) 拆除 6kV 厂用 11 段所封接地线。

(4) 查 6kV 厂用 11 段所封接地线已拆除。

(5) 断开 11 锅炉变压器接地刀闸。

(6) 查 11 锅炉变压器开关接地刀闸确已断开。

(7) 断开 11 照明变压器高压侧开关接地刀闸。

(8) 查 11 照明变压器高压侧开关接地刀闸确已断开。

(9) 断开 11 汽轮机变接地刀闸。

(10) 查 11 汽轮机变开关接地刀闸确已断开。

(11) 查 6kV 厂用 11 段所有负荷开关在断开位。

(12) 查 6kV 厂用 11 段工作进线开关断开。

(13) 验明 6kV 厂用 11 段母线无电压。

(14) 测 6kV 厂用 11 段母线绝缘合格。

(15) 查 6kV 厂用 11 和 22 段直流联络开关在断位。

(16) 给上 6kV 厂用 11 段直流电源开关。

(17) 给上 6kV 厂用 11 段控制直流开关。

(18) 查 6kV 厂用 11 和 22 段动力直流联络开关在断位。

(19) 给上 6kV 厂用 11 段动力直流电源开关。

(20) 给上 6kV 厂用 11 段动力直流开关。

(21) 合上 6kV 厂用 11 段交流电源（一）开关。

(22) 查 6kV 厂用 11 段交流电源（一）开关确已合上。

(23) 合上 6kV 厂用 11 段交流电源（二）开关。

(24) 查 6kV 厂用 11 段交流电源（二）开关确已合上。

(25) 将 6kV 厂用 11 段母线 PT 间隔避雷器小车送工作位。

(26) 查 6kV 厂用 11 段母线 PT 间隔避雷器小车送好。

(27) 查 6kV 厂用 11 段母线 PT 一次熔断器良好。

(28) 给上 6kV 厂用 11 段母线 PT 二次插头。

(29) 将 6kV 厂用 11 段母线 PT 摇至"工作"位。

(30) 给上 6kV 厂用 11 段母线 PT 的二次小开关。

(31) 给上 6kV 厂用 11 段母线 PT 的交流二次小开关。

(32) 查 6kV 厂用 11 段备用进线 PT 一次熔断器良好。

(33) 给上 6kV 厂用 11 段备用进线 PT 二次插头。

(34) 将 6kV 厂用 11 段备用进线 PT 送至"工作"位。

(35) 合上 6kV 厂用 11 段备用进线 PT 二次小开关。

（36）合上 6kV 厂用 11 段备用进线 PT 交流二次小开关。

（37）查 6kV 厂用 11 段备用进线开关在断开位。

（38）给上 6kV 厂用 11 段备用进线开关的二次插头。

（39）给上 6kV 厂用 11 段备用进线开关的二次小开关。

（40）将 6kV 厂用 11 段备用进线开关摇至"工作"位。

（41）查 6kV 厂用 11 段备用进线开关保护投入正确。

（42）将 6kV 厂用 11 段备用进线开关"就地/远方"选择把手切至"远方"位。

（43）合上 6kV 厂用 11 段备用进线开关。

（44）查 6kV 厂用 11 段备用进线开关合好。

（45）查 6kV 厂用 11 段母线电压正常。

2. 厂用 11 循环水泵、turbpc11 段 11 真空泵送电操作步骤

（1）接值长令。

（2）断开 11 循环水泵接地刀闸。

（3）查 11 循环水泵接地刀闸确已断开。

（4）断开 11 汽轮机变高压侧接地刀闸。

（5）查 11 汽轮机变高压侧接地刀闸确已断开。

（6）断开 6kV 厂用 11 段母线 PT 接地刀闸。

（7）查 6kV 厂用 11 段母线 PT 接地刀闸确已断开。

（8）给上 6kV 厂用 11 段母线 PT 辅助插头。

（9）查 6kV 厂用 11 段母线 PT 接地刀闸在断开位置。

（10）将 6kV 厂用 11 段母线 PT 手车摇至"运行"位。

（11）给上 6kV 厂用 11 段母线 PT 二次侧开关。

（12）给上 6kV 厂用 11 段母线 PT 直流电源。

（13）给上 6kV 厂用 11 段控制直流电源开关。

（14）给上 6kV 厂用 11 段动力直流电源开关。

（15）查 6kV 厂用 11 段工作进线开关断开。

（16）验明 6kV 厂用 11 段母线无电压。

（17）检查 6kV 厂用 11 段备用进线开关"就地/远方"选择把手在"就地"位置。

（18）给上 6kV 厂用 11 段备用进线 PT 交流二次侧开关。

（19）查 6kV 厂用 11 段备用进线开关在断开位置。

（20）将 6kV 厂用 11 段备用进线开关手车摇至"试验/隔离"位置。

（21）给上 6kV 厂用 11 段备用进线开关的辅助插头。

（22）给上 6kV 厂用 11 段备用进线开关的储能开关。

（23）给上 6kV 厂用 11 段备用进线开关的控制开关。

（24）查 6kV 厂用 11 段备用进线开关接地刀闸在断开位置。

（25）查 6kV 厂用 11 段备用进线开关断开。

（26）将 6kV 厂用 11 段备用进线开关手车摇至运行位。

（27）将 6kV 厂用 11 段备用进线开关"就地/远方"选择把手切至"远方"位。

（28）合上 6kV 厂用 11 段备用进线开关。

（29）查 6kV 厂用 11 段母线电压正常。

（30）检查 6kV 厂用 11 循环水泵"就地/远方"选择把手在"就地"位置。

（31）将 6kV 厂用 11 循环水泵手车摇至"试验/隔离"位置。

（32）给上 6kV 厂用 11 循环水泵开关的辅助插头。

（33）给上 6kV 厂用 11 循环水泵储能开关。

（34）给上 6kV 厂用 11 循环水泵控制开关。

（35）查 6kV 厂用 11 循环水泵开关接地刀闸在断开位置。

（36）查 6kV 厂用 11 循环水泵开关断开。

（37）将 6kV 厂用 11 循环水泵开关手车摇至"运行"位置。

（38）检查 6kV 厂用 11 循环水泵"就地/远方"选择把手在"就地"位置。

（39）合上 6kV 厂用 11 循环水泵开关。

（40）查 6kV 厂用 11 汽轮机变压器高压侧开关"就地/远方"选择把手在"就地"位。

（41）将 6kV 厂用 11 汽轮机变压器高压侧开关手车摇至"试验/隔离"位置。

（42）给上 6kV 厂用 11 汽轮机变压器高压侧开关的辅助插头。

（43）给上 6kV 厂用 11 汽轮机变压器高压侧开关储能开关。

（44）给上 6kV 厂用 11 汽轮机变压器高压侧开关控制开关。

（45）查 6kV 厂用 11 汽轮机变压器高压侧开关接地刀闸在断开位置。

（46）查 6kV 厂用 11 汽轮机变压器高压侧开关断开。

（47）将 6kV 厂用 11 汽轮机变压器高压侧开关手车摇至运行位置。

（48）将 6kV 厂用 11 汽轮机变压器高压侧开关"就地/远方"选择把手切至"远方"位。

（49）合上 6kV 厂用 11 汽轮机变压器高压侧开关。

（50）给上 turbpc11 段母线 PT 的一次熔断器。

（51）给上 turbpc11 段母线 PT 的二次侧熔断器。

（52）合上 turbpc11 段母线 PT 的直流电源开关。

（53）将 turbpc11 段母线 PT 手车摇至"运行"位置。

（54）将 turbpc11 段工作电源进线开关"就地/远方"选择把手切至"就地"位。

（55）将 turbpc11 段工作电源进线开关手车摇至"试验"位置。

（56）给上 turbpc11 段工作电源进线控制开关。

（57）将 turbpc11 段工作电源进线开关手车摇至"运行"位置。

（58）将 turbpc11 段工作电源进线开关"就地/远方"选择把手位置。

（59）合上 turbpc11 段工作电源进线开关。

（60）查 turbpc11 段工作电源进线开关合好。

（61）查 turbpc11 段母线电压正常。

（62）检查 turbpc11 段 11 真空泵开关"就地/远方"选择把手切至"就地"位置。

（63）将 turbpc11 段 11 真空泵开关手车摇至"试验"位置。

（64）给上 turbpc11 段 11 真空泵控制开关。

（65）将 turbpc11 段 11 真空泵开关手车摇至"运行"位置。

（66）检查 turbpc11 段 11 真空泵开关"就地/远方"选择把手在"就地"位置。

（67）合上 turbpc11 段 11 真空泵开关。

（68）检查 turbpc11 段 11 真空泵开关已合上。

任务 7.2　发电厂厂用电源切换

发电厂正常运行时，发电机厂用电源来自厂用高压变压器；若厂用高压变压器检修或故障，则由电力系统 220kV 母线供给。正确进行厂用电系统切换等操作是确保电力系统及发电机本身安全稳定运行的重要环节，操作中必须严谨认真。

⚡ 教学目标

知识目标

（1）熟悉 6kV 厂用电系统切换的基本知识。

（2）熟悉厂用电源快切装置的功能及切换方式。

（3）熟悉 6kV 厂用电源进行切换前系统的运行方式。

（4）掌握 6kV 厂用电源进行切换的操作流程。

能力目标

（1）能够填写 6kV 厂用电源进行切换的倒闸操作票。

（2）能够审核 6kV 厂用电源进行切换的倒闸操作票。

（3）能够在仿真机上熟练进行 6kV 厂用电源的切换操作。

素质目标

（1）能主动学习，在完成 6kV 厂用电源切换的过程中发现问题、分析问题和解决问题。

（2）能严格遵守专业相关规程标准及规章制度，与小组成员协商、交流配合，按标准化作业流程完成 6kV 厂用电源的切换操作。

💡 相关知识

一、6kV 厂用电系统的切换概述

大容量火电机组的特点之一是采用机、炉、电单元控制方式，厂用电系统的安全可靠性对整个机组乃至整个电厂运行的安全、可靠性有着相当重要的影响，厂用工作电源

203

和备用电源之间的快速切换是实现厂用电连续可靠供电的重要手段，特别是 6kV 厂用电的切换则是整个厂用电系统的一个重要环节。

发电机组对厂用电切换的基本要求是安全可靠。其安全性体现为切换过程中不能造成设备损坏，而可靠性则体现为提高切换成功率，减少备用变压器过电流或重要辅机跳闸造成锅炉、汽轮机、汽机停运的事故。

在发电机开机之前，与锅炉、汽轮机有关的辅机应首先启动起来，即厂用电系统应该先转动起来。此时对于发电机与主变压器之间不设断路器的接线方式而言，厂用电系统要靠起动/备用电源供电；而在发电机并网发电之后，发电机组的各种辅机的工作电源都应来自本机组，即各机组带自己的厂用负荷；当发电机需要正常停机时，应首先将厂用负荷切换至起动/备用电源，以保证发电机的安全停机；在发电机运行过程中，由于事故导致厂用电源突然失去时，应该由"厂用电的快速切换装置"迅速将厂用负荷切换至备用电源。以上这个过程称之为厂用电的切换。

二、6kV 厂用电源的切换方式

厂用电源的切换方式，按工作电源和备用电源之间的切换方式不同，可分为并联切换、串联切换和同时切换；按启动原因可分为正常切换、事故切换和非正常切换；按切换速度可分为快速切换、短延时切换、同期捕捉切换、残压切换和长延时切换。

（一）正常切换

正常切换，是指在正常情况下（如开机、停机）进行的厂用电源切换。在升负荷过程中，当机组的负荷大于其额定功率的 30％时，将 6kV 厂用电源由备用电源切换至工作电源或在减负荷过程中，将 6kV 厂用电源由工作电源切换至备用电源，对切换速度没有特殊要求。

正常切换由运行人员手动启动，在控制台、DCS 系统或装置面板上均可进行，根据远方/就地控制信号进行控制。

正常切换是双向的，可完成从工作电源到备用电源，或从备用电源到工作电源的切换，切换方式有并联切换和正常同时切换两种方式，通过控制屏（台）上选择开关选择切换方式。

1. 并联切换

并联切换是指在进行厂用母线电源切换期间，工作电源和备用电源系统是短时并联运行的。

正常情况下的并联切换是指控制台切换方式选择开关置于并联位置，切换时先合上备用电源，两电源短时并联，再跳开工作电源。并联切换方式又分为并联自动切换和并联半自动切换两种。

（1）并联自动切换。将选择开关置于"自动"位置。手动启动装置，若并联切换条件满足，装置将先合上备用（工作）电源开关，经一定延时后再自动跳开工作（备用）电源开关，如在这段延时内，刚合上的备用（工作）电源开关被跳开，则装置不再自动跳工作（备用）。若启动后并联切换条件不满足，装置闭锁发信，并等待复归。

（2）并联半自动切换。将选择开关置于"半自动"位置。手动启动装置，若并联切换条件满足，只合上备用（工作）电源开关，而跳开工作（备用）电源开关的操作要由人工来完成。若在规定的时间内，操作人员仍未跳开工作（备用）电源断路器，装置将发出告警信号。若启动后并联切换条件不满足，装置将闭锁发信，并等待复归。

并联切换的优点是能保证厂用电的连续供给；缺点是并联期间短路容量增大，增大了对断路器断流能力的要求。但由于并联时间很短（一般在几秒内），发生事故的概率很小，所以在正常切换中被广泛采用。当然，切换前要确认两个电源之间满足同步要求。

2. 正常同时切换

手动启动，先发跳工作（备用）电源开关命令，在切换条件满足时，发合备用（工作）电源开关命令。若要保证先分后合，可在合闸命令前加一定延时。

正常同时切换有三种切换条件：快速、同期捕捉、残压切换，快速切切（快切）不成功时自动转入同期捕捉或残压。

3. 并联切换操作步骤

以常见的并联半自动将备用电源倒为工作电源为例，首先要确定是在装置上还是在控制台上进行操作，一般控制台对应控制方式中的"远方"切换，装置对应控制台方式中的"就地"切换。在确定控制方式后，检查快切装置已复归，没有快切装置闭锁信号，将串/并联方式选择"并联"，选"半自动"，手动启动，则工作电源合上与备用电源并列运行，运行人员手动断开备用电源开关，并复归装置，为下一次切换作准备。

（二）事故切换

事故切换，是指由于单元接线中的高压厂用变压器、发电机、主变压器、汽轮机和锅炉等设备发生事故，厂用母线的工作电源被切除，要求备用电源自动投入，以实现尽快安全切换，它属于单向切换。事故切换由保护出口启动。切换方式有事故串联切换和事故同时切换两种。

1. 事故串联切换

厂用电源的串联切换即断电切换。其切换过程是，一个电源切除后，才允许投入另一个电源。一般是利用被切除电源断路器的辅助触点去接通备用电源断路器的合闸回路。串联切换过程中，厂用母线上有一段断电时间，断电时间的长短与断路器的合闸速度有关。串联切换优缺点与并联切换相反。

事故情况下的串联切换是指，控制台切换方式选择开关置于串联位置。由反映工作电源故障的保护出口启动装置，先跳开工作电源，如此时同期条件满足并确认工作电源已跳开，然后合上备用电源，串联切换有三种切换条件：快速、同期捕捉、残压。

要保证快切装置在事故下能正确动作，首先要保证装置电源正常，没有闭锁信号，没有报警信号，一般将装置置于"串联""自动"方式。

（1）快速切换。厂用电源的快速切换一般是指在厂用母线上的电动机反馈电压（即母线残压）与待投入电源电压的相角差还没有达到电动机允许承受的合闸冲击电流前合上备用电源。快速切换的断路器动作顺序可以是先断后合或同时进行，前者称为快速断电切换，后者称为快速同时切换。

（2）同期捕捉及残压切换。上述切换过程中，如不满足所设定的同期条件，不能进行快速切换，但频差又小于 7Hz 时，装置自动转入同期捕捉状态，根据母线电压相位变化速率及断路器固有合闸时间，连续实时计算相位差，在频差允许范围内，捕捉合闸时机，使得合闸完成相位差接近零度。如果同期捕捉不成功，装置再自动转入慢速切换状态，待母线残压下降到设定值，最终合上备用电源。

切换时用固定延时的方法并不可靠，最好的办法是实时跟踪残压的频差和角差变化，尽量做到角差为零时合闸，这就是所谓的"同期捕捉切换"。同期捕捉切换时间约为 0.6s，对于残压衰减较快的情况，该时间要短得多。若能实现同期捕捉切换，特别是同期点合闸，对电动机的自启动也很有利，因为此时厂用母线电压衰减 65%～70%，电动机转速下降不大，且备用合上时冲击最小。

备用电源同期捕捉切换有两种基本方法：一种基于"恒定越前相角"原理，另一种基于"恒定越前时间"原理。

同期捕捉功能可由用户设置为投入或退出。如设置为退出，当同期条件不满足时，装置直接转入慢速切换状态。

厂用电源的慢速切换主要是指残压切换，即工作电源切除后，当母线残压下降到额定电压的 20%～40%时再合上备用电源。残压切换虽然能保证电动机所受的合闸冲击电流不致过大，但由于停电时间较长，对电动机自启动和机炉运行产生不利影响。慢速切换通常作为快速切换的后备切换。

同期捕捉及残压切换同样适用于非正常切换。

2. 事故同时切换

厂用电源的同时切换是指在切换时，切除一个电源和投入另一个电源的脉冲信号同时发出。由于断路器分闸时间和合闸时间的不同以及断路器电压动作时间的分散性，在切换期间，一般有几个周期的断电时间，但也有可能出现几个周期两个电源并联的情况。所以在厂用母线故障及母线供电的馈线回路故障时必须闭锁切换装置，否则断路器可能因短路容量太大而发生爆炸。

事故情况下的同时切换是由反映工作电源故障的保护出口启动装置发出工作电源跳闸命令，如此时同期条件满足，装置同时发出备用电源合闸命令。备用电源合闸命令也可经设置的延时后再发出，这样可以避免由于工作电源跳闸时间长于备用电源合闸时间，造成备用电源投在故障回路而跳闸，致使切换失败，事故范围扩大。

（三）非正常切换

非正常切换，是指由母线非故障性低压引起的切换，它是单向的，只能由工作电源切换至备用电源，分为两种非正常情况。

（1）厂用母线失压：当厂用母线三相电压均低于整定值且电流小于等于电流定值或工作进线电压小于等于失压起动电压幅值，整定延时到，则装置根据选择方式进行串联或同时切换。

（2）工作电源开关误跳：因误操作、开关机构故障等原因造成工作电源开关错误跳开时，装置将在切换条件满足时合上备用电源。

非正常情况切换由装置检测到不正常情况后自行启动。

（四）保护闭锁

为防止备用电源切换到故障母线，将反映母线故障的保护出口接入快切装置，当保护（如工作分支过电流、厂用母差等）动作时，关闭装置所有切换出口，同时发出闭锁信号。

（五）闭锁出口

当装置因连接片退出或控制（台）闭锁装置出口时，装置将闭锁跳合闸出口并给出出口闭锁信号。

三、厂用电快切装置的操作

1. 厂用电快切装置的投运操作

（1）检查快切装置无检修工作。

（2）检查快切装置各插件完好，并可靠插入位置，端子排接线完好。

（3）检查快切装置显示屏、指示灯、通信插口、按键等完好。

（4）给上快切装置 220V 直流电源进线熔断器。

（5）合上快切装置柜后 220V 直流电源自动空气断路器。

（6）打开快切装置电源插件自动空气断路器，检查电源插件小面板上＋5、＋15、－15V 和＋24V 指示灯亮。

（7）检查快切装置面板上指示灯、显示屏的显示状态与 DCS 画面和现场一次设备状态一致。

（8）投入快切装置动作出口连接片。

2. 厂用电快切装置的停运操作

根据快切装置的退出规定，退出对应装置的动作出口连接片即可，必要时可以进一步切断装置的 220V 直流电源自动空气开关。

3. 厂用电快切装置的手动切换

（1）快切装置的手动切换应该在 DCS 画面上进行。

（2）将切换方式选择为手动并联方式。

（3）将"出口闭锁"投退置于"投入"位置。

（4）点击装置"复归"键。

（5）确认装置无闭锁。

（6）点击装置"手动切换"启动键。

（7）确认热备用自动空气断路器自动合闸，再手动断开原工作状态自动空气断路器。

（8）检查"切换完毕""装置闭锁"灯亮，切换完成。

4. 厂用电快切装置的退出

当发生以下情况时，厂用电快切装置应退出：

（1）机组已停运 6kV 厂用电源由备用电源带。

（2）快切装置故障并闭锁。

（3）正常运行时快切装置的二次回路检修、消缺工作。

（4）机组正常运行时检修维护断路器的辅助触点，会造成快切装置误动作的工作。

（5）机组正常运行时检修人员在发电机—变压器组保护启动快切回路的工作。

（6）6kV 电压互感器停运前。

（7）在 6kV 电压互感器回路进行工作有可能造成快切不能正常切换的工作。

（8）机组运行中，6kV 备用电源断路器检修时。

四、厂用电快切装置的投退规定

（1）双机运行，起/备变压器备用时，两台机四个 6kV 段的快切装置均投入。此时若一台机组跳，则手动退出运行机组的 6kV 厂用快切装置。待跳闸机组完全停下后，再投入运行机组的 6kV 厂用快切装置。

（2）一台机组运行，另一台机组正在启动或停机过程中，两台机组的 6kV 厂用快切装置均退出。

（3）一台机组运行，另一台机组备用或检修时，投入运行机组的 6kV 厂用快切装置，退出备用或检修机组的快切装置。

（4）双机全停时，两台机组的快切装置均退出。

（5）两台机组正在启动，则两台机组的快切装置均退出。

五、切换厂用电操作时的注意事项

（1）倒厂用电时，检查 6kV 工作段母线与备用段母线电压相等。

（2）倒厂用电时，6kV 电动机暂时停止启动。

（3）倒厂用电操作后，应及时调整启动变压器 6kV 侧电压。

（4）倒厂用电后，应及时将母线切换投自动方式，从计算机界面操作完后，应检查操作站方式及灯光指示正确。

任务实施

根据发电厂电气倒闸操作基本原则、发电厂电气倒闸操作一般程序及相关规程规范，对发电厂厂用电源备用倒工作切换操作进行分析判断，其倒闸操作实施情况如下。

1. 1号发电机 6kV 11 段厂用电备用倒工作（由备用电源切至工作电源）操作步骤

(1) 查 6kV 11 段工作电源电压正常。

(2) 查 6kV 11 段工作进线开关断开。

(3) 检查 6kV 11 段工作进线开关二次开关。

(4) 检查 6kV 11 段工作进线开关手车送至"运行"位。

(5) 检查 6kV 11 段工作进线开关"远方/就地"选择把手切至"远方"位。

(6) 查 6kV 11 段工作进线开关快切合闸压板 LP1 投入。

(7) 退出 6kV 11 段工作进线开关快切跳闸压板 LP2。

(8) 查 6kV 11 段备用进线开关快切合闸压板 LP1 投入。

(9) 查 6kV 11 段备用进线开关快切跳闸压板 LP2 投入。

(10) 查 6kV 11 段厂用快切装置运行正常。

(11) 调整 6kV 11 段工作、备用电源电压差小于 300V。

(12) 启动 6kV 11 段厂用快切装置。

(13) 查 6kV 11 段工作进线开关闭合。

(14) 查 6kV 11 段备用进线开关断开。

(15) 查 6kV 11 段母线电压正常。

(16) 复归 6kV 11 段厂用快切装置信号。

(17) 投入 6kV 11 段工作进线开关快切跳闸压板 LP2。

2. 1号发电机 6kV 11 段厂用电工作倒备用（由工作电源切至备用电源）操作步骤

(1) 调整有功功率 180MW。

(2) 查 6kV 11 段备用电源电压正常。

(3) 查 6KV 11 段备用进线开关断开。

(4) 检查 6kV 11 段备用进线开关的 PT 二次侧开关在合位。

(5) 检查 6kV 11 段备用进线开关的二次插头在合位。

(6) 检查 6kV 11 段备用进线开关的储能开关在合位。

(7) 检查 6kV 11 段备用进线开关的控制开关在合位。

(8) 检查 6kV 11 段备用进线开关手车在"运行"位。

(9) 检查 6kV 11 段备用进线开关"远方/就地"选择把手切至"远方"位。

(10) 查 6kV 11 段备用进线开关快切合闸压板 LP1 投入。

(11) 退出 6kV 11 段备用进线开关快切跳闸压板 LP2。

(12) 查 6kV 11 段工作进线开关快切合闸压板 LP1 投入。

(13) 查 6kV 11 段工作进线开关快切跳闸压板 LP2 投入。

(14) 查 6kV 11 段厂用快切装置运行正常。

(15) 启动 6kV 11 段厂用快切装置。

(16) 查 6kV 11 段备用进线开关闭合。

(17) 查 6kV 11 段工作进线开关断开。

(18) 查 6kV 11 段母线电压正常。

（19）复归 6kV 11 段厂用快切装置信号。

（20）投入 6kV 11 段备用进线开关快切跳闸压板 LP2。

任务 7.3　发电厂直流系统停送电操作

发电厂和变电站的电气设备分为两类，即一次设备和二次设备。发电机、变压器、电动机、断路器、隔离开关等属于一次设备。为了发、供电的安全、经济，需对一次设备及其电路进行测量、操作和保护，因而需装设辅助设备，如各种测量仪表、控制开关、信号器具、继电器等。这些辅助设备称作二次设备。二次设备互相连接而成的电路叫做二次回路。向二次回路中的控制、信号、继电保护和自动装置供电的电源称作操作电源。操作电源一般采用直流电。

为保证对机组的直流油泵、断路器合闸机构、直流事故照明、UPS 等动力负荷及控制、信号、继电保护和自动装置等控制负荷供电，确保机组的安全，参照《火力发电厂直流系统设计技术规定》，每单元机组装设一套直流系统。

由蓄电池组及充电设备（或其他类型直流电源）、直流屏、直流馈电网络等直流设备，组成了发电厂的直流电源系统，分为控制直流和动力直流两种供电方式，控制直流系统的电压为 110V。其作用是向发电厂的信号装置、继电保护装置、自动装置、断路器的控制回路等负荷供电，故控制直流电源也称操作电源。动力直流系统的电压为 220V 或 110V，其作用是向直流动力负荷（如润滑油泵、给粉机等）、直流事故照明负荷及不停电电源系统等负荷供电。可靠的直流系统，对发电厂的安全运行起着至关重要的作用，是发电厂安全运行的保证。

一般发电厂将单元控制室和变电站的直流系统分开。单元控制室的 220V 直流系统，一般每台机设置一组蓄电池组、两台充电设备（一工作一备用），采用单母线接线方式，两台机组 220V 直流母线经隔离开关联络。单元控制室的 110V 直流系统，一般每台机设置 2 组蓄电池组、两台或更多充电设备，采用单母线接线或单母线分段接线方式。

不论发电厂的直流系统采用什么方案，所有的直流系统中都具有监视和测量直流电压和电流的表计，直流系统对地绝缘监察装置和电压监察装置、闪光装置、出线开关以及相应配套的熔断器等设备。

以某发电有限责任公司直流系统为例，其直流系统采用动力、控制分开的供电方式，以保证可靠性。每台机组设三组蓄电池，动力 220V 直流使用一组，控制 110V 直流使用两组。

集控控制直流电系统采用单母线分段接线方式，两段直流母线之间设联络开关，并有防止两组蓄电池并列运行的闭锁措施。

集控动力直流电系统采用单母线接线方式，1、2 号机的动力直流母线之间设联络开关，并有防止两组蓄电池并列运行的闭锁措施。

⚡ 教学目标

知识目标

(1) 掌握直流系统在发电厂中的作用。

(2) 了解蓄电池、充电设备的基本知识。

(3) 掌握直流绝缘监察装置的作用。

(4) 熟悉发电厂直流 110、220V 母线停送电操作流程。

能力目标

(1) 能正确说出发电厂直流 110、220V 母线停送电前系统的运行方式。

(2) 能正确填写发电厂直流 110、220V 母线停送电操作的倒闸操作票。

(3) 能够审核发电厂直流 110、220V 母线停送电倒闸操作票。

(4) 能够在仿真机上进行发电厂直流 110、220V 母线停送电操作。

(5) 能够进行直流系统的运行监视及事故处理。

素质目标

(1) 主动学习，在完成发电厂直流 110、220V 母线停送电操作过程中发现问题、分析问题和解决问题。

(2) 能严格遵守专业相关规程标准及规章制度，与小组成员协商、交流配合，按标准化作业流程完成发电厂直流 110、220V 母线停送电操作。

💡 相关知识

发电厂直流系统通常采用蓄电池组作为直流电源向控制负荷和动力负荷以及直流事故照明负荷供电。蓄电池组是一种独立可靠的电源，它在发电厂内发生任何事故，甚至在全厂交流电源全停电的情况下，仍能保证直流系统供电的厂用设备可靠而连续地工作。

一、蓄电池和充电设备

（一）蓄电池

蓄电池是一种独立可靠的直流电源。尽管蓄电池投资大，寿命短，且需要很多的辅助设备（如充电和浮充电设备、保暖、通风、防酸建筑等），以及建造时间长，运行维护复杂，但由于它具有独立可靠的特点，因而在发电厂和变电站内发生任何事故时，即使在交流电源全部停电的情况下，也能保证直流系统的用电设备可靠而连续地工作。另外，不论如何复杂的继电保护装置、自动装置和任何型式的断路器，在其进行远距离操作时，均可用蓄电池的直流电作为操作电源。因此，蓄电池组在发电厂中不仅是操作电源，也是事故照明和一些直流自用机械的备用电源。

蓄电池是储存直流电能的一种设备，它能把电能转变为化学能储存起来（充电），使用时再把化学转变为电能（放电），供给直流负荷，这种能量的变换过程是可逆的，也就是说，当蓄电池已部分放电或完全放电后，两极表面形成了新的化合物，这时如果用适当的反向电流通入蓄电池，就可使已形成的新化合物还原成原来的活性物质，供下次放电之用。

在放电时，电流流出的电极称为正极或阳极，以"＋"表示；电流经过外电路之后，返回电池的电极称为负极或阴极，以"－"表示。

根据电极或电解液所用物质的不同，蓄电池一般分为铅酸蓄电池和碱性蓄电池两种。

1. 铅酸蓄电池

铅酸蓄电池（Lead - acid battery）电极主要由铅及其氧化物制成，电解液是硫酸溶液的一种蓄电池。放电状态下，正极主要成分为二氧化铅，负极主要成分为铅；充电状态下，正负极的主要成分均为硫酸铅。铅酸蓄电池分为排气式蓄电池和免维护铅酸电池。

电池主要由管式正极板、负极板、电解液、隔板、电池槽、电池盖、极柱、注液盖等组成。排气式蓄电池的电极是由铅和铅的氧化物构成，电解液是硫酸的水溶液。铅酸蓄电池主要优点是电压稳定、价格便宜；缺点是比能低（即每公斤蓄电池存储的电能）、使用寿命短和日常维护频繁。

2. 碱性蓄电池

碱性蓄电池以氢氧化钠、氢氧化钾溶液作电介质的蓄电池，主要有铁镍、镉镍、锌银、镉银、锌镍蓄电池等。在碱性蓄电池中，如用氢氧化镍 [$Ni(OH)_3$] 作正极板，用铁（Fe）作负极板，叫做铁镍蓄电池；如用镉（Cd）作负极板的叫做镉镍蓄电池。

镉镍蓄电池由塑料外壳、正负极板、隔膜、顶盖、气塞帽以及电解液等组成。与铅酸蓄电池比较，镉镍蓄电池放电电压平稳、体积小、寿命长、机械强度高、维护方便、占地面积小，当前已逐渐在中小容量的变电站里推广使用。

以镉镍蓄电池为例，碱性蓄电池的工作原理是：蓄电池极板的活性物质在充电后，正极板为氢氧化镍 [$Ni(OH)_3$]，负极板为金属镉（Cd）；而放电终止时，正极板转变为氢氧化亚镍 [$Ni(OH_2)$]，负极板转变为氢氧化镉 [$Cd(OH)_2$]，电解液多选用氢氧化钾（KOH）溶液。

（二）充电设备

蓄电池只能用直流电源来充电，发电厂厂用电是交流电，需要使用将交流电变为直流电的设备对蓄电池充电，即整流设备，如硅整流器、硒整流器等。

目前，广泛采用硅整流器作为直流电源蓄电池的充电设备。

整流装置的种类繁多，各个生产厂家对整流装置的型号标法不一致。即使是同一型号的产品，其技术数据、外形尺寸、重量也不完全相同。

如 KVA40 - 100/160 型产品表示晶闸管整流装置，浮充电，空气自冷，设计序号

40，额定直流输出电流 100A，输出电压 160V。

（三）蓄电池和充电设备的运行

1. 运行方式

蓄电池的运行方式有两种方式，一种是浮充电方式，另一种是充放电方式。

（1）浮充电运行方式。浮充是蓄电池组的一种供（放）电工作方式，充电装置与蓄电池同时连接于母线上并列工作，整流装置除给直流母线上的经常性直流负荷供电外，同时又以很小的电流向蓄电池充电，以补偿蓄电池的自放电，使蓄电池经常处于满充电状态，而蓄电池组主要担负冲击负荷和交流系统故障或充电装置断开的情况下的全部直流负荷的供电。

浮充电运行方式特点如下：

1）蓄电池组、充电设备和负荷并联运行。

2）蓄电池组的端电压保持在规定的浮充电压值。

3）充电设备承担经常负荷，同时以很小的电流向蓄电池浮充电，以补偿其自放电。

4）充电设备配备电流限制电路。

5）交流电源故障时，蓄电池组提供直流电源。交流电源恢复后，充电设备自动启动给蓄电池组充电，同时承担负直流负荷。

正常运行时，直流系统工作在浮充电状态，主要是提供经常性负荷工作电源及补偿蓄电池放电损失的电能。蓄电池组直流电源采用浮充电方式运行，不仅可提高工作的可靠性、经济性，还可减少运行维护的工作量，因而在发电厂中广泛采用。

（2）充放电运行方式。蓄电池组按充放电方式工作的主要缺点是必须频繁地对蓄电池进行充电（通常每运行 1～2 昼夜就要充电一次），蓄电池老化较快，且运行维护也较复杂，因而目前该运行方式已很少采用。

2. 直流绝缘监测装置

在直流装置中，长期一极接地是不允许的，因为在同一极的另一点再发生接地后，就可能造成信号装置、继电保护和控制电路的误动作。另外，在一极接地时，假如再发生另一极接地，就将造成直流系统短路，引起直流熔断器熔断或造成保护和断路器误动作。因此，不允许直流系统长期带一点接地运行，为此需要设置直流绝缘监测装置。

二、直流系统的运行

（一）直流系统运行的一般规定

（1）直流母线不允许脱离蓄电池长期运行。

（2）两组直流母线都有接地信号时，严禁串带运行。

（3）直流母线运行时，其绝缘监测装置应投入。因故退出时，应每小时测量一次母线正、负极对地电压，以监视该系统绝缘情况。

（4）0 号充电装置与 1 或 2 号充电装置的倒换、两母线分段运行方式与串带运行方式的倒换、各直流分电屏电源的倒换均应采用停电法。

（5）直流电源倒换，在极性相同的情况下，且电压差不大于 5V 时，可短时合环进行倒换。

（二）直流系统的运行方式

以某发电有限责任公司直流系统的运行为例。

1. 直流母线的运行

（1）220V 直流母线正常运行方式。10 充电器带 10 母线及 10 蓄电池；20 充电器带 20 母线及 20 蓄电池，01 充电器作为备用。220V 直流 10 母线和 20 母线单独运行，母联开关断开。即：QB12（QB22）合闸，QB14（QB24）合闸，QB15（QB25）断开，QB13（QB23）断开。

（2）110V 直流母线正常运行方式。某发电公司集控 110V 直流系统接线图如图 7-5 所示。

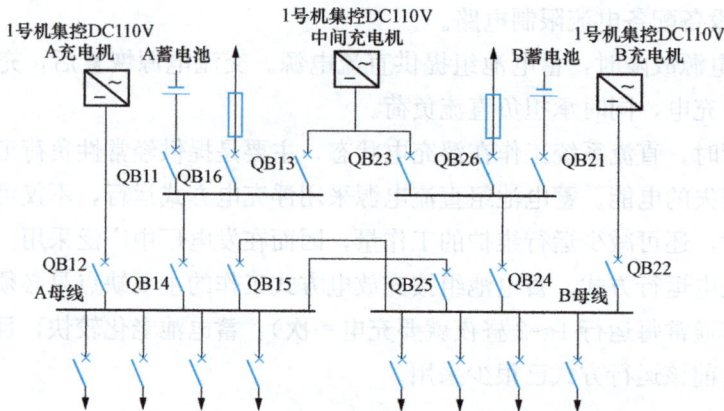

图 7-5　某发电公司 1 号机集控 110V 直流系统原理接线图

两段直流母线分段运行。11（21）充电器带 11（21）段直流母线及 11（21）蓄电池组，12（22）充电器带 12（22）段直流母线及 12（22）蓄电池组，13（23）充电器备用。即 QB12（QB22）合闸，QB14（QB24）合闸，QB15（QB25）断开，QB13（QB23）断开。

（3）220V 直流母线非正常运行方式。10（20）充电器故障或检修时，启动 01 充电器带 10（20）段直流母线及 10（20）蓄电池组，两段母线仍分段运行；10（20）充电器故障或检修且 01 充电器又不能启动，由 20（10）充电器通过母联开关带 10（20）段直流母线，20（10）段蓄电池组被切除。即：断开 QB12（Q2）合 QB25（QB15）。此时要加强监视总直流负荷，使工作充电器不超载。

（4）110V 直流母线非正常运行方式（以 1 号机为例）。

1）11（12）充电器故障或检修时，启动 13 充电器带 11（12）段直流母线及 11

（12）蓄电池组，两段母线仍分段运行；11（12）充电器故障或检修且 13 充电器又不能启动，由 12（11）充电器通过联络开关带 11（12）段直流母线，12（11）段蓄电池组被切除，即：断开 QB12（QB22），合 QB25（QB15）。此时要加强监视总直流负荷，使工作充电器不超载。

2）11（12）蓄电池因故退出运行时，用 12（11）蓄电池组带两段直流母线运行，合上 11、12 段直流母线联络开关，只允许一台充电器运行。

3）充电器均因故不能使用时，由蓄电池组带正常负荷运行，此时应注意其容量及负荷电流，母线电压不低于 95V，以防蓄电池组过放电。

注意：

1）一般情况下，直流母线不允许脱离蓄电池组运行。

2）两台充电器不宜长期并列运行，但在工作充电器与备用充电器切换操作时，可遵循先并后停的原则。

3）充电器有"手动""自动恒压""自动恒流"三种方式，可"自动浮充"或"自动均充"。正常运行时应采用"自动恒压""自动浮充"方式运行，对蓄电池组进行浮充电并带负荷运行。正常运行中不得进行方式切换。

2. 蓄电池组的运行

（1）主控蓄电池每台机组设 3 组，一组对动力负荷供电，容量为 2000Ah，共 106 只。另两组对控制负荷供电，容量为 800Ah，共 106 只。控制负荷专用蓄电池组的电压采用 110V，动力负荷专用蓄电池组电压采用 220V。

（2）正常运行时，充电器以一定的浮充电流向蓄电池浮充电，浮充电流 800mA（控制）、2000mA（动力），以补偿蓄电池的自放电。充电器正常工作在稳压状态，维持直流母线电压在设定值的 ±1% 不变。

3. 充电器的运行

（1）充电器投运前的检查。

1）充电器及有关设备工作结束，工作票收回，并且有检修的设备检修工作全面结束，交代可以送电。

2）检查充电器内部及周围清洁无杂物。

3）表计及一、二次回路完好，各接头紧固。

4）测定交流侧、直流侧绝缘大于 10MΩ。

5）交直流侧的熔断器、小开关都已给好。

（2）充电器的投运。

1）检查交流电源已经送好。

2）合上交流电源进线开关，交流电源指示灯点亮。

3）合上电源模块面板上的空气断路器和启动按钮，约 5s，电源模块面板上的工作指示红灯点亮，电源模块工作，这时电源模块有输出，电源模块的显示器显示充电器输出电压及电流。

4）合上直流输出开关，屏上的电压表及电流表能正确显示各部件的电压及电流，集中监控器开始工作并显示数据。

5）合上蓄电池开关及相应的馈线开关，系统正常运行。

三、 直流系统装置的投运步骤

（1）检查直流系统充电柜总电源开关（工作和备用电源）均在合位。

（2）依次合上充电柜各整流模块的交流电源开关，检查模块投入运行。

（3）蓄电池和充电柜的并列：在充电柜和蓄电池同时停电后投运时（或者在蓄电池放电后接入充电柜时），应先将充电模块投入运行正常后，联系电气继电保护人员调整浮充电压与蓄电池电压相同后将蓄电池并入充电柜，并列后再将浮充电压调至正常值，防止由于蓄电池电压与充电柜电压相差较大时造成蓄电池接入时冒火花。

📖 任务实施

根据发电厂电气倒闸操作基本原则、发电厂电气倒闸操作一般程序及相关规程规范，对发电厂直流母线停送电操作进行分析判断，其倒闸操作实施情况如下。

1.1 号发电机 110V 直流 11 段母线停电操作步骤

（1）查 110V 直流 11 段负荷均已断开。

（2）查 110V 直流 11 段放电试验开关 QB16 断开。

（3）查 110V 直流 11、12 段联络开关 QB25 断开。

（4）查 110V 直流 11、12 段联络开关 QB15 断开。

（5）查 110V 直流 11 段备用充电器出口开关 QB13 断开。

（6）按下 11 充电器电源模块 00 停止按钮。

（7）断开 11 充电器电源模块 00 电源开关。

（8）按下 11 充电器电源模块 01 停止按钮。

（9）断开 11 充电器电源模块 01 电源开关。

（10）按下 11 充电器电源模块 02 停止按钮。

（11）断开 11 充电器电源模块 02 电源开关。

（12）按下 11 充电器电源模块 03 停止按钮。

（13）断开 11 充电器电源模块 03 电源开关。

（14）断开 11 充电器输出电源开关 QB12。

（15）查 11 充电器输出电源开关 QB12 已断开。

（16）断开 11 充电器输入电源开关 1K。

（17）查 11 充电器输入电源开关 1K 断开。

（18）断开 11 蓄电池出口开关 QB11。

（19）查 11 蓄电池出口开关 QB11 断开。

（20）断开 11 蓄电池上 11 直流母线开关 QB14。

（21）查 11 蓄电池上 11 直流母线开关 QB14 断开。

（22）查 110V 直流 11 段母线电压为零。

2.1 号发电机 220V 直流 10 段母线停电操作步骤

（1）查 220V 直流 10 段负荷均已断开。

（2）查 220V 直流 10、20 段联络开关 QB25 断开。

（3）查 220V 直流 10、20 段联络开关 QB15 断开。

（4）查 220V 直流 10 段备用充电器出口开关 QB13 断开。

（5）按下 10 充电器电源模块 00 停止按钮。

（6）断开 10 充电器电源模块 00 电源开关。

（7）按下 10 充电器电源模块 01 停止按钮。

（8）断开 10 充电器电源模块 01 电源开关。

（9）按下 10 充电器电源模块 02 停止按钮。

（10）断开 10 充电器电源模块 02 电源开关。

（11）按下 10 充电器电源模块 03 停止按钮。

（12）断开 10 充电器电源模块 03 电源开关。

（13）按下 10 充电器电源模块 04 停止按钮。

（14）断开 10 充电器电源模块 04 电源开关。

（15）按下 10 充电器电源模块 05 停止按钮。

（16）断开 10 充电器电源模块 05 电源开关。

（17）断开 10 充电器输出电源开关 QB12。

（18）查 10 充电器输出电源开关 QB12 已断开。

（19）断开 10 充电器输入电源开关 1K。

（20）查 10 充电器输入电源开关 1K 断开。

（21）断开 10 蓄电池出口开关 QB11。

（22）查 10 蓄电池出口开关 QB11 断开。

（23）断开 10 蓄电池上 10 直流母线开关 QB14。

（24）查 10 蓄电池上 10 直流母线开关 QB14 断开。

（25）查 220V 直流 10 段母线电压为零。

3.1 号发电机 110V 直流 11 段母线送电操作步骤

（1）查 110V 直流 11 段负荷均已断开。

（2）查 110V 直流 11、12 段联络开关 QB25 断开。

（3）查 110V 直流 11、12 段联络开关 QB15 断开。

（4）查 110V 直流 11 段备用充电器出口开关 QB13 断开。

（5）合上 11 蓄电池出口开关 QB11。

（6）查 11 蓄电池出口开关 QB11 合好。

（7）合上 11 蓄电池上 11 直流母线开关 QB14。

（8）查 11 蓄电池上 11 直流母线开关 QB14 闭合。

（9）查 110V 直流 11 段母线电压正常。

（10）合上 11 充电器输入电源开关 1K。

（11）查 11 充电器输入电源开关 1K 合好。

（12）合上 11 充电器输出电源开关 QB12。

（13）查 11 充电器输出电源开关 QB12 闭合。

（14）合上 11 充电器电源模块 00 电源开关。

（15）按下 11 充电器电源模块 00 启动按钮。

（16）合上 11 充电器电源模块 01 电源开关。

（17）按下 11 充电器电源模块 01 启动按钮。

（18）合上 11 充电器电源模块 02 电源开关。

（19）按下 11 充电器电源模块 02 启动按钮。

（20）合上 11 充电器电源模块 03 电源开关。

（21）按下 11 充电器电源模块 03 启动按钮。

4. 1 号发电机 220V 直流 10 段母线送电操作步骤

（1）查 220V 直流 10 段负荷均已断开。

（2）查 220V 直流 10、20 段联络开关 QB25 断开。

（3）查 220V 直流 10、20 段联络开关 QB15 断开。

（4）查 220V 直流 10 段备用充电器出口开关 QB13 断开。

（5）合上 10 蓄电池出口开关 QB11。

（6）查 10 蓄电池出口开关 QB11 闭合。

（7）合上 10 蓄电池上 10 直流母线开关 QB14。

（8）查 10 蓄电池上 10 直流母线开关 QB14 闭合。

（9）查 220V 直流 10 段母线电压正常。

（10）合上 10 充电器输入电源开关 1K。

（11）查 10 充电器输入电源开关 1K 闭合。

（12）合上 10 充电器输出电源开关 QB12。

（13）查 10 充电器输出电源开关 QB12 已闭合。

（14）合上 10 充电器电源模块 00 电源开关。

（15）按下 10 充电器电源模块 00 启动按钮。

（16）合上 10 充电器电源模块 01 电源开关。

（17）按下 10 充电器电源模块 01 启动按钮。

（18）合上 10 充电器电源模块 02 电源开关。

（19）按下 10 充电器电源模块 02 启动按钮。

（20）合上 10 充电器电源模块 03 电源开关。

（21）按下 10 充电器电源模块 03 启动按钮。

（22）合上 10 充电器电源模块 04 电源开关。

（23）按下 10 充电器电源模块 04 启动按钮。

（24）合上 10 充电器电源模块 05 电源开关。

（25）按下 10 充电器电源模块 05 启动按钮。

任务 7.4　发电厂事故保安电源系统停送电操作

为避免全厂事故停电时造成机组失控、损坏设备、影响电厂长期不能恢复供电而设置的向事故保安负荷供电的电源，称为保安电源（Emergency power supply）。事故保安电源分直流、交流两种，直流事故保安电源采用蓄电池，向直流润滑油泵等直流事故保安负荷供电；交流事故保安电源宜选用能快速自启动的柴油发电机（或燃气轮机），供给在全厂停电时保证安全停机的盘车、顶轴油泵及其他交流事故保安负荷。

📑 教学目标

知识目标

（1）了解厂用事故保安负荷的基本知识。

（2）了解厂用事故保安电源的基本知识。

能力目标

（1）能正确说出发电厂事故保安电源系统停送电前系统的运行方式。

（2）能正确填写发电厂事故保安电源系统停送电操作的倒闸操作票。

（3）能够审核发电厂事故保安电源系统停送电倒闸操作票。

（4）能够在仿真机上进行发电厂事故保安电源系统停送电操作。

素质目标

（1）主动学习，在完成发电厂事故保安电源系统停送电操作过程中发现问题、分析问题和解决问题。

（2）能严格遵守专业相关规程标准及规章制度，与小组成员协商、交流配合，按标准化作业流程完成发电厂事故保安电源系统停送电操作。

💡 相关知识

一、交流事故保安负荷

交流事故保安负荷一般可分为允许短时间间断供电的负荷和不允许间断供电的负荷两类。

1. 允许短时间间断供电的负荷

（1）旋转电机负荷。

1）汽轮机盘车电动机和顶轴油泵。一般在机组停机后 20min 启动，至少需要连续运转 6～8h，对于大容量机组，如 200MW 及以上机组，甚至需要连续运行 1～2 天。

2）交流润滑油泵。交流润滑油泵是事故停机后最先启动的电动机之一，并在整个停机过程中连续运行，直到盘车终止后还需要运行 2h。

3）空侧交流密封油泵。当发电机为氢冷却时，空侧交流密封油泵在事故停机后最先启动，在整个过程中连续运行。

4）回转式空气预热器的电动盘车装置。

5）汽动给水泵盘车电动车。

6）各种辅机的交流润滑油泵，它们均在机组事故停机后立即投入并运行至辅机停转。

7）电动阀门。

（2）静止负荷。

1）蓄电池的浮充电装置：蓄电池的充电装置在发电厂事故停电的情况下，所承担的负荷约为装置额定容量的 30％～50％。

2）事故照明。

2. 不允许间断供电的负荷

（1）计算机系统微机保护、微机远动装置和各种变送器。

（2）汽轮机电调装置。

（3）机组的保护连锁装置。

（4）程序控制装置。

（5）主要的热工测量仪表等。

以上这些负荷要求电源中断时间小于 5min。

二、交流事故保安电源

交流事故保安电源是专门供电给交流事故保安负荷的电源系统，通常采用快速自动启动的专用柴油发电机组作为交流事故保安电源。

快速自动启动的柴油发电机组，按允许加负荷的程序，分批投入保安负荷。失电后第一次自启动恢复供电的时间可取 15～20s；机组应具有时刻准备自启动工作并能自启动三次成功投入的性能。每台 600W 机组宜设置一台柴油发电机组。

蓄电池组是一种广泛使用的保安电源，在事故情况下，给直流保安负荷供电。通过逆变器将直流变为交流，给交流事故保安负荷供电，但蓄电池组的缺点是容量小，不能带大量的保安负荷。

可从系统引接或从相邻的发电机组引接保安电源作为第三备用电源。

1. 柴油发电机组的作用

柴油发电机组的作用是当电网发生事故或其他原因造成发电厂厂用电长时间停电时，向机组提供安全停机所必需的交流电源，如汽轮机的盘车电动机电源、顶轴油泵电源、交流润滑油泵电源等，以保证机组在停机过程中不受损坏。

2. 柴油发电机组的特点

(1) 柴油发电机组的运行不受电力系统运行的影响，是独立的可靠电源。它启动迅速，可满足发电厂中允许短时间断供电的交流事故保安负荷的要求。

(2) 柴油发电机组的制造容量有许多等级，可根据需要选择和配置合适的设备容量。

(3) 柴油发电机组可长期运行，满足长时间事故停电的供电要求。

(4) 柴油发电机组结构紧凑，辅助设备较为简单，热效率较高，经济性较好。

3. 柴油发电机组启动步骤

(1) 检查柴油发电机出口断路器各部分良好，出口隔离开关确定在合闸位置。

(2) 检查柴油发电机组控制面板方式开关在"自动"位置，检查柴油发电机组并网柜机组启动模式（选择开关 SW1）在自动位置，功率输出模式（选择开关 SW2）在"停止"位置，系统模式（选择开关 SW3）在"自动"位置。

(3) 通过 DCS 操作面板点击柴油发动机启动按钮或手操台柴油机启动按钮启动柴油机。

(4) 检查柴油发电机组启动至全速运行，检查各仪表指示正确，信号灯指示正常，无异常报警。

(5) 检查柴油发电机出口断路器合闸正常。

(6) 根据需要将保安段负荷倒至柴油发动机供电。

4. 柴油发电机组启动前检查项目

(1) 检查柴油机机油油位在 ADD 与 FULL 之间，冷却液液位正常。

(2) 检查燃油充足（应至少有 8h 的燃油量）。

(3) 检查柴油机冷却风机各部良好。

(4) 检查所有软管无损坏和松脱现象、系统无泄漏。

(5) 检查发电机加热器、水加热器自动投停正常，水温保持在 32℃ 左右。

(6) 检查空气进口管道连接牢固，空气滤清器进气阻力指示器正常。

(7) 检查蓄电池电压正常，接线无松动，充电装置运行正常。

(8) 检查辅助电源投入正常，仪表及控制面板指示正常，无报警信号。

(9) 检查发电机各部良好，接线无松动、脱落现象。

(10) 检查柴油发电机组现场清洁、无人工作、照明充足。

5. 柴油发电机进行自动切换时的注意事项

(1) 厂用电中断后，应迅速检查失电的母线上的柴油发电机是否启动成功，发电机电压是否正常，定子三相电流是否平衡或超过允许值，如果柴油发电机在 30s 内仍未能启动，则应手动启动柴油发电机。但在手动启动柴油发电机之前，要确认厂用电来的断路器、柴油机出口断路器在断开位置。

(2) 在柴油发电机启动以后，要密切注意其运行情况。如柴油机运行时间较长，则应就地监视柴油发电机的运行情况，如油压、油位、水温及机组的振动，发电机三相电压是否平衡，定子电流是否超过额定值等。

三、 交流事故保安电源系统的接线

1. 交流事故保安电源系统的电气接线原则

（1）柴油发电机组与汽轮机发电机组成对应性配置。一般 200MW 机组，两台机组配置一套柴油发电机组；300MW 及以上机组，每台机组配置一套柴油发电机组。

（2）交流事故保安电源的电压及中性点接地方式与低压厂用工作电源系统一致。

（3）交流事故保安母线段除了由柴油发电机组取得电源外，必须由厂用电取得正常工作电源，供给机组正常运行情况下接在事故保安母线段上的负荷用电。

（4）在机组发生事故停机后，接线应具有能尽快从正常厂用电源切换到柴油发电机供电的装置。

（5）柴油发电机组的电气接线应能保证机组在紧急事故状态下快速自启动，并能适应无人值班的运行方式。

2. 交流事故保安电源系统的基本接线方式

交流事故保安电源系统的基本接线如图 7-6 所示，一台机组配一套柴油发电机组，适用于 300MW 级以上机组，其单元性强、可靠性高，事故保安段母线采用两段单母线是为了与厂用母线的接线相对应。

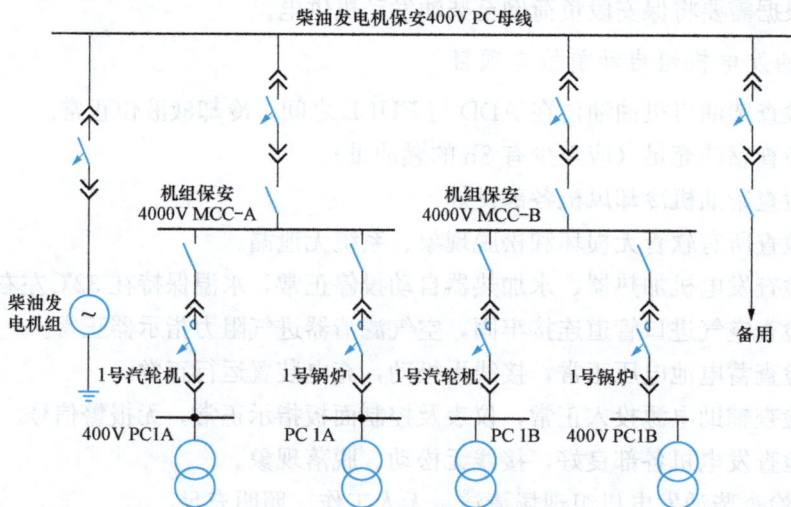

图 7-6 交流事故保安电源系统的基本接线

交流保安电源的电压和中性点的接地方式宜与低压厂用系统一致。交流保安母线段应采用单母线接线，按机组分别供给本机组的交流保安负荷。正常运行时保安母线段应由本机组的低压明或暗备用动力中心供电，当确认本机组动力中心真正失电后应能切换到交流保安电源供电。

📖 **任务实施**

根据发电厂电气倒闸操作基本原则、发电厂电气倒闸操作一般程序及相关规程规范，对发电厂事故保安电源系统停送电操作进行分析判断，其倒闸操作实施情况如下。

1.1 号机 12 保安 PC 段停电操作步骤

(1) 接值长令。

(2) 查 12 保安段所有负荷均断开。

(3) 退出 12 保安段 PT 低电压压板。

(4) 断开 12 保安段工作进线开关。

(5) 查 12 保安段工作进线开关断开。

(6) 查 12 保安段母线电压为零。

(7) 将 12 保安段工作进线开关拉至"试验"位。

(8) 取下 12 保安段工作进线开关二次熔断器。

(9) 断开 12 保安段工作电源开关。

(10) 查 12 保安段工作电源开关断开。

(11) 将 12 保安段工作电源开关拉至"试验"位。

(12) 查 11 保安段至 12 保安段联络开关断开。

(13) 将 11 保安段至 12 保安段联络开关拉至"隔离"位。

(14) 取下 11 至 12 保安段联络开关二次保险。

(15) 断开 12 保安段母线 PT 开关。

(16) 查 12 保安段母线 PT 开关断开。

(17) 取下 12 保安段母线 PT 开关二次熔断器。

(18) 拉开 12 保安段直流电源开关。

(19) 验明 12 保安段母线无电压。

(20) 在 12 保安段母线上挂接地线一组。

(21) 查 12 保安段母线上地线确已挂好。

2.1 号机 12 保安 PC 段送电操作步骤

(1) 接值长令。

(2) 查 12 保安段所带负荷可以停电。

(3) 查 12 保安段 PT 低电压压板投入正常。

(4) 查 10 柴油发电机在"自动"位。

(5) 断开 11 锅炉 PC 工作进线开关。

(6) 查 11 锅炉 PC 工作进线开关断开。

(7) 查 12 保安段工作进线开关断开。

(8) 查 10 柴油发电机启动正常。

(9) 查 10 柴油发电机出口开关合好。

（10）查 11 保安段与 12 保安段联络开关合好。

（11）查 12 保安段母线电压正常。

（12）查 10 柴油发电机各参数正常。

（13）退出 12 保安段 PT 低电压压板。

（14）断开 11 保安段与 12 保安段联络开关。

（15）查 11 保安段与 12 保安段联络开关断开。

（16）查 12 保安段母线电压为零。

（17）停止 10 柴油发电机运行。

（18）查 10 柴油发电机出口开关断开。

（19）合上 11 锅炉 PC 工作进线开关。

（20）查 11 锅炉 PC 工作进线开关合好。

（21）查 11 锅炉 PC 母线电压正常。

（22）合上 12 保安段工作进线开关。

（23）查 12 保安段工作进线开关合好。

（24）查 12 保安段母线电压正常。

（25）投入 12 保安段低电压压板。

任务 7.5　不间断电源停送电操作

随着机组容量的增大和自动化水平的日益提高，其负荷容量不断增大，重要性更加突出，对交流工作电源的质量和供电连续性要求都很高。例如，标准的计算机系统要求电源电压变化在 $\pm 2\%$，频率变化在 $\pm 1\%$，波形失真不大于 5%，断电时间小于 5ms；各种热动工自动化装置其中相当一部分的交流电源中断几十毫秒后就不能正常工作，有的自动化装置在电源恢复后不能自动恢复工作，不但对机组起不到正常保护作用，往往还会引起其他事故而造成更大的损失。对这些不允许间断供电的交流用电负荷，目前一般的厂用电系统所提供的 380/220V 交流电源，显然不能满足要求，必须设置专门的不间断电源。

不间断电源要求无论在机组本身厂用电中断还是电网故障时，都不应中断供电，这些装置一旦失电，将会使机组失去必要的监视和调节手段，给机组的安全稳定运行造成严重的威胁，甚至造成巨大的经济损失。这就要求大容量机组中不但有可以使机组安全停机的事故保安电源，而且要求有一个为控制、监视装置及事故后状态参数记录装置提供高供电品质且不间断供电的交流不停电电源（不间断电源 UPS）。

教学目标

知识目标

（1）熟悉 UPS 的主要设备及作用。

（2）了解对 UPS 的基本要求。

（3）掌握 UPS 的运行方式。

（4）熟悉 1 号发电机 UPS 停送电操作流程。

能力目标

（1）能正确说出 1 号发电机 UPS 停送电前系统的运行方式。

（2）能正确填写 1 号发电机 UPS 停送电操作的倒闸操作票。

（3）能够审核 1 号发电机 UPS 停送电倒闸操作票。

（4）能够在仿真机上进行 1 号发电机 UPS 停送电操作。

素质目标

（1）主动学习，在完成 1 号发电机 UPS 停送电操作过程中发现问题、分析问题和解决问题。

（2）能严格遵守专业相关规程标准及规章制度，与小组成员协商、交流配合，按标准化作业流程完成 1 号发电机 UPS 停送电操作。

相关知识

一、UPS 主要设备及作用

1. 主要设备

UPS 主要由整流器、逆变器、旁路隔离变压器、逆止二极管、静态开关、手动切换开关、同步控制电路、信号及保护电路、直流输入电路、交流输入电路等设备构成，如图 7-7 所示。

2. 作用

（1）整流器。

整流器 U1 的作用是将保安电源 B 段 400V 交流电整流后与蓄电池直流并列，为逆变器提供电源，并承担该机组正常情况下不允许间断供电的全部负荷。此外，整流器还有稳压和隔离作用，能防止厂用电系统的电磁干扰侵入到负荷回路。

整流器由整流变压器、整流电路、滤波电路、控制电路、保护电路、控制开关等部分组成。整流电路采用多相可控整流，通过对晶闸管导通角的控制，实现对输出电压控制和电流稳定。

（2）逆变器。

逆变器 U2 的作用是将整流器输出的直流电或来自蓄电池的直流电变换成 50Hz 的

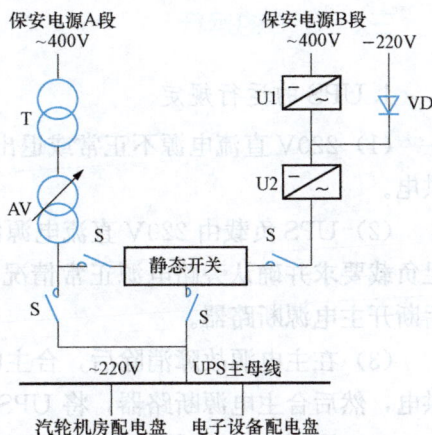

图 7-7　UPS 组成图

正弦交流电。它是 UPS 的核心部件。

（3）旁路隔离变压器。

它的作用是当逆变回路故障时能自动地将负荷切换到旁路回路。为确保对不允许间断供电负荷的安全可靠供电，不能将厂用电系统保安电源直接接到负荷上，而应通过旁路回路中设置的隔离和稳压用变压器向不允许间断供电负荷供电。这种变压器除采取可靠屏蔽措施外，还具有稳压的功能。

（4）静态开关。

静态开关的作用是将来自逆变器的交流电源和旁路系统电源选择其一送至负荷。它的动作条件是预先整定好的。要求在切换过程中负荷的间断供电时间小于 5ms。静态开关是一个关键性部件。

（5）手动旁路开关。

手动旁路开关 S 的作用是在维修或需要时将负荷在逆变回路和旁路回路之间进行手动切换。要求切换过程中对负荷的供电不中断。

二、 对 UPS 的基本要求

（1）保证在发电厂正常运行和事故状态下，为不允许间断供电的交流负荷提供不间断电源。在全厂停电情况下，这种电源系统满负荷连续供电的时间不得少于 0.5h。

（2）输出的交流电源质量要求电压稳定度在 5%～10%，频率稳定度稳态时不大于 ±1%，暂态时不大于 ±2%，总的波形失真度相对于标准正弦波不大于 5%。

（3）UPS 切换过程中供电中断时间小于 5ms。这样快的切换时间只有静态开关才能做到。

（4）UPS 还必须有各种保护措施，保证安全可靠地运行。

三、 UPS 的运行

1. UPS 的运行规定

（1）220V 直流电源不正常或退出时，禁止将 UPS 装置由自动旁路电源切至主电源供电。

（2）UPS 负载由 220V 直流电源供电时，运行人员应加强巡视，当直流系统不能满足负载要求并确认旁路电源正常情况下，应尽快将 UPS 切换至自动旁路电源运行，然后断开主电源断路器。

（3）在主电源故障消除后，合主电源断路器前应先将 UPS 装置切至 220V 直流电源供电，然后合主电源断路器，将 UPS 装置切回由主电源供电。

（4）原则上 UPS 的检修在对应机组停运状态时，可采用手动旁路供电方式，UPS 主回路全部停电检修。对应机组在运行状态下，不得采用手动旁路供电的方式停用 UPS，应采用合环倒换 UPS 负载母线的方法。

2. UPS 的运行方式

（1）正常运行方式。在正常运行方式下，输入电源来自保安电源 B 段的 400V 交流母线，经整流器 U1 转换为直流，再经逆变器 U2 变为 220V 交流，并通过静态开关送至 UPS 主母线（其间还经一手动旁路开关 S）。

（2）当整流器故障或正常工作电源失去时，将由蓄电池直流系统 220V 母线通过闭锁二极管经逆变器转换为 220V 交流，继续供电。

（3）在逆变器故障时，通过静态开关自动切换到由旁路系统供电。旁路系统电源来自保安电源 A 段（或 400V PC），经隔离降压变压器 T，经调压器（调压变压器），再经静态开关送至 UPS 主母线。

（4）当静态切换开关需要维修时，可手动操作旁路开关，使其退出，并将 UPS 主母线切换到旁路交流电源系统供电。

任务实施

根据发电厂电气倒闸操作基本原则、发电厂电气倒闸操作一般程序及相关规程规范，对发电厂 UPS 停送电操作进行分析判断，其倒闸操作实施情况如下。

1. 1 号机 UPS 停电操作步骤

（1）接值长令。
（2）查 1 号机 UPS 负荷开关均断开。
（3）查 1 号机 UPS 输出电流为零。
（4）断开 1 号机 UPS 主路电源切换开关。
（5）查 1 号机 UPS 主路电源切换开关确已断开。
（6）停止 1 号机 UPS 运行。
（7）查 1 号机 UPS 输出电压为零。
（8）断开 1 号 UPS 直流电源开关。
（9）查 1 号 UPS 直流电源开关断开。
（10）断开 1 号 UPS 旁路电源开关。
（11）查 1 号 UPS 旁路电源开关断开。
（12）将 1 号 UPS 旁路电源开关拉至"隔离"位。
（13）断开 1 号 UPS 主路电源开关。
（14）查 1 号 UPS 主路电源开关断开。
（15）将 1 号 UPS 主路电源开关拉至"隔离"位。
（16）查 1 号机 UPS 输入电压为零。

2. 1 号机 UPS 送电操作步骤

（1）接值长令。
（2）查 1 号机 UPS 临时措施及标示牌拆除。
（3）测量 1 号机 UPS 输出母线绝缘合格。
（4）将 UPS 主路电源开关送至工作位。
（5）合上 UPS 主路电源开关。

（6）查 UPS 主路电源开关合好。

（7）将 UPS 旁路电源开关送至工作位。

（8）合上 UPS 旁路电源开关。

（9）查 UPS 旁路电源开关合好。

（10）合上 UPS 直流电源开关。

（11）查 UPS 直流电源开关合好。

（12）合上 1 号机 UPS 主路电源切换开关。

（13）查 1 号机 UPS 主路电源切换开关合好。

（14）按下启动 UPS 按钮。

（15）查 UPS 装置信号正常，输出电压、电流正常。

（16）将旁路开关 Q050 切至自动位。

任务 7.6　发电厂发变组升压并网及解列停机操作

同步发电机的投入、退出、负荷调节、运行方式的改变等都密切关系着电网运行的安全、经济以及电能质量。同步发电机并入电网运行或解列，必须满足一定条件并采用适当的方法，否则会产生很大的冲击电流或过电压，造成严重后果。并网、解列及励磁系统调节操作是电气运行人员日常十分重要的操作。

通过该任务对发电厂发变组倒闸操作相关规定、原则进行学习。从思想上意识到发电厂发变组倒闸操作的重要性，深刻理解发变组倒闸操作的规定、原则，能按照规定步骤进行相关工作；能按照规定正确办理操作票、工作票，完成发变组倒闸操作任务。

教学目标

知识目标

（1）了解励磁系统的接线及工作原理。

（2）了解同步发电机的同期系统。

（3）熟悉发变组启动前的准备工作及试验项目。

（4）熟悉发变组启动过程中的检查项目。

（5）了解发电机接带负荷和解列停机的相关规定。

能力目标

（1）能正确说出 1 号发变组升压并网及解列停机前系统的运行方式。

（2）能正确填写 1 号发变组升压并网及解列停机操作的倒闸操作票。

（3）能够审核 1 号发变组升压并网及解列停机操作倒闸操作票。

（4）能够在仿真机上进行 1 号发变组升压并网及解列停机操作。

素质目标

（1）主动学习，在完成 1 号发变组进行升压并网及解列停机操作过程中发现问题、分析问题和解决问题。

（2）能严格遵守专业相关规程标准及规章制度，与小组成员协商、交流配合，按标准化作业流程完成 1 号发变组进行升压并网及解列停机操作。

☼ 相关知识

一、 同步发电机的励磁系统

（一）励磁系统的概念

同步发电机是将旋转形式的机械功率转换成三相交流电功率的设备。为完成这一转换，它本身需要一个直流磁场，产生这个磁场的直流电流称为发电机的励磁电流，又称转子电流。为同步发电机提供励磁电流的有关设备，称为励磁系统。

（二）励磁系统的组成

励磁系统是由励磁调节器、励磁功率单元和发电机组成的系统，其构成如图 7-8 所示。

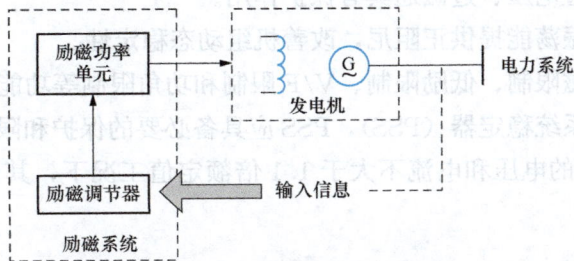

图 7-8　励磁控制系统构成框图

励磁功率单元是指向同步发电机转子绕组提供直流励磁电流的励磁电源部分，包括整流装置及其交流电源；励磁调节器则是根据控制要求和给定调节准则控制励磁功率单元输出的装置，主要由以下部分组成：

（1）测量比较单元。测量发电机的机端电压并变换成直流，与给定的基准电压定值比较，得出电压偏差信号。

（2）综合放大单元。对测量单元的输出进行放大，有时还要根据要求对其他信号进行放大，如稳定信号、低励磁信号等。

（3）移相触发单元。根据控制电压的大小，改变晶闸管的触发角度，从而调节发电机的励磁电流。

（三）励磁系统的作用

励磁系统是同步发电机的重要组成部分，它对电力系统及电机本身的安全稳定运行有很大影响。励磁系统的主要作用有：

（1）正常运行时根据发电机负荷变化调节励磁电流，以维持机端电压为给定值。

（2）控制并列运行各发电机间无功功率的分配。

（3）提高电力系统的静态稳定性。

（4）提高电力系统的动态稳定性。

（5）在发电机内部故障时，进行灭磁。

（6）根据运行要求对发电机实现限制与保护。

（四）对励磁系统的要求

600MW机组的励磁系统都是高起始响应励磁系统，必须满足以下要求：

（1）励磁电源必须满足发电机正常或故障工况下的需要。

（2）保证发电机运行可靠性和稳定性。

（3）应能维持发电机端电压恒定并保证一定的精度。

（4）具有一定的强励容量，要求强励倍数为2倍时，响应比为3.5倍/s。

（5）在欠励区域保证发电机稳定运行稳定。

（6）对于机组过电压、过磁通具有保护作用。

（7）对于机组振荡能提供正阻尼，改善机组动态稳定性。

（8）具有过励磁限制、低励限制、V/F限制和功角限制等功能。

（9）配备电力系统稳定器（PSS），PSS应具备必要的保护和限制功能。

（10）励磁系统的电压和电流不大于1.1倍额定值工况下，其设备和导体应能连续运行。

（五）励磁系统的励磁方式

发电机的励磁系统按励磁电源的不同分为三种方式：一是直流励磁机励磁方式；二是交流励磁机励磁方式，其中根据静止的或旋转的功率整流器又分为交流励磁机静止整流器励磁方式（有刷）和交流励磁机旋转整流器励磁方式（无刷）两种；三是静止励磁方式。

对大容量汽轮发电机的励磁，只能采用把交流电源经硅整流后供给励磁系统。根据交流励磁电源的种类不同，汽轮发电机的励磁电源可分为两大类，第一类是采用与主机同轴的交流发电机作为励磁电源，经硅整流后，供给主发电机的励磁。这类励磁系统，按整流器是静止或随发电机轴旋转，又可分为他励旋转硅整流和他励静止硅整流两种励磁方式。第二类是采用接于发电机出口的励磁变压器作为励磁电源，经硅整流后供给发电机励磁。因励磁电源取自发电机本身或发电机所在的电力系统称为自励励磁系统。如果只用励磁变压器并联在发电机出口，则称为自并励方式。

230

1. 他励旋转硅整流励磁（无刷励磁）系统

原理接线图如图 7-9 所示。

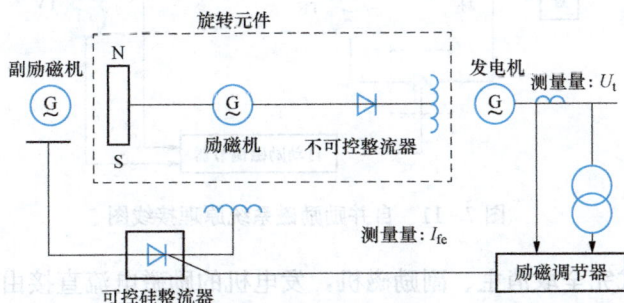

图 7-9　他励旋转硅整流励磁系统原理接线图

发电机 G 的励磁电流由同轴的交流励磁机（称为主励磁机）经硅二极管整流器（不可控整流器）整流后供给，而交流主励磁机的励磁电流由永磁发电机（称为副励磁机）输出经晶闸管整流器（可控硅整流器）整流后供给。交流励磁机与通常的交流发电机结构不同，其直流励磁绕组（磁极）在定子上，而三相交流绕组与硅二极管整流器和主发电机的励磁绕组装在同一转轴上。因此，交流励磁机的输出经整流后，就可直接送入发电机励磁绕组，中间不需要滑环和电刷等接触元件，这就实现了无刷励磁。

发电机励磁电压的控制，是利用自动电压调节器控制晶闸管整流器的导通角，改变交流励磁机的励磁电流，使其输出变化，就可达到控制发电机励磁的目的。

2. 同轴交流励磁机静止可控硅整流励磁系统

同轴交流励磁机静止可控硅整流励磁系统的原理接线如图 7-10 所示。

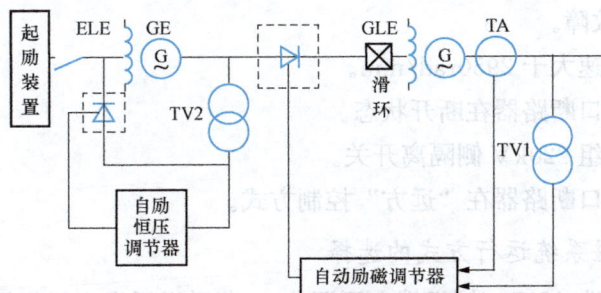

图 7-10　同轴交流励磁机静止可控硅整流励磁系统原理接线图

发电机 G 的励磁电流由交流励磁机 GE 经静止可控硅整流器整流，再经电刷和滑环送入。交流励磁机的励磁一般采用可控硅自励恒压方式，在发电机各种运行工况下，励磁机的出口电压总是自动保持在发电机强励顶值电压的水平上。交流励磁机的初始励磁电源可采用 220V 蓄电池或厂用 220V 交流经整流取得。

3. 自并励励磁系统

某发电有限责任公司的 1 号机组采用自并励励磁方式，其原理接线如图 7-11 所示。

231

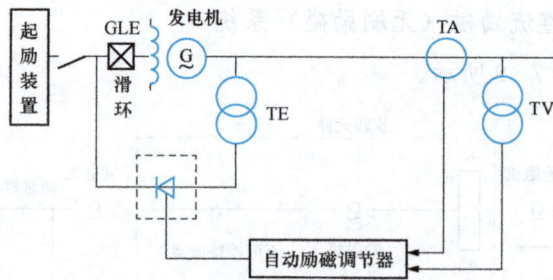

图 7-11 自并励励磁系统原理接线图

这种励磁方式完全取消主、副励磁机，发电机的励磁电流直接由并接在发电机端的励磁变压器（TE）经静止可控硅整流后供给。由于没有旋转部件，结构简单，轴系长度短，所以自并励励磁系统具有可靠性高，轴系稳定性好，励磁响应速度快，调压性能好的优点。

目前，国内外 600MW 大容量发电机组主要采用无刷励磁方式和自并励励磁方式。近年来，由于自并励励磁系统具有固有的高起始快速响应特性，而且接线简单，维护方便，加之电力系统稳定器的配合使用，较好地解决了系统稳定性的问题，从而使自并励励磁系统得到了更为广泛的应用。

（六）励磁系统投运

1. 励磁系统投运条件

（1）灭磁开关无故障。

（2）220kV 断路器无故障。

（3）AVR 无故障。

（4）发电机转速大于 2950rad/min。

（5）发变组出口断路器在断开状态。

（6）合上发变组 220kV 侧隔离开关。

（7）发变组出口断路器在"远方"控制方式。

2. 开机前励磁系统运行方式的选择

（1）运行方式选 AVR（恒机端电压调节），起励以后发电机机端电压会在数十秒内缓慢上升至 95% 额定机端电压，并等待发电机并网操作。

（2）运行方式选 FCR（恒磁场电流调节），起励以后发电机机端电压会停在 10% 端电压位置，经手动操作增磁，端电压上升至需要值。

3. 起励方式选择

（1）"自动"需要在控制室 DCS 发开机令，励磁调节屏接收开机令后，检测磁场灭磁开关状态，如果灭磁开关是分闸状态，发合灭磁开关指令；给灭磁屏起励接触器发起励信号；投整流屏风机；投整流桥脉冲信号。当起励电源使机端电压达到 10% 以上，进入励磁调节程序。如果在 10s 内机端电压没达到 10％或 20％，调节屏发出起励失败信号，发出起励失败信号之后还可以起励三次，不成功则闭锁起励功能。

（2）起励过程中，当机端电压达到 10％～15％额定电压时调节器跳开起励接触器切除起励电源，然后自动把机端电压升到设定的数值（当起励时运行方式为 AVR 时，机端电压将自动达到 95％额定电压，当起励时运行方式为 FCR 时，机端电压将自动达到 10％额定电压）。

（3）"手动"（远方与现场选择都可以），可以在灭磁屏前按起励按钮，起励接触器吸合，开始起励，励磁调节屏接到起励接触器辅助接点动作信号，投风机，投整流桥脉冲，同自动方式操作。

4. 励磁系统运行操作

当发电机并网后，即进入运行操作，运行操作有四种方式：

（1）电流调节（FCR）。操作增、减磁，可调节励磁电流至需要值。需配合有功调解来改变励磁电流。此运行方式只能保证励磁电流稳定（当 TV 断线后可选此方式运行）。

（2）电压调节（AVR）。操作增、减磁，可调节发电机机端电压或无功功率至需要值。此运行方式能保证机端电压稳定，是最常用的一种运行方式。当 TV 断线后，计算机会利用另一台计算机的 TV 测量通信信号，当两台计算机都报 TV 断线时，正在运行的计算机自动转入 FCR 方式运行。

（3）恒无功（Q）调节方式。发电机并网后，才可以选恒无功或恒 $\cos\varphi$ 调节。如果选恒无功（Q）调节方式，励磁调节屏将维持发电机无功功率稳定，此方式必须在发变组主断路器闭合时才可以投入运行。

（4）恒 $\cos\varphi$ 调节方式。励磁调节屏将维持发电机端电压超前机端电流固定相角，即 $\cos\varphi$ 不变，此方式必须在发变组主断路器闭合时才可以投入运行。

5. 励磁系统投运流程

（1）合灭磁开关。

（2）灭磁开关合闸且正常，投 AVR。

（3）控制 AVR 增、减励磁。

（4）发电机出口电压至 95％额定电压。

6. 励磁系统停机流程

（1）当发电机正常解列后，需要停机操作。首先，操作无功减载，无功功率会缓慢减少至零，待操作发电机解列后（断开发电机出口断路器），给励磁调节屏一个停机令信号。

（2）励磁调节屏将自动顺序执行下列操作：当逆变开关在逆变位置时，首先逆变灭磁，延时 5s 跳磁场开关。

（3）紧急停机操作。接紧急停机令，立即按下"紧急停机"按钮，联跳发变组主断路器，磁场开关，调节屏逆变灭磁，将逆变开关在逆变位置。

二、 发电机灭磁系统

同步发电机在运行中，当发生定子绕组匝间短路、定子绕组相间短路、定子接地短路等故障时，继电保护装置就快速地将发电机从系统中切除，但发电机的感应电动势却依然存在，继续供给励磁电流，将会发生导线的熔化和绝缘材料的烧损，甚至烧坏铁芯。因此，当发生上述发电机的短路等故障时，在继电保护动作将发电机断路器跳开的同时，还应迅速地给发电机灭磁。

灭磁就是将发电机转子绕组中的磁场能量尽快地减小到最小。当然，最简单的灭磁方法是将发电机转子励磁绕组与电源断开，但励磁绕组是一个大电感，突然断开，将使励磁绕组的两端产生很高的过电压，危害转子的绝缘，所以，用断开转子回路电源的办法来灭磁是不恰当的。将发电机转子绕组接到耗损磁场能量的闭合回路中去，才是可行的。

理想的灭磁过程可以描述为，在整个灭磁过程中，转子电流的衰减率保持不变，且由衰减率引起的转子感应过电压等于其允许值。

三、 同步发电机的同期系统

发电厂中将同步发电机投入电力系统并列运行的操作称为并列操作或同期操作、同步操作，用以完成并列操作的装置称为同期系统或同期装置，凡有并列操作要求的断路器称为同期点。

将发电机投入运行的操作是经常进行的操作。在系统正常运行时，随着负荷的增加，要求备用发电机迅速投入电力系统，以满足用户用电量增长的需要；在系统发生事故时，会失去部分电源，也要求将备用机组快速投入电力系统以制止系统的频率崩溃。这些情况均要对发电机进行同期操作，将发电机安全、准确快速地投入系统参加并列运行。

同期操作可以实现单台发电机与电力系统并列运行，也可解决系统中分开运行的线路断路器正确投入的问题，实现系统并列运行，从而提高电力系统的稳定性及线路负荷的合理、经济分配。

对同期操作的要求是：

（1）合闸瞬间对发电机的冲击电流和冲击力矩不超过允许值。

（2）并列后发电机迅速被拉入同步。

同期方法分为准同期法和自同期法。两种并列方式可以是手动的，也可以是自动的。

（一） 自同期并列

自同期并列的操作是将未加励磁电流的发电机的转速升到接近额定转速，首先投入断路器，然后立即合上励磁开关供给励磁电流，随即将发电机拉入同步。

自同期并列方式的主要优点是操作简单，速度快，在系统发生故障、频率波动较大时，发电机组仍能并列操作并迅速投入电网运行，可避免故障扩大，有利于系统事故处理，但因合闸瞬间发电机定子吸收大量无功，导致合闸瞬间系统电压下降较多。因此，GB/T 14285—2023《继电保护和安全自动装置技术规程》规定"在正常运行方式下，同步发电机的并列应采用准同期方式；在故障情况下，水轮发电机可采用自同期方式"。对于 100MW 以下的任何发电机，在系统运行条件允许的情况下，均可用自同期法与系统并列，对 100MW 及以上的发电机是否能采用自同期法应经过试验决定。

（二）准同期并列

准同期方式是将待并发电机在投入系统前通过调速器调节原动机转速，使发电机转速接近同期转速，通过励磁调整装置调节发电机励磁电流，使发电机端电压接近系统电压，在频差及压差满足给定条件时，选择在零相位差到来前的适当时刻向断路器发出合闸脉冲，在相角差为零时完成并列操作。

准同期方式断路器合闸瞬间引起的冲击电流小于允许值，发电机能迅速被拉入同步。

1. 准同期并列的条件

（1）相序条件，即待并发电机的相序与系统的相序必须相同，该条件通常应在发电机同期并列前已满足，当发电机新安装或大修后其电压或同期回路变动后，必须先通过电压回路核相，核对、检查、确认与系统的相序一致，连接同期装置的电压相别、极性正确。所以发电机进行准同期操作主要是控制和监视后三个条件。

（2）频率条件，即待并发电机的频率与系统的频率近似相等，允许频率差不超过 $\pm 0.1\text{Hz}$。

（3）电压条件，即待并发电机的电压与系统的电压近似相等，允许电压差不超过 $\pm 10\% U_N$。

（4）相位条件，即待并发电机的电压相位角与系统的电压相位角一致，允许相位差不超过 $10°$。

由于准同期并列能通过调节待并发电机的频率、电压和相角使上述三个条件得到满足，所以合闸后冲击电流很小，能很快拉入同步，对系统的扰动也最小。因此，目前在电力系统中准同期并列应用最为广泛。在正常运行情况下，一般都采用准同期并列操作。

2. 准同期实现方式

（1）手动准同期。发电机的频率调整、电压调整及合闸操作都由运行人员手动进行，但在控制回路中装设了非同期合的闭锁装置（同期检查继电器），用以防止运行人员误发合闸脉冲造成非同期并列。

（2）半自动准同期。发电机电压及频率的调整由手动进行，同期装置能自动检验相位条件并选择适当的时机发出合闸脉冲。

（3）自动准同期。主要由合闸、调频、调压、电源等部分组成。完成发电机并列前的自动调压、自动调频，在频率差和电压差均满足准同期并列条件的前提下，选择发电机电压和系统电压相位重合前的一个恒定导前时间发出合闸脉冲。上述条件不满足时，则闭锁合闸脉冲回路。

由于手动准同期存在很大的缺点，故 DL 5000—2000《火力发电厂设计技术规程》规定发电厂应装设自动准同期装置，对于手动准同期装置不一定装设，大型火力发电厂一般只装设自动准同期装置。

同期操作是发电厂、变电站很重要的一项操作，国内外由于同期操作或同期装置、同期系统的问题发生非同期并列的事例屡见不鲜，其后果是严重损坏发电机定子绕组，甚至造成大轴损坏。因而，发电机和电网的同期并列操作是电气运行最复杂、最重要的一项操作。

四、发电机启动

（一）启动前的准备

发电机安装或检修完毕，就可将其启动并投入运行。为了保证发电机的安全可靠，在启动前必须对有关设备和系统进行一系列的检查和试验，只有当这些检查、测量和试验都合格后，方可启动机组。

1. 需要检查的项目

（1）发电机、变压器及励磁系统的一、二次回路的安装或检修工作终结后，在启动前应将工作票全部收回，详细检查各部分及其周围清洁情况，各有关设备和仪表必须完好，短路线和接地线必须撤除，工作人员撤离现场。

（2）检查发电机组各部件之间是否安装连接可靠，有无松动及不牢固的现象。

（3）检查汇流管位于机座下部进出水管法兰处的接地片可靠接地。

（4）发电机通水前检查水系统设备是否完好，水质的导电率、硬度、pH 值是否达到要求。

（5）定子充水情况良好，压力正常，无泄漏。

（6）检查主变压器一切良好，符合启动条件。

2. 需要测量的项目

（1）在冷态下测量转子绕组直流电阻和交流阻抗。

（2）测量定子绕组和转子绕组的绝缘电阻，定子绕组绝缘电阻大于等于 5MΩ（2500V 绝缘电阻表），转子绕组绝缘电阻大于等于 1MΩ（500V 绝缘电阻表）。

（3）各有关一次设备绝缘测量均合格。

3. 需进行的试验

（1）试验发电机系统所有信号应正确。

（2）安装、大修后，应检查励磁系统有关动、静态试验合格。

（3）做主断路器，灭磁开关，励磁系统各开关，6kV 厂用分支断路器的跳、合闸试验，联动试验及保护传动试验，均应合格。

（4）励磁系统联锁试验合格。

（5）定子水泵联锁试验及断水保护试验合格。

（6）安装、大修后的发电机，应做水压、定子水反冲洗及气密试验。

4. 启动前应完成的有关操作

（1）发电机氢、油、水系统投入，参数正常。在充氢过程中，应严格遵循中间气体置换法。充氢的过程是：先用二氧化碳充满气体系统，以驱出空气；再用氢气充满气体系统，以驱出二氧化碳，从而将发电机转换全氢气冷却状态运行。反之，停机后，置换程序为氢气—二氧化碳—空气。采用中间气体置换法可以防止在系统管道和机内氢气与空气直接接触，从而保证了置换过程的安全。

（2）依据规程投退有关保护压板及熔断器。

（二）启动

充氢后，当发电机内的氢纯度和内凝结水水质、水温、压力及密封油压等均符合规程规定，气体冷却器通水正常，高压顶轴油压大于规定值时，即可起动转子，在转速超过 1200rad/min 时，可以停止顶轴。发电机开始转动后，即应认为发电机及其全部设备均已带电。

对安装和检修后第一次启动的机组，应缓慢升速并监听发电机的声音，检查轴承给油及摆动情况，在确认无摩擦、碰撞之后，迅速增加转速。在通过临界转速时，应注意轴承振动及碳刷是否有跳动、卡涩或接触不良现象，如无异常即可升至额定转速 3000rad/min。

五、 发电机升压及并列

（一）发电机升压

当汽轮发电机升速至额定转速且冷却系统已投运的情况下，就可以加励磁升高发电机定子绕组电压，为确保安全，升压前还应做以下操作：

（1）确认连接同期装置的电压回路相别、极性正确，同期装置或仪表的误差必须满足要求等。

（2）机组冲转前，应确认待并断路器，如变压器高压侧断路器（适用于发电机—变压器组接线）或发电机出口断路器及相应的断路器（如发电机—变压器组接线的高厂变压器厂用电源断路器）、发电机励磁开关确实在断开位置，才能合上待并断路器的刀闸，做好发电机并列准备。

1. 升压操作注意事项

在机组达额定转速后，投入 AVR 装置，合上励磁开关，对发电机（或连同主变压器、高压厂用变压器）以自动励磁升压方式对发电机自动进行零起升压（手动励磁升压方式一般不用，仅在自动励磁升压方式因故停用情况下或电气做试验时才能采用）。自动励磁和手动励磁的方式不可以在并网操作的升压过程中任意切换操作。

升压操作应缓慢、谨慎，并注意以下几点：

（1）密切监视定子三相电流为零，负序电流指示近似等于零。

（2）转子电流、转子电压、定子电压相应均匀上升。

（3）定子电压升压至全电压额定值时测量三相电压应平衡。

（4）在额定定子电压时，应核对并记录转子额定空载励磁电流、电压值，通过对空载励磁电流、电压的核对分析比较，可以判断发电机转子绕组有无匝间短路现象。正常情况下，励磁数值接近。如果发现空载电流升高，励磁电压下降时，必须查明原因。

（5）及时测量发电机转子励磁回路有无接地现象。

待发电机升压至额定值，并检查一切正常后，即可进行并列操作。

2. 发电机升压方式

（1）发电机正常升压并列操作应采用自动电压调节器进行，50Hz 感应调压器作为备用方式。

（2）发电机升压操作可采用自动电压调节器"自动"或自动电压调节器"手动"调压方式进行。

（3）自动准同期并列时可采用自动电压调节器"自动"方式调压，也可采用自动电压调节器"手动"方式将电压升到额定值，再将自动电压调节器从"手动"切换到"自动"方式，进行自动准同期并列操作。

（4）手动准同期并列可采用自动电压调节器"自动方式"升压，也可用自动电压调节器"手动"方式升压。若用自动电压调节器"手动"方式升压，在发电机并列后，应将自动电压调节器由"手动"切换到"自动"方式。

3. 升压流程

（1）在励磁画面上将发电机励磁系统 AVR 选择自动运行方式。

（2）按下励磁系统启动按钮。

（3）监视灭磁开关自动合上。

（4）约 5～20s 后监视发电机定子电压自动升至 20kV。

（5）检查三相电压平衡、三相电流为零或接近于零。

（6）核对并记录发电机转子电压和转子电流。

（二）发电机的并列

当发电机电压升到额定值后，可准备对电网并列。发电机并列操作是电力系统很重要的一项操作，必须认真对待，以便在并列操作以后，发电机能很快达到同步运行的目的；如操作不正常或发生误操作，将会对电力系统带来极其严重的后果，可能发生巨大的冲击电流，甚至比机端短路电流还大得多，会引起系统电压严重下降，使电力系统发生振荡甚至瓦解。

1．并列操作注意事项

为了使并列操作后发电机迅速进入同步运行，一般采用准同期并列，并列操作时应注意以下几点：

（1）并列操作时，不准同时投入两个或两个以上的同期装置出入开关，即不允许同时投入两个或两个以上同期回路，以免同时接入两个频率不同、数值和相位也在不断变化的电压，形成两个滑差电压包络线。该滑差电压包络线将在两个设备的 TV 二次回路中产生环流，该环流有可能使 TV 二次侧小开关跳闸或熔丝熔断。

（2）在待并频率与系统频率相差 1rad/s 以内时才可投入同步表，因为同步表连续运转时间不超过 15min。

（3）一般情况下不要使用手动准同期的方法进行发电机的并列操作。若自动回路故障有必要使用手动准同期并列操作时，需由值长监护进行操作。

（4）当同步表转动太快、跳动、停滞时禁止合闸。

2．发电机自动准同期并列操作

将发电机电压和系统电压接入同步表和自动准同期并列装置，发电机达到额定转速、升压至额定值后，投入同期开关、投入自动准同期鉴定装置（同期闭锁开关）、手动同期开关（同步表盘）或自动同期开关，通知汽轮机人员投入"DEH 自动同步"回路后，按下同期开始按钮，自动准同期并列装置能根据系统的频率检查待并发电机的频率，并发出脉冲，去调节发电机的转速，使它达到比系统高出一个预先整定的数值。然后检查同期回路开始工作，当频差和压差不满足同期条件时，会对合闸信号进行闭锁。当待并发电机以一定的频差（满足同期条件）向同期点接近，而且待并发电机与系统的电压相差在±10％以内时，它就在一个预先整定好的提前时间发出合闸脉冲，合上主断路器，使发电机与系统并列，确认发电机带上 15MW 的有功负荷和 7～10Mvar 的无功负荷后，并列操作告终。

应该说明的是，自动准同期装置一般只发出"调速"脉冲，而不发出"调压"命令，因而并列时仍要人工调整 AVR 的"电压给定"开关，使待并机电压与系统电压相等。

3．防止非同期并列

（1）同期表指针经过同期点时转速过快，说明发电机频率与系统频率相差较大，不得合闸。

（2）同期表指针经过同期点时转速不稳有跳动，可能是同期表卡涩，不得合闸。

（3）在同期表指针经过同期点瞬间，也不得合闸，此刻已无导前时间，由于操动机构延迟，断路器合上时，可能合在非同期点上。

六、 机组带负荷及负荷调整

发电机并列后，即可按规程规定接带负荷，其有功负荷的增加速度决定于汽轮机，一般由值班员进行调整负荷的操作。

有功负荷的调整是通过汽轮机的同步器电动机进行的，即调整汽轮机的进汽量，该操作可由值班员或由自动装置协调控制。有功负荷的增加速度通常由汽轮机和锅炉的工作条件决定，但无论是开机或正常运行，增加速度都不能过快。

1. 发电机带初负荷

机组并网后，立即带5%额定负荷；确认主变压器工作冷却器运行正常；根据需要增加发电机无功功率；全面检查发电机定子铁芯、绕组温度、绕组各支路出水温度正常。

2. 发电机升负荷流程

（1）发电机并入电网以后，发电机的输出功率总是处于输出功率曲线的限值之内。发电机并列后，根据值长指令调有功负荷，定子电流增长的速度应根据负荷调整曲线进行。

（2）发电机同类水支路定子线棒温度与其平均温度的偏差不得超过规定值。

（3）增加负荷时应监视发电机冷氢温度、铁芯温度、绕组温度、出口风温以及励磁装置的工作情况。

（4）发电机带初负荷后，稳定汽轮机的进汽参数在冲转时的参数，保持初负荷暖机一段时间，如果汽轮机的进汽参数发生变化，应根据启动曲线增加初负荷暖机时间。

（5）在热态或事故情况下发电机加负荷的速度一般不受限制（发电机定子线圈和铁芯温度在55℃以上为热态）。

（6）发电机并网后加负荷过程中，应注意监视定子冷却水压、流量、氢气压力、温度、氢油压差、氢水压差，定、转子及铁芯温度变化，发电机—变压器组各参数和励磁系统，继电保护装置的运行情况。

（7）根据有功负荷的变化随时调整无功以满足电压曲线的要求，并应兼顾厂用系统电压在额定范围内。

（8）待发电机运行稳定后将发电机高压厂用电源倒为高压厂用变压器供电，高压启动备用变压器联动备用。

加负荷时，应监视定子端部有无渗漏现象，在增加发电机有功负荷的同时，要相应地增大其无功负荷，以保持一定的功率因数。如果有功负荷不变，调整无功负荷也会改变功率因数。水氢氢冷的大、中型汽轮发电机的额定功率因数多为0.9（滞后），即功率因数在0.9～1之间均可长时间带额定有功负荷运行。但是如果励磁再进一步减少就会变为进相运行，这时$\varphi<0$，虽然一般汽轮发电机都允许在$\cos\varphi=0.95$（超前、进相）情况下运行，但进相运行下有两个问题特别要注意：①可导致发电机定子端部构件发热；②可能导致电力系统运行失稳。因此，在正常运行中，如发现功率因数表指示进相，且超过了允许的功率因数值，则应增大励磁电流。如果这时定子电流过大，则在增大励磁电流的同时，减少发电机的有功负荷，否则可能引起发电机振荡或失步。

七、发电机解列停机

单元机组发电机停止运行包含解列、解列灭磁、停机三个层次。解列是指仅断开发电机变压器出口断路器，这时发电机可带厂用电运行；解列灭磁是指断开发电机变压器出口断路器，同时断开励磁开关，此时汽轮机拖动发电机空转；停机是在解列灭磁同时关闭汽轮机主门，使发电机的转速降下来。

正常停机是在发电机解列前，先将厂用电倒至备用电源，然后再逐渐将负荷转移到并列运行的其他机组上去。减小发电机有功与无功功率至某一规定的值时，停用自动励磁调节器，然后把有功功率减少到零，无功功率减至接近于零，定子电流表指示接近于零，断开发电机变压器出口断路器与系统解列。若有功功率未至零就解列，可能会使汽轮机超速。为防止汽轮机超速，可先关闭汽轮机主汽门，然后由逆功率动作跳发电机。发电机解列后，调节手动励磁，将发电机电压减至最小值，再断开励磁开关。然后根据要求断开发电机变压器组出口隔离开关及电压互感器。

在接到电网调度员解列命令后，操作人员应按值长命令填写操作票，经审核批准后执行。发电机出线上带有厂用电，应将厂用电切换后，随后将本机组的有功及无功负荷转移到其他发电机上。对于正常停机，应在机组有功负荷降到某一数值后，停用自动调节励磁装置，然后将有功和无功降到零时，才能进行解列。在减有功负荷的同时，注意相应减少无功负荷，保持功率因数约为 0.9。

1. 发电机解列时的注意事项

(1) 若用手动感应调压器解列发电机，由于无自动电压调节功能，应注意降低无功负荷至最低极限，并在主断路器跳闸后及时调整发电机电压在额定值以下，以防止发电机超压。

(2) 待发电机解列后，将发电机励磁调节器（AVR 自动、AVR 手动/50Hz）输出降至最小。

2. 发电机解列流程

(1) 值长发出停机命令后，可以进行发电机停机解列操作（紧急停机除外）。

(2) 发电机解列操作前检查主断路器分闸回路无闭锁。待有功和无功功率降下来后将高厂用电源转为高压启动备用变压器供电，将高压厂用变压器停电。

(3) 根据机炉运行情况，逐步减发电机有功负荷至低限，无功负荷近于零。

(4) 汽轮机打闸，监视逆功率保护动作，发电机主断路器断开。

(5) 监视发电机三相定子电流表指示为零。

(6) 检查发电机定子电压为零。

(7) 退出励磁系统运行。

(8) 断开发电机主断路器和出口隔离开关控制电源。

(9) 断开发电机变压器组出口隔离开关。

3. 发电机解列后的操作

发电机解列后需长期停运，应对发电机做如下工作：

(1) 拉开发电机自动电压调节器交流侧开关、发电机 50Hz 感应调压器交流开关。

(2) 停用发电机封闭母线风扇，保持封闭母线微正压装置运行。

（3）停运主变压器冷却装置。

八、 发变组并网、 解列停机流程图

（1）并网流程图如图 7 - 12 所示。

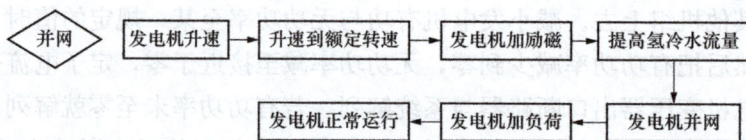

图 7 - 12 并网流程图

（2）解列停机流程图如图 7 - 13 所示。

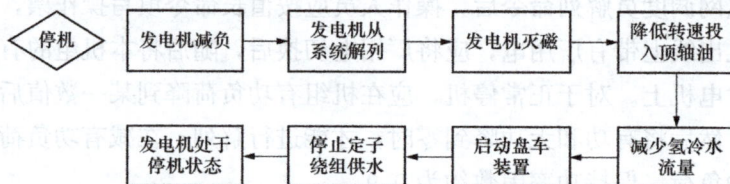

图 7 - 13 解列停机流程图

九、 某发电有限责任公司 1 号发电机励磁系统运行

一期 2 台 600MW 发电机采用汽轮发电机组，型号为 QFSN - 600 - 2。发电机励磁电源从装设在发电机端的励磁变压器取得交流电源，通过可控硅整流，将交流变为直流，再经灭磁开关送到发电机磁场绕组。可控硅整流输出的大小由自动电压调节器中的门脉冲控制，控制电压也取自发电机机端。

600W 发电机自并励静止励磁系统装置的简单配置可分为五部分：励磁变压器、数字式自动电压调节器（简称 DAVR）、可控硅整流桥、灭磁与过电压保护装起励装置。系统的连接及基本原理是：从发电机机端部经过三相封闭母线连接到励磁变压器的一次侧；20000V 电压经过变压器变到 840V，并经过三相封闭母线连接到可控硅整流桥，可控硅整流桥输出连接到与发电机转子绕组直接相连的滑环。DAVR 根据测量到的发电机电压电流可算出有功、无功、功率因数并根据实际运行工况计算出所需要的脉冲，控制可控硅的输出及控制发电机的励磁，从而达到控制发电机的运行。

十、 某发电有限责任公司 1 号机组并网操作

（一）发电机升压并网具备条件

1. 汽轮机应具备的条件

（1）确认汽轮机在 3000rad/min 运行时转速稳定，DEH 装置正常。

（2）汽轮机空负荷运行时各控制指标均无异常变化，辅机运行正常。

（3）机组在 3000rad/min 下进行的试验工作已结束。

（4）主蒸汽参数稳定。

（5）氢冷水系统投运。

2. 锅炉应具备的条件

（1）锅炉参数主汽、再热汽参数稳定符合汽轮机冲车要求，汽包水位正常。

（2）锅炉燃烧稳定。

3. 电气应具备的条件

（1）发电机声音正常，振动不超 0.025mm。

（2）发电机冷却系统运行正常，无漏油、氢、水的现象。

（3）调节氢气冷却器的冷却水量，投入氢温控制自动，设定值为 46℃。

（4）调节发电机定子冷却器出水温度，投入定子冷却水温控制自动，设定值为 48℃。

（5）确认氢侧和空侧密封油冷却器出口油温在 40～49℃。

（6）确认发电机内氢气压力为 0.40MPa，纯度为 95% 以上。

（7）发电机出口断路器操动机构油压、SF_6 气压合格。

（8）发变组所有保护都正常投入。

（9）发变组出口隔离开关合上。

4. 励磁系统应做检查

励磁系统在正常备用的情况下。各柜内的开关保险都不需要进行操作。但在励磁系统投运前运行人员做相关检查。

（二）发电机升压、并网及带初始负荷

（1）汇报值长，准备并列发电机。

（2）若采用自动并网，则按"遥控"键。

（3）根据要求按"自动同步"键灯亮，DEH 受自动同期（ASS）的控制，直到并网。

（4）若手动并网，则保持机组转速为 3000rad/min。

1）将 1 号发电机励磁调节器置于"自动"控制方式。

2）将励磁按钮切为"START"位置。

3）检查灭磁开关自动合好，发电机电压升至额定。

4）检查发电机转子电压、电流正常，发电机转子无接地报警信号。

5）检查发电机具备同期合闸条件。

6）按下同期选择"SYN　SEL"按钮。

7）投入同期装置运行"RUN"按钮。

8）投入同期装置启动"START"按钮。

9）检查发变组出口开关自动合入。

10）将发电机无功功率升至大于 50Mvar。

11）复位同期装置启动"START"按钮。

12）复位同期装置运行"RUN"按钮。

13）复位同期选择"SYN SEL"按钮。

14）检查发电机定子三相电流平衡。

（5）并网后，确认发电机初负荷为 30MW，保持运行 25min 暖机。

（6）检查定子冷却水系统及氢冷系统运行正常。

（7）检查"功率投入""转速投入""调压投入"键灯亮，表明"调节级压力回路""功率回路"及"速度回路"已投入。

（8）注意监视主、再热汽温变化情况，如主汽温每变化 3℃，应增加 1min 暖机时间。

（9）机组并网后适当地增加燃油量，锅炉控制升压率小于等于 0.12MPa/min，升负荷率小于等于 1.5%/min。

（10）给水调节由电动给水泵出口管路旁路调节，切至转速调节（开启电动给水泵出口主阀，关闭旁路电动门及调节门）。

📋 任务实施

根据发电厂电气倒闸操作基本原则、发电厂电气倒闸操作一般程序及相关规程规范，对发电厂发变组升压并网及解列停机操作进行分析判断，其倒闸操作实施情况如下：

1.1 号发电机与系统并列（由冷备用状态转换为运行状态）

（1）查主变中性点 211－9 接地刀闸在合位。

（2）查 1 号发变组出口开关 211 油压、气压正常。

（3）查 1 号发变组出口开关 211 断开。

（4）查 1 号发变组上 II 母线 211－2 刀闸在断位。

（5）合上 1 号发变组上 I 母线 211－1 刀闸。

（6）查 1 号发变组上 I 母线 211－1 刀闸三相合好。

（7）启动 1 号主变三相冷却器。

（8）查 1 号发变组保护投入正确（核对保护压板投退单）。

（9）查 A 屏逆功率（不经主汽门）保护压板 8ALP 退出。

（10）查 D 屏逆功率（不经主汽门）保护压板 8DLP 退出。

（11）查 1 号发电机励磁系统画面无故障信号。

（12）查 1 号发电机保护画面无故障信号。

（13）查 1 号发电机灭磁开关 Q02 在断位。

（14）将 1 号发电机励磁调节器置于"自动"控制方式。

（15）将励磁按钮切为"START"位置。

（16）查灭磁开关 Q02 合好。

(17) 查 1 号发电机定子电压升至额定。

(18) 查 1 号发电机出口定子三相电流为零。

(19) 查 1 号发电机转子电压、电流与空载特性相近。

(20) 查 1 号发电机转子无接地报警信号。

(21) 调整 1 号发电机出口电压稍高于系统电压。

(22) 按下同期选择"SYN SEL"按钮。

(23) 投入同期装置运行"RUN"按钮。

(24) 投入同期装置启动"START"按钮。

(25) 查 1 号发变组出口开关 211 合好。

(26) 将 1 号发电机无功功率升至 50Mvar。

(27) 复位同期装置启动"START"按钮。

(28) 复位同期装置运行"RUN"按钮。

(29) 复位同期选择"SYN SEL"按钮。

(30) 验明 A 屏逆功率（不经主汽门）保护压板 8ALP 两侧无电压。

(31) 投入 A 屏逆功率（不经主汽门）保护压板 8ALP。

(32) 查 A 屏逆功率（不经主汽门）保护压板 8ALP 投入。

(33) 验明 D 屏逆功率（不经主汽门）保护压板 8DLP 两侧无电压。

(34) 投入 D 屏逆功率（不经主汽门）保护压板 8DLP。

(35) 查 D 屏逆功率（不经主汽门）保护压板 8DLP 投入。

(36) 退出误上电保护压板 9ALP。

(37) 退出误上电保护压板 9DLP。

2. 1 号机发变组停机备用（由热备用状态转换为冷备用状态）

(1) 查 1 号机发变组出口开关 211 三相确已断开。

(2) 查 1 号机发变组上 II 母线 211-2 刀闸三相确已断开。

(3) 拉开 1 号机发变组上 I 母线 211-1 刀闸。

(4) 查 1 号机发变组上 I 母线 211-1 刀闸三相确已断开。

(5) 复归刀闸操作按钮。

(6) 查 6kV11 段工作电源进线开关已断开。

(7) 将 6kV11 段工作电源进线开关"就地/远方"选择把手切至"就地"位。

(8) 将 6kV11 段工作电源进线开关摇至"隔离"位。

(9) 查 6kV12 段工作电源进线开关已断开。

(10) 将 6kV12 段工作电源进线开关"就地/远方"选择把手切至"就地"位。

(11) 将 6kV12 段工作电源进线开关摇至"隔离"位。

(12) 查 6kV 脱硫 10 段工作进线开关确已断开。

(13) 将 6kV 脱硫 10 段工作进线开关"就地/远方"选择把手切至"就地"。

(14) 将 6kV 脱硫 10 段工作进线开关摇至"隔离"位。

(15) 取下 1 号机发变组出口开关 211 的控制保险。

项目8

发电厂异常及事故处理

项目描述

本项目主要学习典型的 $2 \times 600MW$ 发电机—变压器组单元接线发电厂发电机与励磁系统、电动机与厂用电系统的异常及事故处理。

教学目标

知识目标

（1）熟悉发电机与励磁系统、电动机与厂用电系统的运行方式。

（2）熟悉发电机与励磁系统、电动机与厂用电系统异常运行及事故处理的原则和一般流程。

（3）熟悉发电机与励磁系统、电动机与厂用电系统异常运行及事故现象和处理方法。

能力目标

（1）能正确叙述发电机与励磁系统、电动机与厂用电系统的异常及故障现象，并进行具体分析和查找原因。

（2）严格遵守各地现场运行规程，在仿真机上熟练进行发电机与励磁系统、电动机与厂用电系统的异常及事故处理。

素质目标

（1）养成安全第一的职业习惯。

（2）养成理论联系实际的能力。

（3）养成团结协作的能力。

（4）养成学会自我评估。

教学环境

发电厂异常及事故处理在典型 $2 \times 600MW$ 发电机—变压器组单元接线发电厂火电仿真实训室进行一体化教学，机位要求能满足每个学生一台计算机；电气运行仿真系统相关资料齐全，配备规范的一体化教材和相应的多媒体课件等教学资源。

知识背景

一、发电厂异常及事故处理总则

（1）事故处理的总原则是：保命、保网、保主设备的安全。

（2）事故发生时，机长应在值长统一领导下，带领全班人员按照发电厂运行规程的规定，迅速采取一切可行的办法，解除事故对人身和设备安全的威胁。

（3）最大限度地缩小事故范围，确保非故障设备的正常运行。

（4）在人身及设备安全有保障的前提下，应尽力迅速恢复机组正常运行，满足系统负荷需要。

二、发电厂异常及事故处理步骤

（1）根据仪表、光字牌指示和机组外部现象初步判断设备是否已发生故障。

（2）迅速查清故障性质、发生地点和损伤的范围。

（3）如对人身及设备有威胁时，应立即设法解除这种威胁，在必要时停止设备运行。

（4）先解除音响，确认已记录后，再恢复闪光和掉牌。

（5）如故障是因某种操作或改变运行方式引起，一般应停止操作或恢复原运行方式。

（6）尽可能保持无故障设备的正常运行，根据需要启动备用设备。

（7）将故障设备退出运行，布置好安全措施，通知检修处理，恢复系统的正常运行方式。

三、发电厂异常及事故处理一般规定

（1）处理事故时，机长受值长领导，本专业范围内原则上工作独立。发生故障时，尽可能先向值长报告情况。机长对所有值班人员颁发的命令应以值班人员的岗位职责范围和不离开岗位能就地执行为原则。在威胁设备和人身安全的情况下，值班人员应单独处理，同时向机长汇报。

（2）处理事故时，必须沉着、准确、迅速，接到事故处理命令时，必须向发令者重复一遍，如命令不清楚或意图不明确，应向发令者提出，但不能拒绝执行（对人身或设备有威胁者除外），命令执行后，应立即汇报发令人，如下一个命令需要根据前一个命令的执行情况来确定，必须等待受令人的亲自汇报，不能由第三者传达，也不允许根据表计指示来判断命令执行情况。

（3）如故障发生在交接班时，应延迟交班，当班值长、机长可征调接班人员协助处理故障，待故障消除或事故处理告一段落，得到值长允许交接班的命令后方可进行交接班。

（4）事故处理后，运行人员应如实记录事故发生的时间、现象及所采取的措施；保

护好打印，记录曲线等原始资料，以便于事故分析，总结经验教训。

（5）事故处理时可以不使用操作票，但必须遵守有关规定。

任务 8.1　发电厂发电机与励磁系统异常及事故处理

教学目标

知识目标

（1）掌握同步发电机与励磁系统异常及事故处理的原则。

（2）熟悉同步发电机与励磁系统异常及事故现象。

（3）掌握同步发电机与励磁系统故障的处理步骤。

能力目标

（1）能根据故障现象查找故障。

（2）能在仿真机上熟练进行同步发电机与励磁系统异常及事故处理。

素质目标

（1）能主动学习，在完成任务过程中发现问题、分析问题和解决问题。

（2）能严格遵守专业相关规程标准及规章制度，与小组成员协商、交流配合，按标准化作业流程完成学习任务。

相关知识

一、同步发电机与励磁系统异常运行及事故处理的原则

发电机运行中，可能出现异常运行及事故，应按以下原则处理：

（1）对没有明显危及设备安全运行的异常情况，一般须加强监视、分析和必要的调整，例如适当降低负荷等，以使运行工况恢复到正常范围内。

（2）对危及发电机安全运行而可以从缓处理的严重异常情况，一般应大幅度降低负荷，以不使事态扩大，必要时尽快减少负荷或解列。

（3）对明显和严重危及机组安全运行的事故情况，必须立即按紧急事故停机处理。

二、同步发电机与励磁系统事故处理的步骤

机组发生故障时，运行人员应按下列步骤进行事故处理。

（1）根据发生故障时跳闸动作的断路器、各参数变化、CRT及光字牌的报警显示、继电保护和自动装置动作情况、故障打印和机组外部现象情况，确定机组已发生故障，则：

1）迅速消除对人身和设备的威胁，必要时应立即解列发生故障的设备。

2）迅速查清故障的性质，发生的地点和范围，然后进行处理和汇报。

3）保持非故障设备的正常运行。

4）事故处理的每一阶段，都要尽可能迅速汇报值长和机组长，正确地采取对策，防止事故蔓延。

（2）当判明是系统与其他设备故障时，则应采取措施，维持机组运行，以便有可能尽快恢复整套机组的正常运行。

（3）事故处理时，各岗位应互通情况，在值长、机组长统一指挥下，密切配合，迅速按规程规定处理，并努力防止事故扩大。

（4）处理事故时应当迅速、准确。接到命令后应复诵一遍，命令执行后，应迅速向发令者汇报执行情况。

三、大型发电机可能发生的故障和异常工作状态

按大型发电机的结构将可能发生的故障和不正常工作状态大体可归属为定子部分、转子部分、主要附属部件（冷却系统、PT、CT、出口断路器等）、电力系统等几方面。

1. 可能发生的主要故障

（1）定子绕组相间短路。

（2）定子绕组一相匝间短路。

（3）定子绕组一相绝缘破坏引起的单相接地。

（4）转子绕组（励磁回路）接地。

（5）转子励磁回路低励、失励。

2. 不正常工作状态

（1）过负荷。

（2）定子绕组过电流。

（3）定子绕组过电压。

（4）定子三相电流不对称。

（5）失步。

（6）逆功率。

（7）过励。

（8）出口断路器断口闪络。

（9）意外加电压。

（10）非全相运行。

（11）低频、过频。

（12）PT、CT 断线。

（13）冷却系统故障等。

任务实施

根据发电厂异常及事故处理的基本原则、处理流程和相关规程，对发电厂同步发电

机与励磁系统异常及事故进行分析判断，并在仿真机上进行处理。

一、 发电机与励磁系统异常运行的处理

1. 发电机过负荷

现象：

(1) 定子电流指示超过额定值。

(2) 有功表、无功表指示超过额定值。

处理：

(1) 系统故障，监视发电机各部分温度不超限，定子电流为额定值。

(2) 系统无故障，单机过负荷，系统电压正常。

1) 降低无功功率，使定子电流降到额定值以内，但功率因数不超过 0.95，定子电压不大于 0.95 倍额定电压。留意定子电流达到答应值所经过的时间，不应超过规定值。

2) 若降低无功功率不能满足要求，则请示值长降低有功功率。

3) 若 AC 励磁调节器通道故障引起定子过负荷，应将 AC 调节器切至 DC 调节器运行。

4) 加强对发电机端部、集电环和换向器的检查。如有可能，应加强冷却，降低发电机进口风温，发电机、变压器组增开油泵、风扇等。

5) 过负荷运行时，应密切监视定子绕组，空冷器前后的冷、热风温度和机组振动摆度是否超过答应值，并做好其具体的记录。

2. 发电机三相电流不平衡

现象：

(1) 定子三相电流指示值互不相等，三相电流差较大，负序电流指示值也增大。

(2) 当不平衡超限且超过规定运行时间时，负序信号装置发出"发电机不对称过负荷"信号。

(3) 造成转子的振动和发热。

处理：

当发电机三相电流不平衡超限运行时，若判明不是表计回路故障引起，应立即降低机组的负荷，使不平衡电流降到答应值以下，然后向系统调度汇报。等三相电流平衡后，再根据调度命令增加机组负荷。

3. 发电机温度异常

现象：发电机绕组或铁芯温度比正常值明显升高或超限，发电机各轴承温度比正常值明显升高或超限。

处理：

(1) 判定是否为表计或测点故障，是则通知维护处理，并将故障测点退出，密切监视其他测点的温度。

(2) 若表计或测点指示正确，温度又在急剧上升，则减负荷使温度降到额定值以

内，否则停机处理。

(3) 检查三相电流是否平衡，不平衡电流是否超限，若超限则按三相不平衡电流进行处理。

(4) 检查三相电压是否平衡，功率因数是否在正常范围以内，若不符合要求则调整至正常。

(5) 判定是否为冷却水故障引起，若冷却水温升高，则应检查和调节冷却水的流量、压力至正常范围内。

(6) 若为过负荷引起，则采用过负荷方式进行处理。

(7) 若为冷却水管破裂，则封闭相应阀门、停机处理。

(8) 运行中，若定子铁芯部分温度普遍升高，应检查定子三相电流是否平衡、进风温度和出风温差、室冷器的冷却水是否正常，采取相应的措施进行处理。在以上处理过程中，应控制定子铁芯温度不得超过答应值，否则减负荷停机。

(9) 运行中，若定子铁芯个别温度忽然升高，应分析该点温度上升的趋势及与有功、无功负荷的变化关系，并检查该测点是否正常。若随着铁芯温度，进、出风温差的明显上升，又出现"定子接地"信号时，应立即减负荷解列停机，以免铁芯烧坏。

(10) 运行中，若定子铁芯个别温度异常下降，应加强对发电机本体、空冷小室的检查和温度的监视，综合各种外部迹象和表计、信号进行分析以判定是否是发电机转子或定子漏水所致。

4. 发电机仪表指示失常

现象：上位机显示的各种参数忽然失去指示或指示异常。

处理：

(1) 上位机与 LCU 或 LCU 与 PLC 的通信故障，将机组切至现地控制，并通知维护人员进行处理。

(2) 电压互感器二次侧断线：如有功定子电压表、无功定子电压表、功率表等表计因电压互感器二次侧断线失去指示，电能表也因此停止计量，而其他表计，如定子电流、转子电流、转子电压、励磁回路有关表计仍指示正常，此时，运行人员应根据所有表计指示情况做综合分析，判定指示不正常的原因。不可因上述表计指示不正常而盲目解列停机，也不能调节负荷，应通过其他表计监视发电机的运行，并通知维护人员进行处理。

(3) 电流互感器二次侧开路引起表计指示不正常：如一相开路、其定子电流表、有功表、无功表均可能指示不正常。具体情况和程度与电流互感器的故障相别有关。出现电流互感器二次侧开路后，应立即通知值班人员，不要盲目调节负荷。处理过程中，应加强对发电机运行工况的监视，并防止电流互感器二次侧开路高压对人的伤害。

5. 发电机进相运行

现象：发电机由发出感性无功功率变为吸收系统感性无功功率，定子电流由滞后于机端电压变为超前于机端电压运行。

处理：

（1）假如由于设备原因引起进相运行，只要发电机尚未出现振荡或失步，可适当降低发电机的有功负荷，同时提高励磁电流，使发电机脱离进相状态，然后查明励磁电流降低的原因。

（2）由于设备原因不能使发电机恢复正常运行时，应及早解列。机组进相运行时，定子铁芯端部容易发热，对系统电压也有影响。

（3）制造厂答应或经过专门试验确定能进相运行的发电机，如系统需要，在不影响电网稳定运行的条件下，可将功率因数进步到1或在答应进相状态下运行。此时，应严密监视发电机运行工况，防止失步，尽早使发电机恢复正常。还应留意对高压厂用母线电压的监视，保证其安全。

6. 发电机定子升不起电压

现象：

（1）发电机定子电压指示很低或为零。

（2）转子电压表有指示，而电流表无指示。

（3）转子电流表有指示，而电压表无指示或指示很低。

（4）转子电流表无指示、电压表无指示。

处理：此时不可冒失地继续升压，必须立即停止，并进行检查。

（1）检查变送器电源是否正常。

（2）检查电压互感器是否正常，一次插头是否接触良好。

（3）检查转子回路是否开路，电流表计回路是否正常。

（4）检查转子回路是否短路，电压表计回路是否正常。

（5）检查励磁调节器是否正常。

（6）根据当时有无报警、光字牌及表计测量等现象做综合判断。

二、发电机与励磁系统事故处理

（一）发电机定子接地

发电机定子接地是指发电机定子绕组回路及与定子绕组回路直接相连的一次系统发生的单相接地短路。定子接地按接地时间长短可分为瞬时接地、断续接地和永久接地；按接地范围可分为内部接地和外部接地；按接地性质可分为金属性接地、电弧接地和电阻接地；按接地的原因可分为真接地和假接地。

现象："定子接地"信号发出；发电机零序电流表有指示；主断路器跳闸，绿灯闪光。

处理：

（1）当定子基波零序电压保护动作时，按发电机主断路器跳闸处理。

（2）当定子三相谐波电压保护动作时，通知保护人员检查保护是否误动，运行人员一并检查：发电机有无漏油、水信号；检查发电机系统有无明显接地故障；询问定子冷却水质是否合格。

（3）当判明发电机定子回路接地时，应联系值长，将发电机解列。

（二）发电机转子接地

发电机转子接地分转子一点接地和两点接地，另外还会发生转子层间和匝间短路故障，转子接地有瞬时接地、断续接地、永久接地，也有内部接地和外部接地、金属性接地和电阻性接地。

1. 发电机转子一点接地的现象及处理

现象：中央信号警铃响，"发电机转子一点接地"光字牌亮，表计指示无异常。

处理：

（1）检查励磁回路是否有人工作，如是工作人员引起，应予以纠正。

（2）检查励磁回路各部位有无明显损伤或因脏污接地，若因脏污接地应进行吹扫。

（3）对有关回路进行详细外部检查，必要时轮流停用整流柜，以判明是否由于整流柜直流回路接地引起。

（4）检查区分接地是在励磁回路还是在测量保护回路。

（5）若转子接地为一点稳定金属性接地，且无法查明故障点，除加强监视机组运行外，在取得调度同意后，将转子两点接地保护作用于跳闸，并申请尽快停机处理。

（6）转子带一点接地运行时，若机组又发生欠励磁或失步，一般可认为转子接地已发展为两点接地，这时转子两点接地保护动作跳闸，否则应立即人为停机。对于双水内冷机组，在转子一点接地时又发生漏水，应立即停机。

2. 发电机转子两点接地的现象及处理

现象：转子电流表指示剧增，转子和定子电压表指示降低，无功表指示明显降低，功率因数提高甚至进相，"转子两点接地"光字牌亮，警铃响，机组振动较大，严重时可能发生失步或失磁保护动作跳闸。

处理：

（1）如果发电机跳闸则按发电机跳闸处理。

（2）如果发电机未跳闸，应立即将发电机解列灭磁，手动拉开高压厂用电源断路器，投入备用电源断路器。

（3）将发电机停机后，再联系检修人员查找接地点并处理。

（三）发电机的非同期并列

现象：发电机定子产生大的电流冲击，定子电流表指针剧烈摆动，定子电压表指针也随之摆动，发电机发生剧烈振动，发出轰鸣声，其节奏与表计摆动相同。

处理：

（1）当同期条件相差不悬殊时，发电机组无强烈的振动和轰鸣声，且表计摆动能很快趋于缓和，则机组不必停机，机组会很快被系统拉入同步，进入稳定运行状态。

（2）若非同期并列对发电机产生很大的冲击和引起强烈的振动，表计摆动剧烈且不衰减时，应立即解列停机，试验检查确认机组无损坏后，方可重新启动开机。

（四）发电机的失磁

现象：中央音响信号动作，"发电机失磁"光字牌亮；转子电流表的指示等于零或接近零，转子电压表指示异常；定子电流表指示升高并摆动，定子电压降低且摆动；有功表指示降低且摆动，无功表指示为负值，功率因数表指示进相。

处理：

（1）不允许发电机失磁运行的处理步骤。

1）根据表计和信号显示，尽快判明失磁原因。

2）失磁机组可利用失磁保护带时限动作跳闸。若失磁保护未动作，应立即手动将机组与系统解列。

3）若失磁机组的励磁可切换至备用励磁，且其余部分仍正常，在机组解列后，可迅速换至备用励磁，然后将机组重新并网。

4）在进行上述处理的同时，应尽量增加其他未失磁机组的励磁电流，以提高系统电压稳定能力。

5）严密监视失磁机组的高压厂用母线电压，在条件允许且必要时，可切换至备用电源供电，以保证该机组厂用电的可靠性。

（2）允许发电机失磁运行的处理步骤。

1）发电机失磁后，若发电机为重载，在规定的时间内，将有功功率减至允许值（降低对系统和厂用电的影响）；若发电机为轻载，则不必减小有功功率；在允许运行时间内，查找机组失磁的原因。

2）增加其他机组的励磁电流，维持系统电压。

3）监视失磁机组的定子电流，应不超过 1.1 倍额定电流，定子电压应不低于 0.9 倍额定电压，并同时监视定子端部温度。

4）在允许运行时间内，设法迅速恢复励磁电流。如果 AVR 不能正常工作，应切换至备用励磁装置。

5）如果在允许继续运行的时间内不能恢复励磁，应将失磁发电机的有功功率转移至其他机组，然后解列。

（五）发电机的振荡和失步

现象：

（1）定子电流表指示超出正常值，且往复剧烈摆动。

（2）定子电压表和其他母线电压表指针指示低于正常值，且往复摆动。

（3）有功负荷与无功负荷大幅度剧烈摆动。

（4）转子电压、电流表的指针在正常值附近摆动。

（5）频率表忽高忽低地摆动。

（6）发电机发出有节奏的响声，并与表计指针的摆动节奏合拍。

（7）欠电压继电器过负荷保护可能动作报警。

（8）在控制室可听到有关继电器发出有节奏的声响，其节奏与表计摆动节奏合拍。

处理：

（1）检查发电机励磁系统，若因发电机失磁引起的振荡，应立即将发电机解列。

（2）若因系统故障引起的发电机振荡，应尽可能增加发电机的励磁电流，同时降低发电机有功功率。若采取措施后仍不能恢复同期时，应请示调度解列发电机。

（六）发电机调相运行

同步发电机既可作为发电机运行，也可作为电动机运行。当运行中的发电机因汽轮机危及保安器误动或调速系统故障而导致主汽门关闭时，发电机失去原动力，此时若发电机的横向联动保护或逆功率保护未动作，发电机则变为调相机运行。

现象：汽轮机盘出现"主汽门关闭"光字牌报警信号；发电机有功表指示为负值，电能表反转，发电机无功表指示升高；发电机定子电压升高，定子电流减小；发电机励磁回路仪表指示正常，系统频率可能有降低。

处理：

（1）若逆功率保护动作跳闸，按事故跳闸处理。

（2）若逆功率保护拒动，运行人员应根据表计指示及信号情况迅速作出判断，在1min内将机组手动解列，此时应注意厂用电联动正常。若汽轮机能很快恢复，则可再并列带负荷；若汽轮机不能很快恢复，应将发电机操作至备用状态。

（七）发电机主断路器跳闸

现象：

（1）发电机匝间、发电机差动、主变压器差动、高压厂变压器差动、发变组差动、主变压器气体、高压厂变压器气体保护动作跳闸：发电机主断路器跳闸，事故音响动作；有关保护动作光字牌亮；厂用电源断路器跳闸，起动/备用电源自投；发电机灭磁；主汽门关闭。

（2）发电机过电压、过励磁、定子接地、阻抗、断水保护、主变压器冷却器故障、厂用变压器高压侧过电流、热工保护动作跳闸现象：发电机主断路器跳闸，事故音响动作；有关保护动作光字牌亮；厂用电源断路器跳闸，起动/备用电源自投；发电机灭磁。

处理：

（1）检查厂用备用电源自投情况，如未自投，在确认厂用工作电源断路器断开的情况下，合上厂用备用电源断路器。

（2）检查保护动作情况，做好记录，分析判断故障性质和范围。

（3）对发变组及相关设备进行全面检查，查明跳闸原因。

（4）如确认保护误动，应申请退出误动保护，但差动保护和重瓦斯保护不得同时退出。

（5）若检查未发现异常现象，经总工批准对发电机进行手动零起升压，升压过程中密切监视发电机各表计指示，升至额定值时对发变组进行一次全面的检查，若无异常，经调度批准后并网。若升压中有异常，立即停机处理。

（八）发电机内部爆炸、着火

现象：发电机内部有强烈爆炸声，两侧端盖处冒烟，有焦臭味；发电机内部氢气压力大幅改动，出口氢温升高，氢气纯度下降；发电机表计指示基本正常，发电机内部保护动作。

处理：保护未动作时，应立即将发电机与系统解列，切除励磁，并按现场规定灭火。为了防止发电机大轴受热不均而弯曲，应维持发电机在10%额定转速左右运行。

任务 8.2　发电厂电动机与厂用电系统异常及事故处理

教学目标

知识目标

（1）掌握发电厂电动机与厂用电系统异常及事故处理的原则。
（2）熟悉发电厂电动机与厂用电系统异常及事故现象。
（3）掌握发电厂电动机与厂用电系统故障的处理步骤。

能力目标

（1）能根据故障现象查找故障。
（2）能在仿真机上熟练进行发电厂电动机与厂用电系统异常及事故处理。

素质目标

（1）能主动学习，在完成任务过程中发现问题、分析问题和解决问题。
（2）能严格遵守专业相关规程标准及规章制度，与小组成员协商、交流配合，按标准化作业流程完成学习任务。

相关知识

一、电动机异常及事故处理原则

（1）异常及事故情况下，已跳闸的重要电动机，在没有备用设备或不能迅速启动备用设备时，为保证供电，经检查确认，无设备故障时，可再启动一次。
（2）电动机"速断""差动"保护动作跳闸后，在未查明原因前不允许强送。
（3）当重要的厂用电动机失去电压或电压下降时，在1min内禁止值班员手动跳开电动机断路器。

二、　厂用电系统异常及事故处理原则

（1）厂用电系统发生事故时，应首先迅速消除威胁人身及设备安全的因素，保证厂用电系统非故障设备的继续运行。

（2）厂用电母线失压处理原则：①当发生母线失压时，将连接在母线上的所有断路器拉开，并应迅速恢复厂用电，如能判明故障点只需将故障点隔离，即可恢复母线电压；②若在母线失压的同时，发现冒烟、爆炸、起火等现象时，应对配电装置进行详细检查，消除故障后，对母线试送电；③用变压器或电源断路器向失压母线试送电时，其过电流保护时限应调至最小；④母线电压恢复后，按用户重要性分别恢复送电。

（3）发现是误拉厂用电系统隔离开关时，若弧光确没有断开，应迅速将隔离开关合上；若弧光已经断开，则严禁再将该隔离开关合上。

（4）发现是误合厂用电系统隔离开关时，若已产生弧光，应迅速合到位，严禁再将其拉开。只有在用断路器将该回路断开后或者将该隔离开关旁路跨接后，才可以拉开。

（5）厂用电系统断路器拒绝合闸时，应立即检查操作电源或合闸储能是否正常；检查断路器操作回路、合闸回路及操作电源、合闸电源是否正常，保护装置是否有不正确的动作；对抽屉式断路器还应检查断路器是否处在"工作"或"试验"位置，二次插头是否插好；检查操动机构及辅助接点是否良好；如无法消除缺陷或原因不明时，应联系检修人员处理。

（6）厂用电系统故障断路器拒绝自动跳闸时，应立即到就地手动拉开，并查明拒绝跳闸的原因，在未消除缺陷前，禁止将该断路器再投入运行。

三、　电动机的停运

1. 发生下列情况之一者，必须立即切断电动机的电源

（1）电动机电气回路及其拖动机械部分发生人身事故。

（2）电动机及其相关电气设备冒烟着火。

（3）电动机所带机械损坏至危险程度。

（4）电动机发生强烈振动和窜动，危及电动机的安全运行。

2. 发生下列情况之一者，必须立即停止电动机的运行

（1）电动机中有异常声音或绝缘材料有烧焦气味。

（2）电动机内或启动装置内出现火花或冒烟。

（3）定子电流超过正常值。

（4）电动机铁芯温度超过正常值，采取措施后无效。

（5）轴承温度超过规定值，处理无效。

（6）受水灾威胁。

（7）启动或运行中的电动机，转子与定子有摩擦声。

（8）直流电动机发生严重环火，经处理无效。

📖 **任务实施**

根据发电厂异常及事故处理的基本原则、处理流程和相关规程，对发电厂电动机与厂用电系统异常及事故进行分析判断，并在仿真机上进行处理。

一、发电厂电动机异常及事故处理

1. 电动机启动时异常

现象：电动机接通电源后，转子不转动，只发出"嗡嗡"声，或能转动但转速慢。

原因：定子回路一相断线，转子回路断线或接触不良，电动机转子或被拖动的机械被卡死，电动机定子回路接线错误，电动机电源电压过低。

处理：首先检查电源是否正常，然后检查断路器、刀开关、熔断器及一次回路接线，检查起动设备及回路是否正常，并逐一消除缺陷。如是电动机内部故障，应立即检修处理。

2. 电动机运行温度过高或冒烟

现象：电动机运行时，其绕组及铁芯有时温度过高，用手摸电动机外壳，感到手麻，有时还会出现电动机冒烟现象。

原因：电源电压过高或过低，两相运行；绕组接地或相间、匝间短路；定子、转子铁芯摩擦，或装配质量不好引起卡转；绕线转子绕组的接头松脱或笼型转子断条；机械负载过重或卡死；电动机绕组灰尘太多，影响散热；风扇损坏或装反；通风孔堵塞，进风不畅；电动机冷却有故障，进水量不足，出水门误关闭，冷却器有堵塞等。

处理：

（1）检查冷却情况是否良好，如不良，应设法改善或加强通风。

（2）可能时应将电动机负荷减轻。

（3）经上述处理无效时，应将电动机停止运行，并隔绝电源，进一步检查定子回路是否有一相断线，定子线圈电阻三相是否平衡等。

3. 电动机轴承运行温度过高

轴承运行温度过高的原因及处理方法是：

（1）轴承损坏，应更换轴承。

（2）润滑油过少、过多或有杂质。处理方法是增、减润滑油或更换润滑油。

（3）轴承中心偏斜或轴承油环被卡住，应检修处理。

（4）传动带过紧或靠背轮安装不符合要求，应适当放松传动带或校正靠背轮。

4. 电动机运行时发出异常噪声或强烈振动

原因：

（1）定子、转子相摩擦或所拖动机械有严重磨损变形。

（2）电动机或所拖动机械部分的地基、地脚不符合要求，如地基不平、基础不平、基础不坚固或地脚螺钉松动等。

（3）电动机与所拖动机械的轴中心未对准，转轴弯曲，靠背轮连接松动。

（4）转子偏心，如转子不平衡或所拖动机械不平衡，轴承偏心等。

（5）轴承缺油或损坏。

（6）笼型转子导条断裂或绕线转子绕组断开。

（7）两相运行或负荷运行；定子绕组断线，三相电路不平衡。

出现上述情况，应停机检修处理。

5. 电动机运行中自动跳闸

运行中的电动机通常因定子回路发生故障，如一相断线、绕组层间短路、绕组相间短路或系统电压下降超限，使电动机的电源开关自动跳闸。

当电动机自动跳闸后，应立即启动备用电动机，若已断开的重要电动机无备用电动机或不能迅速启动备用电动机时，为保证机、炉安全，允许已跳闸的电动机再重新强送电一次，但下列情况除外：

（1）电动机本体、电动机启动调节装置或电源电缆线上有明显的短路或损坏现象。

（2）发生需要停机的人身事故。

（3）电动机所拖动的机械损坏，无法维持运行。

6. 电动机着火

电动机着火时，应先断开电源，然后使用电气设备专用的灭火器进行灭火。使用干粉灭火器时，应注意不使粉尘落入轴承内，必要时也可用消防水喷射成雾状的水珠灭火，禁止大股水注入电动机内。

二、 发电厂厂用电系统异常及事故处理

1. 6kV 系统谐振

现象：电压指示剧烈摆动；母线 TV 二次熔断器熔断或自动空气断路器跳闸；该段上的设备可能跳闸；谐振过电压严重时，可能造成避雷器爆炸，TV 损坏。

处理：

（1）退出该段的低电压保护。

（2）退出该段的快切装置。

（3）迅速切除部分不重要的运行设备或投运部分设备。

（4）谐振过电压严重时，立即断开电源断路器紧急停止该段母线。

2. 6kV 系统接地

现象：发"6kV 某段接地"信号；接地段可能有设备跳闸；接地段母线一相电压降低或为零，其余两相电压升高或为线电压。

处理：

（1）若为低厂变 6kV 侧接地，转移负荷，将该变压器停运检查。

（2）若为 6kV 电动机接地，保护未动作，启动备用设备，停运该故障电动机进行检查处理；若该电动机零序保护动作，检查断路器跳闸，启动备用设备。

（3）若为 6kV 母线接地，则应迅速倒换该段电源，如接地现象消失，则为电源封闭母线接地，否则为 6kV 母线接地。

（4）判明为 6kV 母线接地，则应请示值长，尽量倒换接地 6kV 母线负荷，停电处理，总的接地运行时间不超过 2h，在此期间要严密监视母线 TV 的运行情况。

3.6kV 母线失压

现象：事故喇叭鸣叫；"高压厂用变过电流"或"高厂变限时电流速断"保护可能动作，发电机跳闸；跳闸机组 6kV 母线电压为零，6kV 母线上电机停转。

处理：

（1）若备用电源投入成功，则复归断路器把手及音响信号，同时注意母线电压正常。

（2）若备用电源未投入，且无"高压厂用变过电流"或"高厂变限时电流速断"保护动作时，应在工作电源断路器断开的情况下强送备用电源一次。

（3）若无备用电源或有备用电源供电，但备用电源断路器跳闸时，在无任何保护动作的情况下，允许强合一次当前供电断路器。

（4）注意 380V 系统的供电情况。

（5）若备用电源联动或手动强送不成功时不允许再强送。

（6）检查一次系统，发现有明显故障点并隔离后方可试送电；若无明显故障点，应先断开母线上所有负荷，再测量母线绝缘电阻合格后试送电，试送成功后先送上失压时已跳闸的断路器，对手动拉开的负载进行检查并测量绝缘后恢复运行。试送不成功则为母线故障。

4.380V 母线失压

现象：事故喇叭鸣叫；双机运行时正常照明熄灭，事故照明灯亮；发电机跳闸；跳闸机组 380V 母线（保安段除外）电压为零，380V 母线上电机停转。

处理：

（1）如备用电源未联动，应强送一次。

（2）若无备用电源或有备用电源供电，但备用电源断路器跳闸时，检查工作变压器跳闸不是因气体、速断保护动作引起，则可将工作变压器强送一次，再跳闸不得强送。

（3）380V 工作段失压注意 380V 保安段电源的情况。

（4）若电源强送不成功，应检查一次系统，发现有明显故障点并隔离后方可试送电；若无明显故障点，先检查隔离开关三相熔断器，发现有熔断者且判明该回路确有故障并隔离后可试送电。否则，应先断开母线上所有断路器，保留母线上的隔离开关，再试送电一次，试送成功，将所拉断路器逐个恢复送电。试送不成功，则将母线上的所有隔离开关拉开，再试送电一次。试送成功，用隔离开关送电的电源及设备应摇测绝缘合格后方可逐一恢复送电。若再次试送不成功则为母线故障。